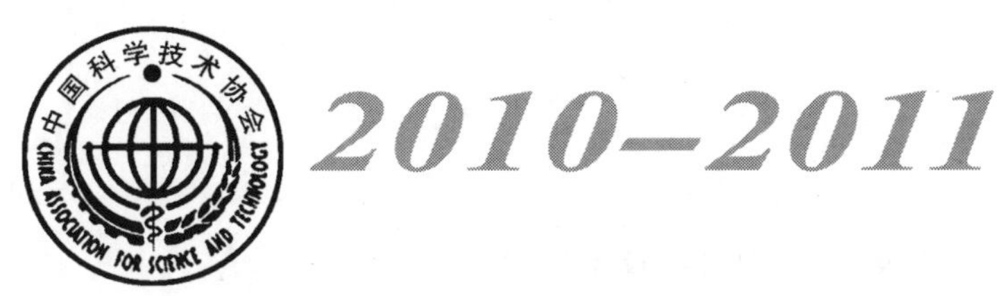

纺织科学技术

学科发展报告

REPORT ON ADVANCES IN TEXTILE SCIENCE AND TECHNOLOGY

中国科学技术协会 主编

中国纺织工程学会 编著

中国科学技术出版社

·北 京·

图书在版编目(CIP)数据

2010—2011纺织科学技术学科发展报告/中国科学技术协会主编；中国纺织工程学会编著. —北京：中国科学技术出版社，2011.4

(中国科协学科发展研究系列报告)

ISBN 978-7-5046-5814-2

Ⅰ.①2… Ⅱ.①中… ②中… Ⅲ.①纺织工业－研究报告－中国－2010—2011 Ⅳ.①TS1

中国版本图书馆CIP数据核字(2011)第034093号

中国科学技术出版社出版

北京市海淀区中关村南大街16号 邮政编码：100081

电话：010－62173865 传真：010－62179148

http://www.kjpbooks.com.cn

科学普及出版社发行部发行

北京凯鑫彩色印刷有限公司印刷

*

开本：787毫米×1092毫米 1/16 印张：11.75 字数：282千字

2011年4月第1版 2011年4月第1次印刷

印数：1—2000册 定价：36.00元

ISBN 978-7-5046-5814-2/TS·36

2010—2011
纺织科学技术学科发展报告
REPORT ON ADVANCES IN TEXTILE SCIENCE AND TECHNOLOGY

首席科学家 梅自强 张怀良

专 家 组

组 长 毕国典

副组长 王竹林 尹耐冬

成 员 （按姓氏笔画排序）

文美莲 王祥荣 卢润秋 刘 军 李凤艳
李嘉禄 肖长发 张洪玲 郁崇文 周洪华
胡京平 祝成炎 祝宪民 徐妙祥 高惠芳
黄 猛 蒋高明 谢 琴

学术秘书 郭建伟

序

当前，诸多学科发展迅速，学科分化、交叉和融合愈加明显，新的学科不断涌现。开展学科发展研究，探索和总结学科发展规律，明确学科发展方向，有利于促进学科内部、学科之间的交叉和融合，汇聚优势学术资源，推动学科交叉创新平台的建立。

开拓和持续推进学科发展研究，促进学术发展，是中国科协作为科学共同体的优势所在。中国科协自2006年开始启动学科发展研究及发布活动，至今已经编辑出版“学科发展研究系列报告”108卷，并且每年定期发布。从初创到形成规模和特色，“学科发展研究系列报告”逐渐显现出重要的社会影响力，越来越受到科技界、学术团体和政府部门的重视以及国外主要学术机构和团体的关注。

2010年，中国科协继续组织了中国化学会等22个全国学会分别对化学、心理学、机械工程、农业工程、制冷及低温工程、控制科学与工程、航空科学技术、兵器科学技术、纺织科学与技术、制浆造纸科学技术、食品科学技术、粮油科学与技术、照明科学与技术、动力机械工程、农业科学、土壤学、植物保护、药学、生理学、药理学、麻风病学、毒理学22个学科进行学科发展研究，完成了近800万字、22卷学科发展研究系列报告以及《2010—2011学科发展报告综合卷》。

本次出版的学科发展研究系列报告，汇集了有关学科最新的重要研究成果、发展动态，包括基础理论方面的新观点、新学说，应用技术方面的新创造、新突破，科技成果产业化转移的新实践、新推进等。一些学科发展报告还提出了学科建设的对策和建议。从这些学科发展报告中可以看出，近年来，学科研究课题更加重视服务国家战略，更加重视与民生关系密切的社会需求，更加重视成果的产业化转移；学科间的交叉融合更加明显，理论创新与技术突破的联系结合更加紧密。

参与本次学科发展研究和报告编写的专家学者有1000余人。他们认真探索，深入研究，披沙拣金，凝练文字，在较短的时间里完成了研究课题。这些工作亦是对学科建设不可忽略的贡献。

在本次"学科发展研究系列报告"付梓之际，我由衷地希望中国科协及其所属全国学会不断创新思路，坚持不懈地推进学科建设和学术交流，以学科发展研究以及相应的发布活动带动各个学科整体水平的提升，在增强国家自主创新能力中发挥强有力的作用，以推进我国经济持续增长和加快转变经济发展方式。

2011年3月

前　言

为了全面了解和掌握学科发展最新进展，展望学科发展趋势，促进纺织工程和相关学科的交叉融合，提升我国纺织科技的原始创新能力，在中国科学技术协会组织领导下，中国纺织工程学会承担了“纺织科学技术学科发展”的研究及其报告的编撰工作。

纺织工业是我国国民经济的传统支柱产业和重要的民生产业，也是国际竞争优势明显的产业，在繁荣市场、扩大出口、吸纳就业、增加农民收入、促进城镇化发展等方面发挥着重要作用。《2010—2011 纺织科学技术学科发展报告》包括综合报告和纤维与材料、纺纱工程、机织工艺与产品设计、针织装备技术与产品开发、纺织化学与染整工程、服装设计与工程、产业用纺织品与纺织复合材料、纺织机械 8 个专题发展研究报告，总结了近两年来纺织科学技术进步的成果，分析了近两年来我国纺织科学技术学科的发展现状、国内外差距，并就发展目标与方针政策提出了建议。

本研究报告结合国家有关部门、协会制订的行业技术进步方面的政策、规划，介绍了纺织行业亟需突破的重大、共性、关键技术，进一步明确了纺织行业技术发展方向和重点领域。

在编撰过程中，我们力图做到内容比较丰富全面，阐述比较深入细致，选材比较翔实准确，反映比较及时迅速。希望本研究报告能对关心纺织学科发展的科技工作者、研究人员、教育工作者和行业领导全方位了解和掌握行业技术发展动向有所帮助，能为企业开展技术改造、产业升级，政府制订产业技术政策确定重点支持、优先发展项目计划提供及时有效的信息支持，以更好地协助行业开展技术创新。

纺织工业是一个高度市场化竞争的行业，多数科技研发活动分散进行，热点项目重复投入但又难以统一协调，有关信息也不够完整、准确。加之我们的水平所限，遗漏和不足在所难免，敬请广大同仁批评指正。

中国纺织工程学会

2011 年 1 月

前 言

目　录

综合报告

专题报告

ABSTRACTS IN ENGLISH

Comprehensive Report

Reports on Special Topics

综合报告

纺织科学技术发展研究现状与前景

一、引　言

(一)近年纺织工业取得的重大成就

纺织工业各专业门类都获得快速发展,产业规模不断增长,产品质量大幅提升,工艺、技术和装备水平提高幅度大,部分领域的技术和应用达到国际先进水平。

2009年,化纤产量达到2730万t,占世界产量的57%,差别化纤维比例达到42%,碳纤维T300、芳纶1313等高性能纤维以及聚乳酸纤维、竹浆纤维等生物质纤维已实现产业化生产。棉纺织行业占全球棉纺生产能力的比重近50%,棉织机数量约占全球的45%,拥有紧密纺、涡流纺新型技术,并自主研发嵌入式复合纺纱等创新技术,无梭织机比重达到47.5%。毛纺生产能力420万锭,精梳毛纺和半精梳毛纺均达到世界先进水平,赛络纺、赛络菲尔纺、缆型纺、紧密纺等新型纺纱技术得到广泛应用。麻纺生产能力达到165万锭,苎麻纺织、亚麻纺织的生产和贸易均居世界首位。蚕茧、蚕丝、丝绸产量和出口均居世界首位,蚕桑科技处于国际领先水平。规模以上企业印染布产量539.8亿m,占世界比重超过40%,印染产品市场适应性有较大提高,我国服装面料的自给率已超过70%,国内市场销售的服装面料自给率已达90%以上,家纺面料的自给率更高。

我国服装出口金额已占到世界服装出口总额的35%以上,服装产量占全球服装生产总量的40%以上,已经形成了完备的产品加工体系,在品牌化发展方面也成绩显著。家纺行业纤维消耗量接近全国纺织纤维加工总量的1/3。产业用纺织品行业2009年纤维加工总量达到723万t,应用范围不断扩展,在交通运输、节能环保、医药卫生等领域发挥重要作用。

我国纺机产值占全球的1/3,消费占全球的近50%,2009年规模以上纺织机械企业超过1000家,实现销售收入超过600亿元,纺机行业门类完整、品种齐全,产品涵盖了2300多种整机及上万种专件、配套件。

(二)近年来纺织科学与技术进步成果

1.纺织工业科技进步取得的成绩

我国纺织工业将加快科技进步作为推进产业结构调整和产业升级的重要支撑,围绕创新能力提升和技术装备升级积极开展工作。中国纺织工业协会基于国内国际形势发展和行业自身产业提升的客观需要,制定并发布了《纺织工业科技进步发展纲要》,提出了行业中急需解决的"28项关键技术和10项新型成套关键装备",并开展了大量的科技攻关和成果产业化推广工作,取得显著成效。

(1)纤维材料技术进步成效显著

1)一批高新技术纤维材料产业化取得突破。碳纤维、芳纶1313、芳砜纶、超高分子量聚乙烯、聚苯硫醚、玄武岩纤维等高性能纤维以及竹浆纤维、麻浆纤维等生物质纤维已实现产业化生产,正在进一步开发系列品种,扩大应用,多数技术及产品均达到国际先进水平。芳纶1414、新型溶剂法纤维素纤维已取得中试成果,填补了国内空白,产业化生产技术正处于研究阶段。新型聚酯PTT树脂合成已突破中试实验,纤维生产加工及产品开发实现产业化生产。

2)国产化生产技术和装备的开发应用能力显著提升。以大容量、高起点、低成本为特征,具有国际竞争力的国产化新型聚酯及配套长短丝技术装备在行业中广泛使用,目前正在向超大型化、柔性化、精密化、节能减排直纺新一代聚酯新技术方向全面升级,整套规模已由原来的引进6万t/年扩大到40万t/年,百万吨级新型PTA成套国产化技术装备也已研发成功。自主研发的年产45000 t粘胶短纤维工程系统集成技术达到单线产能世界最高、原材料消耗最低的国际先进水平。国产化的技术装备使行业新建项目投资成本大大降低,生产效率大幅提高,有力地推动了化纤行业的快速发展和产业结构的优化调整。

3)化纤产品功能化、差别化水平提高。新一代直纺涤纶超细长丝及高效新型卷绕头技术、蛋白纤维等一系列功能化、差别化纤维生产技术实现产业化,为纺织面料及服装、家纺产品提供了新的优质纤维原料。目前,行业中已开发出细旦、超细旦、异型截面、阻燃、抗菌、抗静电、吸湿透汗等功能化、差别化纤维品种,2010年化纤差别化率可达到43%以上。

(2)纺织加工技术和产品开发取得明显进步

1)技术装备水平提高促进纺织品生产加工水平提升。棉纺自动化、连续化、高速化新技术的国产化攻关和大规模的推广应用提高了生产效率和产品质量,2009年棉纺行业精梳纱、无结头纱、无梭布、无卷化比重分别达到27.8%、65.4%、68.3%和46.8%。毛纺行业无结纱比例超过60%,大中型毛针织企业基本实现纱线无结化;精梳产品100%无梭化,粗梳产品80%无梭化,产品质量大幅提高,接近世界先进水平。桑蚕自动缫丝机的推广应用使生丝质量水平平均提高1.5个等级,应用比例由20%提高到85%。

2)生产加工新技术推动了高档纱线的发展。紧密纺、喷气、涡流纺、嵌入纺等新技术的采用使纱线产品种类更加丰富,天然纤维纺纱支数大大提高,纱线质量显著提升。2009年,棉纺紧密纺生产能力达到443万锭,喷气、涡流纺达到5.9万头。嵌入式复合纺纱技术已在毛纺行业得到产业化应用,开发出了羊毛500公支的高支纱线,棉纺、麻纺行业正在进行产业化研究。半精梳毛纺加工技术取得突破,2009年生产能力达到100万锭。特种动物纤维绒毛分梳及改性加工技术达到世界领先水平,已在约25%的羊绒分梳企业得到应用。

3)织造、染整工艺技术进步提高了纺织面料的质量和功能化水平。新型电子提花装置的大量应用、经纬编新型面料的开发、多种纤维的混纺交织以及织物结构的创新大大丰富了纺织面料的品种,我国棉纺、毛纺、针织面料及一批化纤面料已经达到或接近国际先进水平。印染行业自主研发了活性染料冷轧堆前处理及染色、数码印花、涂料印花等一批印染新技术，大量采用了电子分色制版、自动调浆、在线监测等先进电子信息技术，大大提高了面料质量的稳定性和附加值。面料后整理由抗菌、抗皱等单一功能的整理发展至为提高织物附加值而进行的多功能整理，应用也越来越广泛，突破了服装、家纺等传统消费品领域，逐渐拓展至电子、航空、建筑等产业用领域。目前，我国纺织行业面料自给率达到95%以上。

(3)绿色环保技术开发和应用进展较快

1)一批节能、节水的新技术实现研发突破并在行业中推广应用。棉纺行业推广采用节能电机、空调自动控制等技术，其中空调自动控制技术可降低空调能耗 10% ～15%。化纤行业推广差别化直纺技术、新型纺丝冷却技术等实用节能型加工技术，其中新型熔体直纺热媒加热系统可减少燃料消耗近 1/3。印染行业节能降耗的新工艺技术研发和推广成效显著，其中高效短流程前处理技术可节约电、汽、水消耗 30%以上，已经应用于各类棉及其混纺织物；冷轧堆染色可节约蒸气 40%，节水 15%，已在中厚型织物上应用。

2)资源循环利用技术取得进展。废旧聚酯瓶回收利用技术得到有序推广，技术不断升级。再生纤维用于家纺填充料已经开发出三维中空纤维等新品种，卫生性能也显著改善；用于生产可纺棉型短纤维、有色纤维等差别化纤维、中等强度工业丝的新技术也已实现突破，正在加强推广应用。目前，国内再生纤维生产能力达到 700 万 t/年，产量达到 400 万 t/年。行业利用速生林材等可再生、可降解生物质资源开发纤维材料的能力提高，竹浆、麻浆纤维已实现产业化。冷凝水及冷却水回用、废水余热回收、回用中水、丝光淡碱回收等资源综合利用新技术在行业中推广应用比例均已达到 50%，提高了水、热等各种资源的使用效率，同时也减轻了排污压力，产生了较好的经济和社会效益。

(4)产业用纺织品发展迅速

1)高性能纤维应用水平提高使产业用纺织品的性能大幅提升。高强高模聚乙烯、芳纶、芳砜纶、聚苯硫醚等高性能纤维材料产业化取得重大突破，推动了防弹防刺复合面料、耐高温针刺环保过滤分离用复合非织造材料、防喷溅阻燃防护服等产业用终端产品的研发。新型溶剂法纤维素纤维、聚乳酸纤维等生物质纤维原料的研发成功促进了抗菌、可降解的医用卫生材料的开发应用。

2)产品加工技术取得突破性进展。非织造技术取得重大跨越性突破，直接梳理成网技术使加工流程大大缩短，高速加固技术大幅降低了运行成本，同时在产品的各向同性、均匀度、手感、厚薄等性能上显示了传统纺织材料无法比拟的特点。产业用经编和立体编织技术进步大大拓展了复合骨架材料的加工领域，突破了风力发电叶片、卫星支架、火箭喉衬等加工难度极大的产业用纺织品成形技术。重磅织物高速织造技术、多层在线复合技术推动了高强土工布、高档医卫材料等产业用纺织品的发展。

3)产品研发创新为促进国民经济相关领域的发展作出积极贡献。国产土工合成材料在青藏铁路建设工程中的应用，成功解决了高原地质裂缝、冻土隔断、保温、防渗等系列难题。采用芳纶、聚苯硫醚等高性能纤维研制的环保过滤材料不但可将火力发电污染粉尘排放截留效率提高 5 倍以上，还可在废渣中分离回收珍贵的稀有金属，创造了较高的经济效益。轻质高强的高性能复合材料不但满足了航空航天、新能源等领域的需求，还在制造业中逐步替代部分传统钢材，促进了低碳发展。病毒阻隔精度高的一次性手术服、口罩等医疗用产品有效降低了交叉感染概率，保障了人们的生命健康安全。婴儿和老年人一次性尿布(裤)、妇女卫生巾、擦拭布、湿巾等卫生用产品大大改善了人们的生活质量。

(5)纺织机械工业自主创新能力及制造水平大幅提高

《纺织工业“十一五”科技进步发展纲要》确定的10项新型成套关键装备研发和产业化攻关进展突出。大容量涤纶短纤成套设备，新型清梳联合机、自动络筒机等高效现代化棉纺生产线，机电一体化喷气、剑杆织机均已实现批量生产，部分产品达到国际先进水平，可以满足用户需求国内化纤、棉纺装备自主化率显著提高。纺粘、熔喷、水刺非织造布设备以及电脑提花圆纬机、电脑自动横机、高速特里科经编机等针织设备均已研发成功，并推向市场，大大降低了纺织企业的装备成本。印染工艺参数在线检测与控制技术已经完成工艺点的检测，单机台的监测与闭环控制系统也研发成功，进入推广阶段。印染设备领域发展了大批具有节能、节水、减排潜力的新产品，国产前处理设备、连续染色设备和印花设备已经实现自动化。

纺织机械产品机电一体化已向深层次的智能化、模块化、网络化、系统化方向发展，节能技术在纺织单机和成套装备中推广应用，节能、降耗、减排的新理念在印染和化纤机械设计中得到贯彻，依托循环经济理念推出了适用于废旧纤维纺纱、瓶级切片纺丝和非织造布等新装备。采用先进制造工艺技术、先进刀具、辅具，建立装配流水线，提高装配精度，加强制造过程中的检验和检测，随时监控产品质量。计算机技术逐渐在铸造、热处理、表面处理和装配等方面应用，极大缩短了理论应用于实际生产的时间，提高了产品质量。

(6)信息化技术得到推广应用

1)产品设计数字化和生产制造自动化水平得到较大提升。CAD、CAM等产品研发设计数字化技术得到广泛应用，有效提高了产品创新能力和市场反应速度。计算机测配色和分色制版等技术的广泛采用，使印染后整理水平大幅提高。现场总线技术和远程通信技术等在纺织装备领域得到推广，纺织机械正朝着数字化、集成化、网络化方向发展。在线生产监测系统的一些关键技术取得突破，并在企业得到应用，为物联网在纺织行业的应用打下基础。

2)企业管理信息化取得较大进展。规模以上纺织企业应用企业资源计划系统(ERP)的比例达到近10%，其中化纤、纺机、棉纺企业应用比例较高，大型骨干企业普遍采用。应用水平不断提高，部分大中型企业已经达到国际先进水平，成为行业内推广的典范。纺织ERP产品开发取得明显成效，印染、棉纺织、毛纺织等多个子行业的ERP系统已达到产业化应用阶段。纺织ERP系统的开发应用降低了原料库存，节省了成本，提高了产品质量和劳动生产率，缩短了产品开发周期，极大地提升了纺织企业的运行管理水平和竞争力。

射频识别技术(RFID)取得研发突破并进入产业推广阶段。电子商务和营销信息化取得应用成果，有利于纺织企业开拓市场。公共信息服务平台在重点产业集群得到推广，为广大中小企业提供所需的信息服务。

2. 近两年纺织科学技术进步成果

近两年来纺织科技成果丰硕，学科发展迅速。涌现出一批优秀项目成果。这批获奖

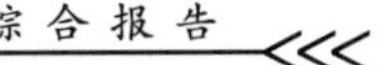

项目覆盖面广，科技含量高，经济效果好，反映出纺织行业在落实科学发展观、建设创新型国家方面的重大进步。

(1)荣获国家级奖项的项目

近两年荣获国家级的纺织类项目如表1～表5所示。

表1　2009年获国家技术发明奖二等奖项目

项目名称	完成人
聚四氟乙烯复合膜共拉伸制备方法与层压覆膜技术	郭玉海 等
抗菌纤维材料功能化过程的界面物理与化学研究	许并社 等
纺织印染废水微波无极紫外光催化氧化分质处理回用技术	曾庆福 等

表2　2009年获国家科学技术进步奖一等奖项目

项目名称	完成单位
高效短流程嵌入式复合纺纱技术及其产业化	山东如意科技集团有限公司 等

表3　2009年获国家科学技术进步奖二等奖项目

项目名称	完成单位
凝胶纺高强高模聚乙烯纤维及其连续无纬布的制备技术、产业化及应用开发	东华大学 等
复合型导电纤维系列产品研制与应用开发	中国纺织科学研究院 等

表4　2010年获国家技术发明奖二等奖项目

项目名称	完成人
黄麻纤维精细化与染整关键技术及产业化	俞建勇 等
耐高温相变材料微胶囊、高储热量储热调温纤维及其制备技术	张兴祥 等

表5　2010年获国家科学技术进步奖二等奖项目

项目名称	完成单位
聚苯硫醚(PPS)纤维产业化成套技术开发与应用	四川得阳科技股份有限公司 等
簇绒地毯织机系列成套装备技术及其产业化	东华大学 等
数字化经编装备的关键技术研究与应用	江南大学 等
聚间苯二甲酰间苯二胺纤维与耐高温绝缘纸制备关键技术及产业化	东华大学 等

(2)荣获中国纺织工业协会科学技术奖的项目

1)2009年度中国纺织工业协会科学技术奖授奖项目共146项，其中一等奖9项，二等奖55项，三等奖82项。获一等奖的9项如表6所示。

表 6　2009 年度中国纺织工业协会科学技术奖一等奖项目

项目名称	完成单位
柔性复合纤维(短纤、长丝)成套装备及产品集成化研究	深圳市中晟纤维工程技术有限公司 等
聚间苯二甲酰间苯二胺纤维与耐高温绝缘纸制备关键技术及产业化	东华大学 等
国产聚苯硫醚树脂、纤维产业化成套技术开发与应用	四川得阳科技股份有限公司 等
耐高温、低甲醛正构烷烃微胶囊及熔纺储热调温纤维的研究与开发	天津工业大学 等
低扭矩环锭单纱生产技术及其应用	香港理工大学 等
舒适性超薄苎麻面料系列关键技术研发及其产业化	湖南华升洞庭麻业有限公司 等
黄麻纤维精细化与纺织染整关键技术研发及产业化	东华大学 等
数字化经编生产的关键技术研究与应用	江南大学
数字化地毯簇绒系列成套装备	东华大学 等

2)2010 年度中国纺织工业协会科学技术奖授奖项目共 137 项,其中一等奖项目 10 项,二等奖项目 44 项,三等奖项目 83 项。获一等奖的 10 项如表 7 所示。

表 7　2010 年度中国纺织工业协会科学技术奖一等奖项目

项目名称	完成单位
汉麻纤维结构与性能研究	总后军需装备研究所 等
连续式阳离子染料可染聚酯装备和工艺开发	上海聚友化工有限公司 等
百万吨级 PTA 装置工艺技术及成套装备研发项目	中国纺织工业设计院 等
高性能维纶及其纺织品开发	四川大学 等
高强耐腐蚀 PTFE 纤维及其滤料开发和产业化	浙江理工大学 等
高性能碳纤维三维纺织复合材料连接裙的研制	天津工业大学
千吨规模 T300 级原丝及碳纤维国产化关键技术与装备	中复神鹰碳纤维有限责任公司 等
棉冷轧堆染色新技术及关键装置的研究开发	华纺股份有限公司
蜡染行业资源循环利用集成技术与装置	青岛凤凰印染有限公司
纺织服装生产数据在线采集与智能化现场管理系统开发及产业化	惠州市天泽盈丰科技有限公司 等

(3)荣获香港桑麻基金会纺织科技奖的项目

1)2009 年香港桑麻基金会纺织科技奖共评出一等奖 5 项,二等奖 11 项,具体项目、完成单位、完成人如表 8、表 9 所示。

表 8　2009 年香港桑麻基金会纺织科技奖一等奖项目

项目名称	完成单位	完成人
复合材料结构件近体编制预成型关键工艺和理论研究	天津工业大学	焦亚南
JWF1530 型紧密纺环锭细纱机	经纬纺机股份有限公司榆次分公司	杨高平
间位芳纶及绝缘纸产业化关键技术	东华大学	陈　蕾
冷转移印花的技术创新	上海长胜纺织制品有限公司	钟博文
数字化小样纺织快速反应系统	天津工业大学	马崇启

表 9　2009 年香港桑麻基金会纺织科技奖二等奖项目

项目名称	完成单位	完成人
高效节能减排水刺关键技术及纤维素纤维功能性产品应用	浙江新中天集团	洪桂焕
纬编双轴向衬纱织物与装备的研制	天津工业大学	姜亚明
新型全伺服平网印花机	西安德高佳美印染设备有限公司	楚建安
K3501B 型直捻机开发	宜昌经纬纺机有限公司	杨华明
RCD－1 型多轴向经编机	常州市润源经编机械有限公司	王占洪
复合工业丝加工技术和成套设备研究	深圳市中晟纤维工程技术有限公司	侯庆华
HDHSHM－Ⅱ型高强高模聚乙烯纤维生产线成套设备	江苏神泰科技发展有限公司	郭子贤
天然植物染料安全型婴幼儿面料综合技术开发	大连工业大学	崔永珠
纳米级无甲醛低温涂料印染黏合剂	四川省纺织科学研究院	黄玉华
聚四氟乙烯短纤维滤料系列产品国产化	上海博格工业用布有限公司	刘书平
平网印花机现场总线控制系统开发与设计	西安工程大学电子信息学院	李鹏飞

2)2010 年香港桑麻基金会纺织科技奖共评出一等奖 4 项，二等奖 12 项，具体项目、完成单位、完成人如表 10、表 11 所示。

表 10　2010 年香港桑麻基金会纺织科技奖一等奖项目

项目名称	完成单位	完成人
高性能维纶及其纺织品开发	总后勤部军需装备研究所	施楣梧
大型国产连续固相聚合及高性能涤纶工业丝成套设备与技术	大连合成纤维研究设计院股份有限公司	汪丽霞
共混聚醚砜中空纤维人工肾血液透析器	东华大学材料学院	何春菊
RFID 技术在服装制造管理系统中的应用	广东纺织职业技术学院	张　剑

表 11　2010 年香港桑麻基金会纺织科技奖二等奖项目

项目名称	完成单位	完成人
2～5 兆瓦风电叶片用玻纤多轴向经编增强材料	常州市宏发纵横新材料科技有限公司	谈昆伦
高档超高支苎麻面料加工关键技术	湖南华升洞庭麻业有限公司	袁力军

续表

项目名称	完成单位	完成人
CJ60 型棉精梳机	上海一纺机有限公司	严纪琴
中空纤维膜污染及成形过程在线监测与可视化	天津工业大学中空纤维膜实验室	李建新
FLZMT900 型特宽幅造纸毛毯针刺联合机	常熟市飞龙无纺机械有限公司	颜祖良
熔体直纺阳离子可染聚酯长丝关键技术研究及产业化	浙江理工大学	王秀华
高品质运动服面料用涤纶异形细旦长丝开发	中国纺织科学研究院研发中心	李　鑫
天然染料染色新技术开发与应用	苏州大学轻化工程系	王祥荣
M5471 型针织定形机	邵阳纺织机械有限责任公司	肖太忠
棉织物高效短流程前处理助剂和工艺的研究及产业化	中国纺织科学研究院化工公司	刘夺奎
新型竹麻纤维混纺产品技术开发及应用	益阳瑞亚高科纺织有限公司	蔡亚平
苎麻纺前处理清洁生产	沅江市明星麻业有限公司	李兴高

(4)荣获中国纺织工程学会陈维稷优秀论文奖的项目

第十一届(2008～2009)陈维稷优秀论文奖经各省市纺织工程学会和学会各专业委员会推荐,共收稿 372 篇;其中一等奖 3 篇,二等奖 57 篇,表扬奖 172 篇。其中获得一等奖的论文如表 12 所示。

表 12　第十一届(2008～2009)陈维稷优秀论文奖一等奖

论　　文	作　　者
温度敏感性聚氨酯材料的形貌以及透湿性能的研究	丁雪梅
转杯纺半自动接头创新设计及应用	胡革明
基于 NUMECA 技术的喷气织机主喷嘴内部流场数值模拟	梁海顺

3. 获得全国表彰的科技人员

(1)中国青年科技奖

为更好地贯彻邓小平同志提出的“尊重知识,尊重人才”的方针,造就一批进入世界科技前沿的跨世纪的学术和技术带头人的任务,中共中央组织部、国家人事部、中国科学技术协会共同组织评审“中国青年科技奖”。武汉纺织大学的徐卫林教授获得 2009 年第 11 届“中国青年科技奖”荣誉称号。

(2)全国优秀科技工作者

为深入贯彻党的十七大、十七届五中全会和全国人才工作会议精神,大力推进科教兴国战略和人才强国战略,在全社会弘扬“尊重劳动、尊重知识、尊重人才、尊重创造”的良好风尚,调动和激发广大科技工作者投身建设创新型国家的积极性和创造热情,2010 年 12 月 15 日,中国科协组织了“全国优秀科技工作者”的表彰活动。

中国纺织工程学会推荐的李嘉禄、汪少朋、俞建勇、蒋高明 4 位同志获得“全国优秀科技工作者”荣誉称号。

二、近两年国内本学科发展情况

(一)纺织纤维与材料学科的发展现状

1.高科技纤维

近年来,随着我国纺织工业的高速发展以及国内众多领域对高新技术纤维材料需求量的大幅度提升,我国高新技术纤维领域的研究与发展进入了新的阶段,国家对高新技术纤维材料的发展给予了一系列有力的支持。例如,为着力提升和加快我国纤维新材料产业化的自主创新能力及基础研究,国家重点基础研究发展计划("973"计划)专门立项"高性能聚丙烯腈PAN碳纤维基础科学问题",国家发改委于2008～2009年组织实施"高性能纤维复合材料高技术产业化专项",重点支持高性能纤维及其复合材料应用技术产业化等;国家高技术研究发展计划("863"计划)在新材料技术领域中,以电力输送和风力发电领域碳纤维复合材料应用为突破口,重点开发国产碳纤维复合材料并发布"国产碳纤维在电力行业应用关键技术开发"重点项目的申报指南。"碳纤维制备技术国家工程实验室"成立,其建设目标和任务是围绕航空、航天、能源和交通等领域重大战略任务与重点工程对碳纤维复合材料的迫切需求,建立碳纤维制备工程化技术平台,开展工程化技术研究,研制关键设备,开发自主知识产权的碳纤维制备工艺和配套材料,形成成套技术和应用评价体系;依托于天津工业大学建立的"中空纤维膜材料与膜过程重点实验室"被科技部批准为省部共建国家重点实验室培育基地,围绕中空纤维膜材料与膜过程,在污水资源化、海水淡化、地表水净化、生化发酵与制药、化工分离等方面开展基础和应用基础研究,为中空纤维膜技术的应用提供科学依据,也为实现国家产业结构优化、环境治理、水资源综合利用,实现节能减排等提供有力的技术支持。以上项目的开展形成了以国家重大工程为突破口,国家和地方共同引导开发高科技纤维的局面。

2.基础研究与产品开发

(1)天然纤维

1)棉。随着棉花健康环保形象的不断深入人心,加之在功能性、时尚性上的不断改善,崇尚棉织品的消费者将越来越多。近年来,世界很多国家除了在种植技术以及在发展棉花产业建立相关政策外,在围绕扩大棉花的应用,开发新品种,新功能、新技术来提高棉纺织的附加值,促进整个棉花产业链的健康发展方面做了许多工作。因此,2009年国家自然基金分别资助湖北省农业科学院和西南大学进行了"棉花品种资源群体产量与纤维品质形状相关基因的关联分析"和"两个棉花LIM-结构域蛋白基因在纤维发育中的功能研究"的项目研究。

2)麻、毛、丝。麻类纺织品具有天然保健功能。我国是世界上麻类种类最多、分布最广的国家,而麻制品的最大消费国美国的麻资源种植为零,进口未设限,其市场需求持续增长。在整个欧美市场,麻制品消费几乎占到天然纤维总量的20%～30%。为适应整个国际对麻制品的需求增长,我国已研究出多项高产的麻类栽培技术,开发新品种制备高档面料，提高出口创汇，实现麻制品向高档产品跨越。世界上第 1 条工业级别的汉麻纤维加工生产线在云南西双版纳勐海工业园区建成，其建设项目一期生产线规模为 2000 t/年，总建设规模为 5000 t/年。

(2)常规化学纤维

“新型功能聚酯纤维的研制和产业化”和“超仿棉合成纤维及其纺织品产业化技术开发”项目分别是 2009 年度、2010 年度国家科技支撑计划重点项目，国家科技部高新司组织专家对两个项目进行了可行性论证。

“新型功能聚酯纤维的研制和产业化”项目重点针对聚酯纤维熔体直纺差别化、深染超柔软化、多功能高舒适化以及生物可降解等目标，开展核心关键技术攻关，旨在不断提高我国聚酯纤维的差别化率和生产技术水平，增强产品核心竞争力。

“超仿棉合成纤维及其纺织品产业化技术开发”项目重点围绕 PET 聚酯分子结构与体系组成的设计优化、高比例改性组分在线添加与高效分散、亲水聚酯体系稳定纺丝、纤维形态与力学性能调控、1,3-丙二醇高活性和高选择性催化体系可控放大制备、PTT 高效连续聚合、PTA 生产过程强化及 PET 清洁生产产业化关键技术，新型仿棉聚酯纤维纺织染整关键技术及产品开发等主要目标进行重点攻关。

(3)高性能纤维

1)碳纤维。标志着我国高性能碳纤维产业化实现新突破的我国首个百吨级碳纤维生产基地建成投产，其自主研发的聚丙烯腈基碳纤维性能达到国际先进水平，打破了国外技术封锁。

“纳米碳纤维的制备及其作为吸波材料的形态和结构控制”、“聚丙烯腈基碳纤维原子径向分布函数及短程有序结构的演变”、“功能性碳纤维水泥基材料铺覆层对钢筋混凝土阴极保护的机理研究”、“高性能碳纤维内部的同步辐射小角 X 散射的研究”等项目分别得到国家自然科学基金项目的资助。

2)超高分子量聚乙烯纤维。超高分子量聚乙烯纤维是继碳纤维、芳香族聚酰胺纤维之后的新型高强高模纤维，其质轻、化学稳定性好、耐磨耐弯曲性能佳、抗疲劳和抗切割性能强，在航空航天、交通运输、运动器材、防护用品等方面用途广泛。300 t/年高性能聚乙烯纤维干法纺丝工业化成套技术的开发成功，填补了国内高性能聚乙烯纤维干法生产工艺空白。“凝胶纺高强聚乙烯纤维及其连续无纬布的制备技术、产业化及应用开发”项目也实现了产业化及推广应用。

3)聚苯硫醚纤维。聚苯硫醚纤维具有优良的耐热性、耐腐蚀、阻燃性和力学性能等，成为燃煤电厂烟道气除尘和城市垃圾焚烧厂尾气过滤及排尘升级的首先滤材。因此，聚苯硫醚纤维一直保持着较高的增长速度。四川得阳科技股份有限公司和中国纺织科学研究院通过产学研合作，经多年自主研发，在高性能聚苯硫醚纤维的工程化成套技术方面取得重大突破，2008 年年初建成产能 4000 t/年短纤维、1000 t/年长丝的产业化。

4)无机及金属纤维。玄武岩是火山喷发出的岩浆冷却后凝固而成的一种致密状或泡沫状结构的岩石。连续玄武岩纤维是以火山岩石中玄武岩为原料，经粉碎、高温熔融、拉丝成形、上油等工艺制成的一种高性能天然无机矿物纤维。与玻璃纤维相比，玄武岩纤维在耐高温低温、力学、电学、声学性能及化学稳定性等方面均具有较大优势，可用于隔热、绝热、耐化学腐蚀、结构加强、隔音、高温过滤及电子等领域。

连续玄武岩纤维的生产难度高，世界上仅有少数国家掌握其生产技术。我国经过努力探索与实践，攻克了连续玄武岩纤维的制造技术难关，并已批量生成形成一定市场规模，预测 2010 年，全国生产玄武岩连续纤维 1 万 t，2020 年预计为 7 万～10 万 t。

连续玄武岩纤维项目列入 2010 年度国家“863”重点新产品计划立项项目，完全投产后，年产连续玄武岩纤维及复合材料 2000 t；“玄武岩纤维网格轻质抗震墙性能及加固计算方法研究”项目也获得国家自然基金的资助。

(二)纺纱工程学科的发展现状

随着纺纱技术的进步，传统的棉、毛、麻、绢纤维的纺纱工艺正在互相交融，纺纱技术的创新有了新的进展。

1. 基于环锭纺的新型纺纱

(1)低扭矩环锭单纱生产技术

低扭矩环锭单纱生产技术，经过多年的发展，已经显示出良好的推广应用前景。

低扭矩环锭单纱技术通过对现有环锭细纱机的改造，加装了假捻器和分束器等纺纱附件装置，实现了在一部机器上、一道工艺内生产低扭矩环锭单纱。环锭细纱机的前罗拉和导纱钩之间加装的假捻器，其功能是产生假捻，影响纺纱三角区的纤维张力分布，从而改变纤维在单纱中的形态和排列分布，使纱中纤维产生的残余扭矩相互平衡，实现单纱低捻、低扭、高强。对低扭矩环锭单纱的表面和内部结构进行分析，与传统的环锭细纱相比，发现具有如下特点：纤维不呈理想螺旋线；单纱内纤维倾斜角小；纤维转移幅度大、纤维转移率高；存在与单纱捻向相反排列的片段；纤维主要分布在单纱内层，单纱结构内紧外松；内层纤维达最大分布密度。低扭矩环锭单纱的这些特点，保证了可以采用环锭纺从未达到的低捻系数 200～240(特克斯制)规模生产 9.5～83.0 tex 的单纱。且单纱具有低捻、高强、低扭等其他环锭纱线不具备的优良产品特性。

(2)高效短流程嵌入式复合纺纱技术

高效短流程嵌入式复合纺纱技术是通过对现有环锭细纱机的改造后实现的，该纺纱方法是将喂入的两根长丝和两根短纤维须条通过系统定位技术合理配置在前钳口的位置，定位的关键是两长丝对称地处于系统的外侧，两束短纤维须条对称地从内侧喂入，纺纱过程中，两束短纤维须条先行与对应的长丝加捻成单纱后，在向导纱钩运动过程中很快相遇并再被加捻，形成复合的股线体系。这样，两根长丝和两根短纤维须条形成三个加捻三角区，这个变化大大缩短了浮游纤维的握持距离，从而大大降低了成纱对短纤维的根数、长度和捻度的要求，突破了原环锭纺纱的原理及成纱的必要条件。

嵌入式复合纺纱技术可以改善成纱质量，提高纤维利用率，实现传统纺纱中不可纺纤维的复合纺。理论上短纤维的长度只要 5 mm 以上就可实现嵌入式复合纺纱。应用该纺纱技术，毛纺上纺纱可以达到 500 公支，棉纺可以达到 500 英支，同时实现了用低等级纤维原料纺高支纱，可进行多花色品种纱线的开发和纺制。

2. 麻纺行业的技术进步

(1)苎麻生物脱胶的产业化应用

苎麻脱胶是苎麻纺纱的前处理工序，脱胶质量的好坏对苎麻纤维的可纺性能及成纱质量影响重大。目前麻纺工业的主要脱胶工艺仍然是化学脱胶。与传统的化学脱胶相比，采用生物脱胶后，实现了全新的苎麻清洁生产工艺流程，降低物耗能耗及污染物排放，用水量和用气量大大减少，排放的污水中 COD 和 BOD 含量大大降低。生物脱胶精干麻的强度、卷曲率和柔软度等关键参数较化学脱胶的精干麻有显著改善，为提高纤维的可纺性提供了基础。

(2)亚麻纤维精细化工艺

亚麻纤维由于长度长、细度粗和残胶高而通常采用湿法纺纱，其加工流程冗长，生产效率低，且成纱粗、硬而难以应用。亚麻纤维精细化预处理工艺，可以得到细度在 2000 公支以上，长度在 30 mm 以上的精细化亚麻纤维。利用苎麻和棉纺设备进行干法纺纱，不仅提高了纺纱的效率、改善了纺纱的劳动环境，还使成纱细度提高，柔软度增加，大大拓宽了亚麻产品的应用领域。

(三)机织工艺和产品设计的最新进展

1. 准备工程

(1)络筒

络筒技术在络筒速度、卷绕成形控制等方面有了较大的发展。由于织物所用纱线类型的复合化，国外先进络筒机如精密络筒机实现了不同类型纱线的兼用，即多种类纱线能在同一络筒机上络筒。随着电子技术在纺织机械上的广泛应用，络筒机机电一体化程度越来越高，机械结构逐渐简化。另外，随着变频技术的广泛应用，由单面电机集体传动发展为每锭单电机传动。速度变化由机械有级到无级，发展为变频无级调速。速度的大小可以实现集体设置、控制，也可单锭单独设置和控制。

国内的新型自动络筒机，集机、电、气、仪测控于一体，采用全新设计的络筒工艺过程及纱路，最高卷绕速度达 2200 m/min，技术水平达到了当前的国际先进水平，实现了管纱的输送、配送、再循环输送，可和细纱机组成细络联。

采用直流无刷伺服电机单锭直接驱动槽筒技术，以满足槽筒需频繁启动和变速的工艺要求；研发了实时监控防叠技术，减少了络筒时毛羽的产生；开发了自动化循环打结技术，达到节能效果，减少了回丝浪费；采用 CAN 现场总线技术，满足了在线监测和工艺过程控制大数据量通讯的要求。产品具有络筒防叠效果好、生产效率高、运行可靠等特点。

(2)整经

到目前为止，国产新型整经机几乎占据了国内市场的全部份额。国内整经机的技术有了很大的进步，价格相对国外来说又便宜很多。如电磁式筒子架，采用新颖独特的电磁式张力控制系统，纱线张力既可集中设定，也可单独调节，操作方便，还采用电子式断头自停装置，及时有效地检测纱线断头，并通过 LED 灯，清楚地显示断头所在位置

智能型分条整经机采用现场总线控制技术和智能伺服系统，分别控制整经位移、等距

离退绕、制动、纱线张力、恒线速卷绕，具有很高的控制精度和技术水准。

(3)浆纱与浆料

近几年来，浆纱作为经纱的保护性工序更受到关注，其主要原因是浆纱过程的环保性、节能减排的压力逐步加大，在纺织业内，浆料配料中不采用PVA(聚乙烯醇)的声音也越来越高。为此，对发展环境友好型浆料成为大家共同关注的问题。

目前已经研制出能够部分甚至全部取代PVA的纺织浆料中仍存在一些问题，如淀粉衍生物还不能完全取代PVA，只有高性能变性淀粉能够实现取代PVA，对高支高密织物上浆仍不能完全取消PVA等。对变性淀粉的研究应以开发性能较好的接枝淀粉为主要方向，但接枝淀粉生产工艺复杂、成本较高、市场占有率较低。

2. 织造工程

(1)开口技术

1)多臂开口。国产系列多臂装置与国外20世纪80年代中、后期的同类产品性能相仿，目前，制造和应用技术都已成熟，国内市场覆盖面大。高端电子多臂机在研制中、小批量试用。

2)提花开口技术。国内现有几十家厂家研制生产各类电子提花机，电子提花机选针等工作原理与国外主流设备相近，国内生产的大针数电子提花机，最大纹针数可达到10000针以上，同时电子提花机的转速最大可达800 r/min以上。

(2)引纬

1)喷气引纬。国产喷气织机的生产迅速发展，国内喷气织机的制造厂商已由几年前的几家发展到目前的10多家。国产喷气织机筘幅普遍拓宽，车速、入纬率、自动化水平普遍提高，电控箱技术日益成熟。由于喷气织机的关键是喷气引纬部分，国外已经历了几十年的研究与发展，近几年来国内对喷气引纬过程中高压空气、主辅喷嘴与结构、供气压力与分布、纬纱特性与喷气引纬运动等方面开展了较多的研究，对提高我国喷气织机技术水平创造技术条件。

2)剑杆引纬。在无梭织机中，剑杆织机是织制小批量、中批量、品种翻改频繁的花色织物通用而可靠的织机。国产高档剑杆织机与进口先进剑杆织机相比，在性价比上具有很高的竞争力，正有逐步替代进口品牌之势。剑杆引纬的发展主要表现在：随着引纬机构的改进，引纬速度提高，而加速度的变化却更为缓和；夹持纬纱运动的剑头，其构造可适用于不同原料和结构的纱线。现今剑杆织机的最高入纬率已突破1500 m/min，纬纱的选色从单色发展到最多达16色，在品种适应能力方面是其他类型无梭织机所不及的。

(四)针织工艺与产品设计的最新进展

针织技术、设备、产品在近两年中得到迅速的发展，水平大幅提高。

1. 圆纬编技术

近年来，针织大圆机装备技术进步主要体现在电脑控制技术在传统上一直是机械式为主的针织大圆机上得到进一步发展；专用化针织机技术得到不断完善和提高；针织大圆机的花色功能更广泛地电脑程序化；一机多用功能在技术上更容易实现；无缝成型编织技术不断完善并日趋成熟。我国圆纬机制造业发展很快，在电子技术的应用和整机的质量、性能等方面也有了长足的进步，和国际著名品牌机的差距在缩小，有些公司的某些机种已接近欧洲和日本的先进水平，一些创新机种在设计思想、实用性方面有独到之处，但差距依然存在。

2. 横编技术

新型电脑横机都配备有先进的起底板装置及纱夹纱剪装置，同时采用了数字化技术，有效地减少了纱线的浪费，提高了生产效率。全自动无极选针电脑针织横机应用了无极单段选针系统，减少针织损失，采用直接喂纱技术，提高了精确度。

3. 经编技术

(1)高速技术

经编机是整个纺织领域内生产效率较高的机型之一。近年来，碳纤维增强材料(CFRP)在经编机上应用越来越广泛，将CFRP用作梳栉、针床和沉降片床等，可以使梳栉重量减轻25%，刚性得到提高，从而使经编机转速上了一个新台阶。

此外，新型机械设计工艺在经编机上的不断应用，也使经编机转速大幅提高。采用新型的压力油润滑曲轴式连杆机构传动成圈机件，并用轻质高强的空心镁合金材料作针床等长向件，机件运动惯量小、刚度高，可以提高经编机运行平稳性，机器转速均可达到2200 r/min；新型的五连杆传动机构，可以使针床传动更加平稳、织针成圈曲线更为合理，整机的运转性能得到显著的提高。

(2)伺服控制技术

高速拉舍尔经编机采用交流伺服系统控制机器的电子送经、电子梳栉横移和电子牵拉，实现了经编机的全电脑控制，方便了产品品种更换，使得高速经编机可编织高档经编提花面料；高精度伺服拷贝高速整经机和立式弹性纱线整经机等多种整经机采用了大功率伺服对经纱张力和经轴参数等进行过程控制，保证了同组盘头整经参数一致性，有利于提高整经及编织的产品质量。

(3)全幅铺纬技术

轴向经编织物主要包括单轴向、双轴向和多轴向经编织物，它们以良好的抗拉伸强力、抗剪切性能、抗撕裂性能、抗弯能力、抗冲击能力、弹性模量、悬垂性等力学性能广泛应用于风力发电、车船制造、建筑工程、体育用品等领域，具有代表性的产品包括风力发电叶片、汽车、游艇、土工格栅、灯箱布等。

全幅铺纬技术能在整个机器宽度范围内衬入纱线，用于拉舍尔经编机、特里科经编机、缝编机。

(4)经编CAD技术

利用经编CAD技术可以实现多梳织物设计与仿真、贾卡织物设计与仿真、少梳织物设计与仿真，兼具多样的文件输出功能以及新颖逼真的三维仿真和三维展示功能，是国内外唯一适用于各类织物设计的CAD软件，与国外同类软件相比，性价比高，能更好地满足经编企业的要求。

(五)纺织化学和染整工程学科的发展现状

1.纺织化学品的发展

(1)染料

在国家加快科技创新,实施节能减排发展方针的指导下,染料生产企业在染料清洁生产工艺开发、降低"三废"排放量方面开展了大量工作,卓有成效。染料合成工艺废水减排清洁生产技术、染颜料中间体加氢还原清洁生产技术、染颜料中间体乙酰类芳胺清洁生产技术等在行业内得到了广泛的推广应用。仅染料合成工艺废水减排清洁生产技术的推广应用,就实现了活性染料、酸性染料、直接染料、增白剂等产品应用膜过滤和原浆喷雾技术,染料不再需要经过压滤机水洗,可以直接将合成浆状染料干燥成商品。由于实施了清洁生产工艺,活性、分散、还原类别染料等,都不再列为"两高"产品,同时不再受环境经济政策的制约。

染料新品种方面,国产 LonsperseEE 系列节能环保型快速染色染料,具有良好的染深性和同系列染料之间的配伍性,对染色参数变化不敏感,有很好的重现性,大大提高了染色的一次成功率。因为上染率很高且不需染后还原清洗,能大幅降低成本和有利于印染废水的处理,是一类高效、速染、节能、减排型分散染料。该组染料获得瑞士纺织检定中心颁发的《Eco - Passport》认证。

国产一只新化学结构的分散染料申请到了一个新的染料索引号。这个新染料的商品名是分散蓝 BH,英文商品名 Lonsperse Disperse Blue BH,其染料索引号是 C. I. Disperse Blue 381。这是中国生产的分散染料第 1 次获得染料索引号。这也表明,国际上承认该染料的知识产权。

(2)助剂

1)前处理助剂。"碱性果胶酶制剂的研制与产业化开发"项目,在酶的过氧化氢耐受性方面取得了突破,以碱性果胶酶为主要组分开发了麻类脱胶酶、精练酶、退煮酶等高效纺织酶制剂。年产 5000 t 碱性果胶酶高技术产业化示范工程还被列入国家微生物制造高技术产业化专项。

以纤维素酶和蛋白酶共同对羊毛纤维进行前处理,可彻底去除植物性杂质,提高织物白度,对羊毛单纤维的强力损伤很小,处理后纤维有利于后续纺纱织造工艺的进行,可以生产出高支羊毛纱。

羊毛针织物的全酶法改性整理技术,经脂肪酶、蛋白酶两步处理羊毛织物,再结合 TG 酶整理工艺,面积毡缩率、顶破强力、白度等性能均能接近或达到应用要求。

研究反胶束体系中蛋白酶对羊毛的作用,结果表明反胶束体系中酶解反应可能主要发生在纤维鳞片层,反胶束体系中处理的羊毛与水相条件下相比,其试样鳞片去除效果相近,但羊毛纤维损伤略低。

2)染色印花助剂。色媒体无盐无碱活性染料染色技术采用新开发的染色助剂色媒体直接对未经煮漂的棉针织坯布进行预处理,在棉纤维上引入正电荷和反应性功能团,再用活性染料在无盐、无碱的条件下进行染色的工艺方法,实现棉针织坯布的无盐、无碱活性染料染色。该工艺与传统染色工艺相比具有失重率小、手感柔软、工艺时间短、生产成本低、对环境的污染小等优点。

根据活性染料固色原理和真丝绸冷轧堆染色工艺要求新开发的一种新型固色碱体系，应用于真丝绸冷轧堆染色。该固色碱体系可以代替传统的泡花碱体系，且用量少，约为泡花碱体系的 1/3～1/2，固色牢度好，不粘轧辊。

无甲醛涂料印花遮盖白浆技术在合成了一种无甲醛高性能的聚丙烯酸酯粘合剂的基础上，然后将粘合剂与钛白粉、有机络合剂、高效乳化剂、保湿剂及增白剂等经高效乳化并研磨而成产品。产品具有遮盖力强、色牢度好、不堵网、不用对环境有污染的火油增稠剂等特点。

3)后整理助剂

聚酯聚醚有机硅三元共聚型多功能高效涤纶整理剂含聚酯聚醚链段有机硅三元共聚化合物，其分子中存在聚醚链段、聚酯链段、有机硅链段，其中聚醚链段具有良好的亲水性能，聚酯链段与涤纶有相似结构，根据相似相亲原则，在受热过程中可与涤纶发生共熔、共结晶作用，使亲水性的聚醚和改善手感的有机硅被锚固在聚酯纤维的表面，具有优异的亲水性和柔软性，并具有良好的耐洗性。它对聚酯纤维改性，完成耐久的亲水性；同时，也实现聚酯纤维耐久性的优异柔软、舒适的手感，解决了普通氨基硅油整理柔软和亲水矛盾，同时也解决了水溶性聚醚改性硅油不耐洗的问题。

一种结晶交联型、温控型聚氨酯织物防水透湿整理剂开发成功。通过对聚合单体及其配比的选择和聚合工艺、涂层工艺的优化等措施控制聚氨酯防水透湿涂层剂化学结构，使之具有适宜的临界相转变温度，利用了聚氨酯在其临界相转变温度上下具有完全不同的防水透湿能力的特性，开发能够对环境温变做出自主响应的“智能化”的防水透湿功能型纺织品。

在基础研究方面，以聚氨酯为壁材，防蚊剂 HLQZ 为芯材，采用界面聚合法制备了防蚊微胶囊整理剂。该防蚊微胶囊整理剂应用到蚊帐上，蚊帐具有明显的驱杀蚊效果，且耐久性良好。

利用壳聚糖和双氰胺合成了一种壳聚糖双胍盐酸盐(CGH)，采用整理剂 CGH，柠檬酸和次亚磷酸钠整理羊毛织物，获得良好的抗菌性能和耐洗涤性能。

以自制的聚酰胺—胺树枝状大分子(PAMAM)和氯乙酸为原料，合成端羧基 PAMAM 无甲醛抗皱整理剂，用于棉织物的抗皱整理，折皱回复角可提高 50%，且耐洗性好。

以角鲨烷为芯材、聚氨酯为壁材，通过界面聚合方法制备了角鲨烷微胶囊，用于织物的后整理，可对人体皮肤起到滋润保湿的功效。

以甲基丙烯酸甲酯、全氟烷基乙基丙烯酸酯、丙烯酸十八酯、丙烯酸丁酯、甲基丙烯酸二甲氨基乙酯、丙烯酸羟乙酯为原料，以偶氮二异丁腈为引发剂，制备了水性阳离子全氟丙烯酸酯防水防油整理剂，产品用于纺织品整理具有优异的防水防油性能。还采用聚氨酯引入亲水链段，对氟代聚丙烯酸酯进行改性，制备出一种新型有效的易去污整理剂。

2. 染整加工技术的发展

(1)前处理技术

“毛织物洗呢生态加工关键技术研究”项目的研究，是针对毛织物湿处理加工(主要是洗呢工序)中，普遍存在着净洗剂用量大、水耗能耗高、废水量大、有机污染严重等问题，从全过程控制的角度出发，采用矿物黏土类生态型洗涤剂对毛织物进行洗呢，洗净效果良好，开发的矿物黏土类净洗剂对各类毛织物具有很好的洗呢效果，各项牢度指标符合要求；与工厂现有洗呢工艺用净洗剂相比，矿物黏土类净洗剂具有很好的适用性和通用性，能有效减少使用助剂的种类和用量，大大降低排放负荷，其废水的COD值仅为工厂常规工艺的1/2～1/3，减排作用显著。

双氧水漂白活化剂的应用技术是近年来前处理工艺开发的热点。加入活化剂壬酰氧基苯磺酸钠(NOBS)的低温漂白工艺，获得了最优的工艺条件，形成H_2O_2/NOBS低温活化漂白系统。该活化漂白工艺提高了棉纱漂白品质，纤维强力损伤降低，并减少耗碱量，降低漂白温度，具有生态环保和高效节能的优势。浙江理工大学还将该工艺用于棉/多组分织物前处理加工中，解决了多元纤维面料各组分纤维漂白适应条件的冲突造成某组分纤维的严重损伤或另一组分纤维的漂白不足的难题，具有明显的节能节水降耗的效果。采用活化剂壬酰基氧苯磺酸钠/四乙酰苷脲/双氧水体系对棉织物进行冷轧堆前处理工艺，冷堆工作液中无需使用烧碱和稳定剂，冷堆时间缩至4小时，织物白度和毛效均较好，强力损失降低，且节能减排。

生物酶制剂在前处理中的应用技术仍然十分活跃。先用生物酶制剂对织物进行预处理，再进行氧漂处理的纯棉机织物连续生化前处理工艺，该工艺所得的织物白度、毛效、退浆率和强力等均优于常规工艺，且较常规工艺减少一次高温汽蒸工序，符合节能减排要求。

在分析棉织物上存在的各种杂质和烧碱及酶制剂对这些杂质作用的基础上，采用生物技术与化学技术相结合开发无烧碱前处理工艺。该棉织物前处理工艺流程短，能耗、水耗和废水的COD值大大降低，不仅可以实现前处理工艺的高效短流程，而且具有显著的节能环保效益。

苎麻酶一化学联合脱胶最佳工艺可减轻苎麻化学脱胶造成的环境污染，提高苎麻纤维可纺性能。还有蚕丝木瓜蛋白酶脱胶工艺，确定生丝木瓜蛋白酶脱胶的两个较好工艺条件。

(2)染色技术

1)活性染料染色技术。国家科技支撑计划课题“棉冷轧堆染色新技术及关键装置的研究开发”，该技术对棉冷轧堆染色工艺进行了技术集成，较好地解决了碱剂混合比例、布面温度一致性、接头印的技术难题，提高了冷轧堆染色一次成功率，实现了产业化。

“纯棉纱线冷轧堆染色技术与装备”项目在研发设备的基础上，研究了纱线冷轧堆染色的关键技术，突破了传统的筒子纱、绞纱间歇式浸染方式，实现了纱线冷轧堆半连续染色流程，该技术的开发可极大地推动纱线染色向高效率、低污染、低能耗、自动化、清洁环保的方向发展。

2)天然染料染色技术。合成染料的高化学稳定性和低生物可降解性使印染废水对生态环境造成的污染日益加重，一些合成染料对人体的危害日益凸现，自从各国相关生态纺织品标准发布以来，人们对纺织品上有害物质的限制越来越严格。由此，天然染料在纺织品染色中的应用成为人们研究的热点。主要研究内容主要包括新的天然染料的提取及其作为不同纤维纺织品的染色性能、新型媒染剂的选择、提高天然染料染色牢度特别是日晒牢度的方法、天然染料染色织物的功能性研究。

除传统的天然染料外，黄色牡丹花色素、灵菌红素、橘子皮色素、高粱壳色素、板栗壳色素、白棉棉籽壳色素、指甲花色素等均被用于纺织品染色的研究，纤维涉及真丝、羊毛、亚麻、棉、PTT纤维、聚乳酸纤维等等，纤维改性技术、生物酶技术、超声波技术等被用于天然染料染色的研究中。

国家"863"高新技术项目"天然染料制备及其在生态纺织品开发与羊毛清洁生产中的应用技术" 建立了1项植物染料的数据库，完成了306种色卡，开发了纯毛开司米、纯毛精纺面料、纯毛针织T恤等3大类多种生态毛纺织品。

"天然染料一浴拼色染色与固色成套技术及产业化"项目从桑蚕副产品、高粱壳等天然副产物中提取色素用于纺织品染色的加工技术，扩展了天然染料的种类；系统研究了不同结构种类天然染料的染色规律，寻找各种天然染料染色普遍适用的工艺条件，构建适合不同纤维的天然染料基础三元色，建立了天然染料纺织品染色的颜色体系，可准确地实现天然染料一浴拼色染色，丰富天然染料染色的色谱，提高染色的重现性和产品质量；从色素的光稳定性机理和生态纺织品的要求出发，发明了2种采用天然有机羧酸对天然染料染色织物进行固色处理，封闭天然染料分子中容易引起光敏作用的羟基等基团，提高天然染料对光的稳定性，在不影响天然染料天然特性和生态性能的前提下，有效提高天然染料染色织物的日晒牢度；解决了天然染料染色产业化过程中的技术难题，并形成规模化生产。

3)其他染色加工技术。"聚酯纤维纺织品微胶囊分散染料染色新技术"项目创新地将微胶囊技术应用于分散染料的染色，研制了专用的分散染料微胶囊和萃取设备，形成一种环境友好无助剂免水洗染色新工艺，染色产品匀染性、色牢度良好。采用该技术明显降低染色废水的COD、BOD和色度，染色废液静置沉淀即可回用。该技术缩短了工艺流程，节水节能减排效果显著。在技术研发过程中申报了11项中国发明专利，已授权10项。

蛋白质微悬浮体染色技术的核心是在染色过程中采用自行研制的微悬浮体化助剂，使微悬浮体化后的染料颗粒对纤维的吸附能力显著加强，使染色时间大大缩短且废弃染料数量明显减少，从而达到节能环保的目的。蛋白质纤维微悬浮体节能环保染色技术适用于毛活性染料、酸性染料、中性染料及酸性络合染料对蛋白质纤维(包括羊毛、山羊绒、蚕丝、大豆蛋白纤维和牦牛绒等)的染色加工。采用微悬浮体节能环保染色技术对蛋白质纤维进行工业化染色生产，可以使染色时间缩短1/3～1/2以上，具有显著的节能效果。同时，染料的固色百分率提高10%～30%，在染制同样色深度时，可以减少约10%的染料用量。

(3)印花加工技术

1)数码喷墨印花技术。国产VEGA数码印花系统可以实现140 m^2/h的喷印速度，1080 dpi的喷印精度。同时支持多种专业墨水和面料，甚至可以通过软件和硬件控制技术来控制墨滴的大小和速度，实现最佳的印染效果。与传统印花技术相比，采用该技术耗电量下降50%，耗水量下降30%，染料用量下降60%，污染程度仅为传统技术的1/25。

数码印花的应用范围也在不断地扩大。芳纶1313织物的数码印花工艺，得到了适合芳纶织物数码印花的浆料配方，印花样品具有较好的鲜艳度和深度；开发了适合真丝绸热转移数码印花的专用墨水、前处理剂以及相应的生产工艺流程。

2)转移印花技术。近年来，转移印花工艺在颜色的深浓度、鲜艳度、色牢度等方面都有了很大的进步。转移印花工艺以其灵活的花回尺寸和逼真的印制效果，尤其是它几乎不产生污水，在环境保护方面的优势，迅速占领了许多传统的直接印花工艺市场份额。

“纯棉及涤棉热转移印花新技术”将印花坯布采用专用整理剂通过浸轧—烘干处理，实现了纯棉及涤棉热转移印花，将热转移印花扩大到纤维素纤维织物。减少印花废水的排放和处理费用达到80%以上，节省能源50%左右。

攻克了分散染料的全棉等天然纤维织物热升华转移印花技术难题，适用于大批量生产。

最近纤维素纤维织物冷转移印花技术得到快速发展，已成为棉织物可持续性染整加工技术之一。“纤维素纤维冷转移印花技术”将冷转移数码喷墨技术与冷转印花技术的结合，直接喷墨在冷转移喷墨介质上，再转移图案到布面上。该技术解决了数码印花喷头在提花织物、织物组织凹凸感风格强烈等面料因纤维毛絮及浆料粉末易堵塞的问题、避免喷墨时布面张力问题及数码印花需要布面平整的上浆、烘干及喷墨印花蒸化的流程。冷转移喷墨墨水技术及冷转移喷墨纸技术扩大了数码印花活性墨水耐碱储存性的问题，染料品种及喷嘴材质的选择更大；冷转移喷墨介质图案在喷墨中承墨载体密度大于面料百倍，可得到高于直接喷印面料及更精确的色彩墨点，在面料受压瞬间接触转印图案到布面过程中，纤维在转印当中受挤压呈扁平状时其布面的平面密度加大，可得到更高的色彩分布及图案精度。冷转移印花技术优化上色技术达到染料利用最大化、不残留不造成污染的效果，以高转移、高固色率使染料用量节省40%及可降解的环保原辅料，可以节省2/3的用水量，排放水回收使用率也可达90%，达到生产过程清洁、环保化。

(4)高新技术在印染加工中的应用技术

1)数字化控制技术。近年来，印染加工数字化控制技术发展很快，不仅在产品质量控制方面发挥了巨大的作用，而且在提高加工效率、减少资源消耗、提高印染加工清洁生产水平方面发挥作用。

“印染数字化系统”方案，被列入中国印染行业节能减排先进技术推荐目录。该技术在对现有生产过程的关键点工艺参数实现在线检测和自动控制，主要是实现某种加工工艺的单个关键点或者几个关键工艺参数的自动化控制；实现单机台的自动化控制和数字化管理，通过对单机台的工艺参数进行量化控制，克服人为因素而造成的误差，并通过记忆和存储工艺菜单很好的实现重现性，大大提高一次成功率；实现生产过程的数字化控制和数字化管理，主要是印染生产过程中各种工艺的连续化检测控制和网络数字化管理，实现印染的数控。并成功研发了“MAX－300碱浓度在线检测及控制系统”、“MSC－U织物含潮率在线检测及控制系统”、“气氛湿度在线检测及控制系统”、“PH－500型pH值在线检测控制系统”、“HD门幅在线检测及控制系统”等印染工艺设备在线检测系统及印染专家管理系统，实现了各种印染生产工艺的连续化检测控制、网络数字化管理和生产过程的水电气能耗、产量、成品率的有效管理。同时推出了一系列印染装备数字化解决方案。

拥有自主知识产权的印染在线采集系统，运用PLC系统、工业仪表传感器、现场测量仪器，结合开源的软件操控平台，对纺织印染企业生产过程中设备运行和工况的水、电、气、含潮率、张力、压力、温度、碱浓度等参数进行实时检测监控，动态发布指令并有效调控；系统在此基础上生成丰富的生产分析报表，为企业提供精确的生产经营决策，做到有效控制能耗，降低生产成本，提高产品质量。

平网印花机现场总线控制系统，解决了传统平网印花机控制系统存在的问题，实现了整机的数字化功能和企业的信息化生产与管理。

CIMATEK CG100 半自动液体称量控制系统，采用一种高精度半自动称量系统，经由计算机连接高精度电子天平，通过控制助剂质量的方式获得所需助剂。在称量过程中可把助剂计量精确到一定范围，并能详细记录称量结果，提供完善的统计报表，改善工作环境，减少人力消耗，杜绝人为误差，减少浪费与异常，可节约助剂 5% ～15%。

2）超临界 CO_2 流体染色技术。近两年来，由于国内对纺织印染企业的用水及排污控制越来越严，也促进了超临界 CO_2 流体无水染整技术的研究发展。目前国内部分高校、研究机构、企业已由前几年的超临界流体小试染色装置，发展到目前较大规模的中试及中试以上规模的装备系统。

SD 系列超临界流体染色机，其在加工容量、装备系统的自动化程度、织物的运转方式等方面都远领先于国内同类装置系统，设备可实现整机电脑程序控制，并达到中试以上规模水平。还有筒子纱染色的超临界流体中试装置系统的研制。

“超临界 CO_2 无水染色技术与工程化设备”和“散纤维及成衣制品无水染色”项目研制了具备中试生产规模的工程化设备，在散纤维和成衣艺术染色方面具备了产业化条件。研制开发的超临界 CO_2 染色工业化示范装置，采用了大流量内循环系统，染色釜具有内染和外染的功能，染色系统具有快开联锁安全保护功能，采用了 PLC 控制，能满足多种纺织品的染色需要，具有上染率高、色牢度好、工艺流程短、占地面积小、染料和 CO_2 可循环使用的特点，提供了工程化生产放大的依据；同时，将扎染技术与超临界 CO_2 流体染色技术相结合，实现了成衣制品艺术染色，研发了天然色素萃取染色一步法新工艺，可满足小批量多品种的生产要求。

3）等离子体技术。近年来，等离子体技术的开发已从基础研究转向实际应用阶段。工业用常压等离子技术处理设备的成功研制，是推动等离子技术在纺织印染工业生产领域广泛使用的一大突破。应用常压等离子技术处理后，棉布在轧染的前处理过程可省略或缩短退浆煮练等过程，降低生产成本，减少水资源浪费和化学污染物排放，可节能减排约 30%。同时，该技术对于改善纤维染色印花性能、提高色牢度、提高羊毛防毡缩性能、改善织物手感风格、去除甲醛及过敏性气体等也有明显效果。

4）超声波技术。超声波技术在印染加工中的应用研究也取得实质性的进展。“多频超声节能印染加工关键技术及产业化研究”，解决了多频大功率超声源的可靠性、智能性和多频超声换能器的水密性、稳定性等技术难题，根据纺织品加工特点研制开发出了具有多种辐射频率的多频超声水洗装置，已对印染企业的多条水洗生产线进行了改造，在前处理加工水洗、染色加工水洗、印花加工水洗等各个印染加工水洗工序进行了试验和应用，设备具有噪声小、可靠性优良等特点，可以达到与目前高温水洗生产相同的质量要求，同时节能、节水、减排的效果显著。

3. 印染废水处理及回用技术的发展

近年来，国家增加了印染废水排放指标的限定。目前，印染废水的处理技术开发研究主要集中在高新技术的应用上面。主要途径有光催化氧化技术和膜分离技术。

光催化氧化技术能有效地破坏许多结构稳定的生物难降解的有机污染物，具有节能高效、污染物降解彻底等优点，研究内容主要集中在对光催化剂的研究上。膜分离技术处理印染废水是通过对废水中的污染物的分离、浓缩、回收而达到废水处理目的。现在膜处理技术主要有超滤膜，纳米滤膜和反渗透膜。研究内容主要集中在其与其他处理技术的结合方面，形成了废水深度处理及回收利用极有前途的物理化学处理新技术。在处理工艺上，清浊分流分质处理、多种技术综合处理等工艺思路已被广泛采用，大大提高了印染废水处理的效果，使中水回用比例得到提高。

通过印染企业、环保部门以及水处理行业的共同努力，我国印染企业的水处理水平有了大幅度的提高，特别是中水回用率有了很大的提高。

"纺织印染废水微波无极紫外光催化氧化分质处理回用技术"项目从微波等离子体发光原理研究入手，研制了可工业化的大功率、短波长微波无极紫外光源，解决了光催化氧化技术工业化应用中的光源功率低、寿命短、光催化剂催化效率低等瓶颈问题，研制了固定化钛系催化剂和均质铁系催化剂，解决了光催化剂在液相体系反应中易流失、催化效率低等问题；研制了光化学反应器，解决了印染废水的高效脱色和回用时的残余氧化剂问题；发明了微波无极紫外光催化氧化技术，在纺织印染行业实现了高温染色水洗等印染工序废水的分质处理回用的工业化。针对印染终端废水，发明了微波等离子体协同无极紫外光催化氧化技术，水力驱动载体循环生物处理技术和无机生物填料；并形成了印染终端废水生化—物化处理新工艺，实现了印染终端废水深度处理及部分回用。

针对蜡染行业的特点，开展技术创新和新技术应用，将蜡染节能减排新技术应用于生产全过程，形成了一套蜡染废水分质处理及回用的综合治理新方法，采用生产工序分质处理回用及终端处理回用的思路对蜡染废水进行了处理，进行节能减排综合治理，实现退蜡废水在线处理回用并回收了松香，对印花后水洗废水进行在线处理回用并回收了热能，从而减轻了终端废水处理设施的压力，实现了终端废水的达标排放及深度处理后的部分回用，既节约了自然资源，又减少了对环境的污染，保护生态环境。

3000 m^3/d 染整废水深度处理回用系统采用了自反洗滤器的预处理技术与膜处理的软化除盐处理技术相结合的组合工艺。该方案处理工艺成熟，可确保回用水水质稳定达标，实现中水资源化利用。该回用系统设备自动化程度高，维护简单，无二次污染，较好地实现了染整中水的资源化。吨水回用成本仅为 2.3 元/ t。

牛仔布丝光工艺的碱回收装置，在 1∶4 汽水比"扩容—沸腾"碱回收装备的基础上，针对牛仔布丝光整理后废碱存在的三大碱回收难点，色度大、泡沫多、杂质多，采取有效措施，达到工艺技术效果及投资效益皆佳。

(六)服装设计与工程学科的发展现状与进展

1. 电子量身定制

(1)三维人体测量技术

三维人体测量技术是当前服装设计与工程学科研究的热点，是实现服装数字化设计、三维虚拟试衣、电子量身定制及电子商务等应用目标的必要前提。近两年，国内对于该项技术的研究主要集中在测量系统设计与人体轮廓提取两个主要方面。

技术人员提出了开发专用软件，借助因特网、电脑、摄像头等常用硬件进行异地在线人体测量的设想。通过网络视频指导被测者的站姿和位置，采集其正、侧、背面图像，系统经过图像导入、人体轮廓提取、图像转换等步骤生成被测者三维模型，然后在该模型上提取所需的人体尺寸。该方法无需特制的硬件设备，且操作简单、快捷。

(2)电子量身定制

服装业要真正实现数字化定制，除应继续改进人体测量技术外，还需进一步推进数字人体建模、虚拟试衣的研究。

2. 服装舒适性研究

(1)热湿舒适性

服装热湿性能及着装舒适性属于舒适性研究的传统领域，该领域的众多成果已经应用于实际生活中。近两年来国内对于热湿传递测试装置正在作进一步的研究与改进，相关研究还有：采用新技术、新方法、新设备进行热湿舒适性能的研究；对织物动态热湿舒适性的评价与预测的进一步探讨；对新型面料的热湿舒适性能研究以及对于试验用假人的研究等。

目前，国内的服装热湿舒适性研究主要集中在功能防护服装方面，在热防护服领域，研究者们主要进行服装热防护性能评价与预测的研究。

(2)压力舒适性

服装压力舒适性作为着装舒适性的一个重要因子，其研究对于织物的生产及服装制作具有重要的参考意义。中国针织工业协会提出压力指标即将纳入无缝内衣质量评价体系，可见纺织服装行业对该领域的重视。

目前服装压力与人体生理指标的关系尚在深入研究中，有关压力的动静态预测模型仍处于理论探讨阶段，如何建立有效的服装压力分布预测模型，建立可用于实际生产的着装压力舒适性客观评价模型是今后研究的重点与难点。

(七)产业用纺织品和纺织复合材料学科发展研究

1. 宽幅聚四氟乙烯(PTFE)膜及复合材料

宽幅聚四氟乙烯膜及复合材料项目对制膜原料和成膜工艺进行优选；自主研发成功宽幅 PTFE 膜生产装备，可实现高效优质、规模化生产；采用图像检测与工控机信号输出相结合的方式，实现了宽幅 PTFE 膜扩幅生产的自动控制；优化了复合面料的上胶方式和张力控制等关键工艺参数，开发生产的宽幅 PTFE 膜及复合面料，主要性能指标达到了标准要求，产品在防水透湿功能服装、环保、防护等领域均已应用。

2. 高性能碳纤维三维纺织复合材料连接裙的研制

高性能碳纤维三维纺织复合材料连接裙的研制项目先后成功研制了可织造直径为 1400 mm、三维机织圆桶形预制件的三维机织专用设备，开发了带端筐的整体复合材料裙预制件的三维机织工艺和变厚度的三维机织工艺，开发了超大型三维机织预制件树脂基复合材料 RTM 复合固化的工艺技术，设计制造了碳纤维树脂基三维纺织复合材料整体裙用 RTM 模具和脱模工装。该项目研制的三维机织复合材料的性能达到了国际先进

水平。

3. 高性能降落伞材料

高性能降落伞材料的开发应用项目研制的涂层锦丝绸具有强质比大，撕裂强力大，透气量小而均匀，手感柔软，外观质量好，材料利用率高；防灼锦丝绸织物具有强质比大，撕裂强力大，断裂伸长率均匀，透气量离散性小，手感柔软，外观质量好，材料利用率高；单向弹性绸织物具有较大的单向弹性功能，在高空高速情况下开伞，具有降低开伞动载，低高低速情况下开伞，具有降低救生伞的下降速度，扩展了救生系统的使用空域，是目前航空救生领域中的一个新型材料。

4. 多功能保温弹衣技术

多功能保温弹衣技术研究与开发项目主要在多功能纺织材料整理技术、保温弹衣外形结构设计、集成电路控温技术及多功能整理技术与集成电路控温技术相结合等几方面进行了研究。通过采用阻燃、抗静电、防水、保温等多功能纺织材料整理技术，研制出了具有防水层、保温层及加热层三层的多功能保温弹衣，满足了导弹武器系统对多功能保温弹衣的各项要求。多功能保温弹衣是将阻燃、抗静电、防水、保温多功能纺织材料整理技术与集成电路控温技术相结合的高科技产品。该项技术被成功运用于军工产品的研制生产中，对我国纺织材料多功能整理技术的应用和技术水平提高起到了积极推动作用。

5. 高强耐腐蚀PTFE纤维及其滤料的开发

高强耐腐蚀PTFE纤维及其滤料开发和产业化项目瞄准聚四氟乙烯纤维及其环保滤料耐高温、耐腐蚀的特性，以及大量依赖进口的局面，进行综合性研发，内容包括：针对传统PTFE裂膜纤维均匀性差问题，提出采用PTFE/PVA(聚乙烯醇)共混、利用硼酸与PVA的络合特性制备凝胶纺丝液并纺制高强PTFE短纤维的思路，研制出凝胶法加工高强PTFE短纤维的专利技术；研制出PID程序控制技术进行温度调控的烧结设备用于高强PTFE短纤维，研发了PTFE长丝纤维专用纺丝喷头，形成较为完整的系列化PTFE纤维材料的生产装备和技术；针对传统针刺滤料过滤效率低等问题，将高强PTFE短纤维、长丝纤维、乳液涂层等技术集成的环保滤料多重复合加工技术，开发出具有高效除尘环保滤料专利产品，产品性能指标达到国际先进水平。

6. 2兆瓦及以上风电叶片用玻纤多轴向经编增强材料编织技术

2兆瓦及以上风电叶片用玻纤多轴向经编增强材料编织技术项目中多轴向经编增强材料是由平行伸直无弯曲的高强高模玻纤多轴向多层铺设而成，申请受理了多轴向经编增强复合材料的生产工艺和编织工艺2项发明专利，发明了独特的玻纤浸润技术；多经轴单独捆绑技术；0°、90°经编织物高端铺设技术；独特的震荡技术；低克重加密分纱编织技术；大卷装双卷绕控制技术；经、纬纱恒线速、恒张力控制等创新技术，使织物达到经纱无间隙和同幅异厚织物紧密性、均匀性、稳定性一致，产品具有高强度、高模量、低密度、良好的热稳定性和化学稳定性等特点。

7. 镍氢非织造电池隔膜的产业化

镍氢非织造电池隔膜的产业化及应用开发项目研究开发的电池隔膜，可用于镍氢电池及镍氢动力电池。镍氢电池是新一代储能材料之一，具有良好的充放电性能，绿色环保。该项目以耐酸碱性能优良的烯烃类纤维为原料，采用梳理成网、气流成网两种非织造布成网工艺，结合面热轧粘合固网手段开发出薄型高强多孔绝缘非织造电池隔膜基布，并采用丙烯酸接枝和磺化处理技术对基布进行亲水改性处理，研制出吸液率、保液率和离子交换率等综合性能优良的电池隔膜，该镍氢电池隔膜经组装电池及综合测试达到国外同类先进产品水平。该项目所研制的镍氢电池及镍氢动力电池隔膜生产技术及设备具有完全的自主知识产权，性能达到国外同类先进产品水平，性价比高，完全可以替代进口隔膜，填补了国内空白。该项目技术现已实现工业化。

8. 共混聚醚砜中空纤维人工肾血液透析器

共混聚醚砜中空纤维人工肾血液透析器项目从共混聚醚砜中空纤维的纺制、组装、测试到临床应用的一条龙生产、销售体系，实现人工肾血液透析器的全国产化生产，并协助有关企业获得国家医药管理局颁发的人工肾血液透析器生产许可证。该项目的主要创新点：使用共混聚醚砜为原材料，经纺制中空纤维后再组装成人工脏器。国际上大多以聚砜为原材料，聚醚砜与聚砜相比，具有明显的优越性。选择不同的高聚物进行共混，改变了中空纤维的质量指标，制得功能不同的多种人工脏器。成膜过程解决"双向拉伸"的难题，保证了人工肾血液透析器的质量稳定性和高效性。成膜过程中使用填充剂，不仅具有传统的保形作用，而且还有调节中空纤维膜的固化速度、上油、增韧、改变横向拉伸程度等多种作用，膜性能的稳定性有较大的改善。在成形过程中采用先进的干喷湿纺法，保证了中空纤维的质量，并因提高纺丝速度而提高生产效率。

9. 特宽幅造纸毛毯针刺联合机

特宽幅造纸毛毯针刺联合机项目具有特宽幅结构、高速针刺技术、恒张力控制技术等3个创新点。

特宽幅结构：使用先进的有限元应力分析软件对整台造纸毛毯针刺机在动态情况下进行强度、刚度、局部应力及使用寿命的计算来进行整机的优化设计，造纸毛毯针刺机的有效针刺宽度由原来的5 m增大到11 m（毛毯幅宽9 m），可充分满足现阶段大造纸的需求。

高速针刺技术：针对造纸毛毯厚克重、针刺力大的特点（最大克重可达2500 g/m^2、最大针刺力可达1 kg/刺针），对针刺机构中的曲柄、连杆机构进行优化设计，针刺频率也由原来传统的造纸毛毯针刺机的最高400 r/min提高到800 r/min，使造纸毛毯针刺机运行更平稳，极大地提高了生产效率。

恒张力控制技术：通过伺服电机、测力传感器、PLC控制程序确保了造纸毛毯的张力在整个针刺过程中保持恒定，从而保证了毛毯的质量。

10. 宽幅熔喷非织造布设备及工艺技术

宽幅熔喷非织造布设备及工艺技术项目完成了具有自主知识产权的国内首台套3200 mm幅宽熔喷非织造布生产线，并形成了系列产品；建立了熔喷模头理论推导和数学模型；研制了快装式纺丝组件、气流牵伸系统、空调风骤冷系统、卷绕恒张力控制系统、纺丝接收距离调节装置；实现了生产线现场总线控制、温度和压力连锁保护；建立了分析实验室，为数据检测和分析提供了平台；掌握了熔喷生产工艺技术；获得了一项国家专利。该项目技术填补国内空白，达到国际先进水平。

三、国内外本学科比较和展望

近年来全球纺织产业在获得突出成就的同时，也面临着重大挑战，过度的成本竞争、资源供给矛盾的日益突出，正成为纺织产业进一步发展必须突破的障碍。

纺织产业是最早实现机器化大生产的制造部门之一，高效率、低成本是其持续追求的主要目标，与此相应，也容易造成产业趋同、低价竞争的发展格局，影响产业在充分培育比较优势基础上的可持续发展。同时，纺织产业基本上属于资源加工型产业，较大程度地依赖于棉、麻、丝、毛等天然纤维资源和生产合成纤维的石化原料资源，对能源和水资源的消耗也很大，产业越是高速发展，与可供资源的矛盾就越突出，寻求与资源的供给平衡并提高资源使用效率的压力就越大。纺织产业在纤维生产、纺织加工、染整加工、服装制造、产品消费等过程中，都不同程度地存在着对环境的污染和对人体的不健康影响，随着人类对自身生活环境和生活质量的关注，纺织产业正面临着生产技术和产品的重大变革。

纺织产业的传统发展模式，直接导致了全球纺织业的发展困惑和冲突。发达国家将劳动密集型、资源依赖型和污染产业部门移向境外，造成本国的产业空心化和就业压力，而发展中国家某些产业部门则将成本与价格压力转化为劳动者、社会和环境的压力或演化为过度竞争。与此同时，发达国家一方面不断指责发展中国家的低价竞争，另一方面又不断对其施加成本压力，这些矛盾思维造成全球范围内的纺织贸易冲突，严重影响纺织产业的和谐发展。

要实现全球纺织产业的和谐而可持续的发展，不仅取决于各国、各地区的合作与竞争，更要求纺织产业本身的改革与创新，即以新的技术、新的产品、新的领域、新的市场重塑满足高质量生活的新型现代纺织产业。

现代纺织应倡导和谐的可持续发展观，即体现人与自然、人与人及国家与地区间的和谐。现代纺织应通过新技术、新材料、新工艺的采用，即通过加工对象、加工技术手段、加工路线与形态的创新，努力寻求与资源的供给平衡，并提高资源使用效率，减少对环境的破坏、保护与改善环境；通过产业组织、产业链的整合与执行 ISO 14000 和 SA 8000 等相应制度与规则，维护组织与组织、阶层与阶层、劳动者与投资者、生产者与消费者以及这一代与下一代的公正与平等；通过实施 WTO 框架下国际间的互利互惠的分工、竞争与合作，达到国家地区之间的共同繁荣。

现代科学技术的发展为和谐可持续发展的现代纺织提供了技术支撑。全球性的信息化浪潮正影响着各个产业的发展进程，利用信息技术来嫁接改造传统纺织产业已成为业界人士的共识；具有特殊性能的新材料不断涌现，不仅有助于丰富纺织产品种类，提升产品性能，而且为纺织产业获取和利用新的资源提供了新的源泉；生物技术与传统纺织产业相结合，正使其生产方式和发展轨迹发生革命性的变化。在现代高新技术的导引下，一方面，传统纺织技术的现代化进程将不断推进，使得纺织工业的生产效率不断提高，产品品质不断得到改善，由此形成纺织品供给与消费者需求的高层次良性互动；另一方面，通过合理开发、利用现有的自然资源，开辟新兴资源的利用途径，改进现有纺织生产方式，实现纺织生产高效率、高质量与人类生存环境的协调统一，有助于应对纺织产业大量消耗人类赖以生存的自然资源、不同程度地污染自然环境的发展挑战。

现代纺织有其鲜明的发展特征：

首先，现代纺织应是绿色的产业。它要求材料是可再生、可循环的；工艺过程是清洁、低消耗的；产品是绿色、健康的；产业增长模式是公平、和谐的；产业发展是可持续的，不仅满足本国、本地区人民对纺织制品的高品质需求，更能满足全人类对今天与未来高质量生活的期望。绿色纺织彻底摒弃了传统纺织业在发展的同时，消耗了不可再生的资源、污染了环境、破坏了生态等弊端。

其次，现代纺织应以数字化为特征的现代科学技术为产业发展的技术支撑。以数字化支持的机电一体化加工技术与柔性化设备、物流管理系统等已被广泛应用。数字化设计系统、数字化销售终端、数字化快速反应系统，不仅使纺织产品品质更高、样式更时尚、品种更多、性能更好，使生产与交易成本更低、消耗更少，而且已经影响与改变企业内与企业间、行业内与行业间的关系，加速全球范围内纺织业的整合和网络型产业组织关系，同时将创造人类尚未预见的新的产品与服务。在数字化技术全面提升纺织产业运行质量和水平的同时，新材料、生物等现代高新技术，也将在拓展纺织原料结构、改善纺织加工方式、实现生态化生产、发展高品质产品、满足多元化消费需求等方面，发挥重要而具决定性的作用。

(一)国内外纺织纤维与材料学科发展比较分析

虽然我国是世界上纤维生产大国，但存在着结构不合理的突出问题：一是常规产品趋同性发展，产品竞争激烈，盈利困难；二是国外或发达地区对高附加值和高新纤维生产技术进行封锁，使我国纤维产品的差别化程度和技术含量与先进国家或地区相比存在着很大差距，每年仍需进口相当数量的差别化或高新技术纤维品种作为补充。

(1)全球化纤行业产能向以中国为主的亚洲集中

例如聚酯长丝产能 2009 年达 2188.3 万 t，占全球总产能的 91.8%；聚酯短纤产能 2009 年达 1425.3 万 t，占全球总产能的 86.4%；锦纶长丝产能 2009 年达 260.7 万 t，占全球总产能的 55.2%。

(2)多学科技术的复合性渗透

多学科技术的复合性渗透和高速发展的信息工程，正在推进新时期化纤技术发展。

(3)化纤将全面进入"超天然"的新纤维时代

化纤新品种正在从由高仿真时代进入超仿真时代，化纤将全面进入"超天然"的新纤维时代。

(4)绿色生态可持续发展战略已成为新时期发展的主流趋势

(5)高技术产业用纤维正在向高性能化、材料化方面快速发展

高技术产业用纤维正在向高性能化、材料化方面快速发展，化纤已经成为继钢材、水泥、木材之后的第四大材料。因此，在新技术、新材料浪潮的推动下，我国化纤业必须加快调整发展，以适应世界化纤业的发展潮流。

目前全世界的高性能纤维总共有几十种，均由发达国家开发和掌握，其中包括有"变形金刚"之称的芳纶类有机耐高温纤维制造技术，又被视为高性能纤维的核心技术，这种技术在全球仅美国杜邦公司和日本帝人公司实现了产业化。另一方面，在高性能纤维新品种中，实现产业化的很少，全球只有少数几个，例如杜邦公司收购了 Magellan Systems International 公司的 M－5 吡啶类纤维的中试装置和专利，于 2005 年实现产业化；日本旭化成的 25～50 t/年聚酮高强高模纤维投产；尤尼吉卡公司采用纺粘法开发出阻燃性能可与间位芳酰胺纤维相媲美的聚乳酸无纺布，而不用抗燃剂等等。

目前，日本在产业化研发上做得最为成功，尤其是在碳纤维（产能约占世界 3/4）、芳纶、PBO 纤维、聚苯硫醚（PPS）、氟纤维等领域，处于领先地位，已超过美国垄断了世界高新技术纤维材料的研发与市场，并对中国进行全面的技术封锁和多方限制。

（二）纺纱工程学科发展趋势和方向

从近年来的实际生产发展看，长纤维利用棉纺路线进行加工是必然的趋势，毛纺的半精纺就是利用棉纺的梳理、并条、粗纱和细纱进行纺纱加工的，该加工路线的流程很短，其生产出的毛纱在许多质量方面却不亚于传统工艺生产出的毛纱。

纺纱工程的发展趋势主要体现在：当前的棉纺等技术与设备继续向自动化、连续化、信息化和智能化发展；其他纺纱系统逐渐向棉纺靠近。

纺纱生产的发展方式从以数量增长为主转变为以质量效益为主。通过科技手段降低能源和原材料消耗，推动节能减排，提高管理水平和劳动生产率。纺纱的发展还要立足创新，坚持以科技为先导，推动先进装备、工艺的使用，鼓励多种纤维混纺，开发高质量、高附加值产品；要大力淘汰落后装备，实现产业升级，尤其是麻纺和绢纺行业，由于其规模小，纺纱加工复杂，其装备水平大大落后于棉纺和毛纺，极需国家在政策方面进行扶持及其他纺纱和纺机的协同支持，使这两个我国的特色纺纱行业得到更好更快的发展。

今后的纺纱加工技术将是各种纺纱方法互相补充，长期共存的格局，各种纱线的特性将会进一步融合和发展，为后续加工提供更加丰富多彩的新型纱线，美化人们的穿着。

（三）机织工艺与产品设计的发展方向

1.机织工艺技术

机织工艺将围绕高效、高质和节能环保的总目标，充分利用自动化电子控制技术和材料科学研究的最新成果来提升机织工艺技术水平，主要表现在如下几方面。

1）国际先进水平的喷气、剑杆等无梭织机运行速度、产品适应能力显著提高。国内应加强纺织相关领域的研发力量，重点开展在高速、多用途条件下喷气、剑杆引纬工艺技术研究及关键部件设计研发，研制针对高速织造、通用化为目标的机织工艺技术及其数字化系统，通过大量的生产实践，开发完善的高速喷气、剑杆等机织工艺专家系统，克服国内机织工艺技术发展中的限制因素。国内在研发过程中需将适用于产业用纺织品织造生产的工艺技术放到重要位置上。

2）国内需重点研究高速、高精确控制条件下的准备工艺技术和自动化控制技术，形成机织准备各主要工序工艺控制专家系统，实现与现代高速织造相配套。

3)经过近几年来的努力，国内在取代 PVA(聚乙烯醇)浆料的研究与实践方面已取得了一定的成绩，但离完全不用 PVA 浆料的目标尚有较大距离。国内需要集中力量继续研究新型环保浆料以完全取代 PVA 浆料、无 PVA 浆料的浆料配方及相应的上浆工艺技术、制定相应政策或措施，鼓励新型环保浆料的推广与应用、研究免浆准备工艺新技术以消除浆纱工序、实现节能环保的目标。

2. 机织产品设计

1)新型纤维原料应用的多样化。国内应在现有研发的基础上，以世界发展趋势为依据，联合各方面力量进一步加大对新型天然、再生和合成纤维原料及其纱线的研究与开发，为机织产品的设计与生产创造条件。

2)机织面料向高端化方向发展，尤其向功能性方向发展趋势明显。针对国际面料科技向多功能、服用性与功能性兼备等方向发展，国内应在掌握进一步研究国际机织面料市场和机织工艺技术的发展趋势的基础上，研究形成以性能为主导的机织产品设计新方法，并在全面提升机织产品质量的前提下，研发具有优良外观风格、服用性和功能性的面料新产品，实现引领面料发展方向的目标。

3. 纺织品设计 CAD 技术

目前对于机织物的三维仿真模拟是织物 CAD 研究的热点，现在主要的机织物 CAD 三维模拟软件基本是按照计算机图形学原理，在三维图形系统中采用数学模型建立织物表面纱线的光照模型。根据光源的强度、色相、光源的位置结合纱线的材料、颜色、结构、表面粗糙度、捻度和纱线在织物中的位置研究织物表面颜色明暗变化规律，并最终模拟机织物的外观效果。但是采用三维图形系统也有明显的缺点，最大的问题就是光照模型的选取和纹理贴图。传统的计算机织物结构主要通过 Pierce 模型建立。但这种模型没有充分考虑浮长线在织物组织中的应用，不能很好地表现织物组织表面的凹凸和明暗效应，模拟的织物质感和立体感不强。近年来，各种三维图形工具软件包相继推出，如 3DSMAX、Maya、AutoCAD，以及近年来的 PHICS、PEX、RenderMa 等都可以方便的建立三维模型，这些三维图形工具软件在使用性、光照模型、纹理渲染效果等方面都很大的提升。并且由于计算机性能的大幅提高，曾经渲染时间太长的问题也已经不复存在。因此以浮长线为基础来研究机织物结构和外观形成原理是未来 CAD 模拟研究的方向。

此外目前绝大多数的 CAD 三维模拟软件都是基于单机运行的，在这个网络化时代，明显是不符合软件应用趋势的。单机程序，对于程序的维护，资料的更新和适用用户范围都有较大的限制。随着网络技术的飞速发展，仿真模拟的网络化运行和网络化交互设计将成为纺织品 CAD 的主要发展方向之一。

(四)针织工艺与产品设计的发展方向

随着人们对针织产品需求的不断提高以及纺织工业向精细化、深加工趋势的逐渐加强，针织产品应用领域日益扩大，广泛用于服用、装饰用以及产业用领域。针织产品的多样化需求给针织机械带来了巨大的发展空间，促使针织机械不断朝着高速度、高效率、智能化、高精度、多样化、差异化、易操作、易维护、稳定性好、可靠性高的方向发展。

当前世界针织行业发展迅速,其总的发展特点是:机械设备普遍采用电子与信息技术,实现机电一体化,提高了生产效率,品种适应性增强;针织设备的辅助装置,如花型设计装置和控制装置普遍采用计算机技术,减轻了劳动强度,节省了准备工作时间,扩大了花型范围;全成型和织可穿的整体针织加工技术与机械,增强了多功能、可变换、高效率等特色;特种机型如多轴向经编机和多梳贾卡提花经编机不断成熟,满足了产业用和装饰用针织品生产的需要;针织产品设计和生产能力提高,逐渐呈现出内衣外衣化、时尚化、舒适化、个性化和功能化的发展趋势。

与发达国家相比,针织行业在我国正处在一个兴旺发达的新阶段,依然面临着巩固国内市场、走向国际市场、培育国际名牌、全面提高市场竞争力的艰巨任务。因此,我国还需不断提高研发与设计能力,依靠技术创新和设计创新,进一步加快技术改造和创新步伐,增强企业和产品竞争力,推进行业信息化建设,主动优化针织工业的结构,促进结构调整,实现针织工业的可持续发展。

(五)国外纺织化学与染整工程学科的发展

综合近年来国外印染加工技术的发展方向与我国的研究方向基本一致,但国外的研究水平相对较高,特别是在成套技术的开发方面值得我们学习和借鉴。

1. 纺织品漂白的创新工艺

适合纺织品漂白的创新工艺 Gentle Power Bleach 采用以生物酶为基础的过氧化物漂白系统,可在 65℃近中性条件下进行,大大降低了传统漂白工艺的温度和化学药剂用量。利用 Gentle Power Bleach 处理后,织物手感更柔软蓬松,且适合染各种颜色。使用该新工艺,可以减少纺织品加工过程中对环境的污染,具有节能环保优势。

2. 活性染料改性的新技术

该技术生产的活性染料可以在完全无盐无碱的条件下染未经表面处理的棉,毛及丝纺织品。该染料具有全新的化学反应机理,上染完全无需盐或碱,染料在染色过程中完全不水解,因此同一染液可以无数次的 100%回用,实现无废水排放染色,对环境保护有很大的益处。

3. 环保染料 Dyestone

该环保染料是将不溶性色素分解为纳米级粒子,把被分解的高分子通过微胶囊技术加工,把这种特殊处理的染料固化在织物的纤维中。同时还研发了一套针对该环保染料的生态后整理固色加工技术 Eco - Finish。应用这种染料与技术所有面料都可以在无粘合剂的情况下直接进行染料固色,由于不需要汽蒸、水洗等传统工序,节省时间与成本,缩短了工期。

4. 阴极再生还原剂

极具生态优势的阴极再生还原剂替代还原染料染色中的非再生还原剂,染浴的再生通过超过滤实现。这一技术可以大幅降低染化料的消耗和废水的排放。

5. 新型喷墨印花技术

是一种利用现有的喷墨技术和自动润湿解决方案在深色纯涤纶织物以及深色涤纶高性能织物上印花的技术。该软件方案应用数码印花技术可实现高品质的深色涤纶个性化印花，Kornit 的纺织数码水性油墨在低温固化状态下，具有极高的持久性和洗涤牢度，其专有的前处理润湿性解决方案使织物表面形成了一个密封的染色层，防止服装的染料与油墨层混合。英国利兹大学研制出了一种低成本的四色染料型喷墨印花系统，在点染印花中，该系统用红墨和蓝墨代替品红和青色油墨。这一装置利用多项式转化，映射出 XYZ 颜色三刺激值和数码 RBYK 值的关系，构造出二次方程，从而实现颜色的设置，平均误差低于 7 个 CIELAB 单位。英国已开发出一种喷墨型纳米加工技术，可用于纺织品的印花和整理环节，该技术可节约巨大的成本和能源。

（六）国内外服装设计与工程学科发展比较分析

1. 电子量身定制技术

（1）非接触人体测量技术

国内的人体测量研究相对滞后，尽管也有不少院校和科研机构在人体曲面数据的获取以及人体测量装置的设计等方面取得进展，但除个别高校推出过试验样机，尚无商用机型市售，研究理论应用于实践的个案也鲜见报道。国内多数院校仍需依赖国外的测量设备进行后续研究。相比国内，国外不仅理论方面较为成熟，设计制造的测量装置与数据获取软件更有许多已应用于科研与产业中。

我国尽管已经建立了自己的人体测量数据库，但相比欧美及日本等国家，我们的数据库还很不完备，无论是样本数量还是质量，且近两年数据库方面的进展不大。目前全世界共有 90 多个大规模的人体测量数据库，其中大部分为欧美国家所有，亚洲国家约有 10 个，而日本就占了一半以上。

（2）三维服装虚拟技术

发达国家对三维服装虚拟技术开展了多年研究。美国推出了 CONCEPT 3D 服装设计系统，具有在三维人体动态模型上表现服装穿着效果、布料悬垂立体效果等功能。英国伦敦大学计算机系已经初步实现了人体着装的动态模拟。瑞士日内瓦大学 Mira LAB 实验室、日本东京大学计算机系、美国 Rensselear 工业学院设计研究中心等均已在三维动态下织物的柔软性和悬垂感效果模拟，以及虚拟时装店的研究方面取得进展。英国伦敦大学利用三维人体扫描仪进行全国人体普查、建立虚拟更衣室、最终建立三维动态的服装模型。美国、德国、法国等公司更已经相继推出虚拟试衣商业软件。而国内目前的试衣系统多是将服装的二维图片贴到虚拟模特身上完成试衣，这只是一种网络服装搭配游戏，缺乏真实感，且无法交互操作显示效果。

（3）电子量身定制技术

当前国外一些研究机构纷纷试水电子量身定制（eMTM）生产，特别是欧洲、北美、日本等地区近几年发展十分迅速，并正在进入商业应用阶段。而 eMTM 关键技术在我国尚处于起步研究发展阶段。

2.功能、智能服装的研制

(1)阻燃服装

在阻燃服装的理论研究方面,国内外差距较大。美国已经形成以燃烧性能测试、传热性能测试、燃烧假人测试以及产品标准为主体的标准体系,并模拟真实燃烧环境不断进行防护服阻燃性能测试的研究。而国内目前主要是通过对服装材料小样阻燃性能的测试来评价服装的阻燃防护性能。相关科研部门应在加快阻燃防护装备热传递机理研究的同时,同步进行相关测试标准,特别是燃烧假人测试系统及标准的研究。

在阻燃服装的实物研制方面,与国外差距已有所缩小。服装面料除采用芳纶等常用面料外,还可选择具有自主知识产权的芳砜纶。服装结构由以往的单层向多层发展,服装性能从原先单一的阻燃,发展到目前具有阻燃、隔热、防水、透气、抗静电等多种功能。

(2)智能服装

德国、芬兰、比利时、瑞士、英国等欧洲国家在智能服装的研发方面居于领先地位。这一方面是由于欧洲地区对新型纺织品开发的需求较强烈,另一方面也得益于先进的电子、电机、通讯及计算机软件等周边技术产业的支持配合。

国外智能服装的研究方向是:具有医疗监视保健、温度湿度调节、音乐电子装置、LED发光等功能,穿着舒适美观,洗涤简便容易。北卡罗来纳州立大学纺织品学院致力于研究可以记录血压、脉搏等压力表征变化的衣料;飞利浦和诺基亚联合开发的“My heart”可以检测心脏状态,防止心血管出问题(智能服装——把电脑穿在身上);以色列巴吉尔集团研制出可以吸收汗液、去除体味的西装;卡尔文·克莱恩推出可以随体温变化而改变颜色的服装,此外还有意大利的智慧衣、美国 Vivo Metrics 研制的 Life Shirt Garment,日本优衣库的燃脂 T 恤和内衣则已经上市。

而国内在这方面的研究,大多仅停留在设计方案、方法的探讨或制作实验样衣,已经投入市场的智能服装非常少见。

3.服装标准化及检测技术

与发达国家相比较,我国服装标准及检测技术的发展尚不尽如人意,标准化工作明显滞后于产品研发。

国外标准大多着眼于消费者的安全健康,从指导用户购买产品的角度来制定。技术内容比较简明扼要。而我国的标准虽已逐渐从重生产开始向贸易型转变,但整体状况尚未得到根本改观,很多新产品并没有及时出台相关标准加以规范,现有的许多标准也存在漏洞。

4.清洁生产与低碳研究

在发达国家,环保服装的低碳理念已引起普遍关注,2010 年纽约时装周就选择环保和节约作为主题。设计师们努力寻找绿色新材料来替代对环境有污染的面料,聚酯纤维、聚酯薄膜以及涂有乙烯涂层的牛仔布等逐渐被设计师弃用,取而代之的是以羊毛、棉、麻等天然纤维为原料,采用绿色工艺生产的新颖面料。环保工艺、技术、设施并已渗透到服装制作、营销、推广等环节中。

在我国,由于长期以来业内外普遍认为服装在纺织产业链中属于能耗相对较低、污染相对较少的产业，服装清洁生产技术的研究尚未受到服装学科的足够重视。由于缺乏资金和技术，我国服装行业的清洁生产目前还没有实质性的进展。

（七）产业用纺织品和纺织复合材料学科的发展方向

产业用纺织品是跨行业多学科交叉研究、开发和应用的成果，其应用范围已扩大到航天、航空、水利、农业、交通、医疗等众多产业领域，市场对产业用纺织品的需求，也极大地丰富了传统纺织品的概念和内涵，使产业用纺织品成为国民经济建设不可缺少的重要材料。

我国企业创新能力依然比较薄弱，外科用植入型纺织品和体外过滤用纺织品等远远不能满足国内市场需求，依赖进口超过 90%。高效精细过滤材料、高性能电池隔膜材料等在国内基本属于空白。产品竞争仍集中在中低档领域。

由于医用敷料的刚性需求特征，加之许多国家政府资助计划逐步产生效应，欧美医用敷料市场需求不但没有因为近年来的经济危机大幅萎缩，相反却以超过 10%的年增长率而越来越引人注目。

在战争防护和个人防护方面，欧美等发达国家正致力于伪装面料、耐气候材料、帐篷和掩体、防护面料、防弹材料、智能材料以及其他功能性材料的开发，以便应用于军需装备的开发。防护服装制造商也正在意识到提供舒适性工作服的需要。实际上，尽管确保高性能将仍然是防护服装的关键，穿着者的舒适性和服装的美感正在得到越来越多的关注和重视。

汽车用纺织品目前是美国最大的技术纺织品市场，但是正在受到中国市场增长的冲击。

四、本学科发展目标与政策建议

（一）本学科的基本思路、发展目标和实施内容

1. 基本思路

纺织行业科技进步的未来基本思路是：

重点突破，针对当前制约行业发展的重大技术瓶颈加大研发力度，攻克一批共性关键技术，提高核心技术自主创新能力。

全面提升，在全行业范围内，推广一批具备较广泛适用性的先进工艺、技术和装备，加快产业升级；充分运用市场机制的作用和经济、法律的手段，淘汰落后生产工艺、技术和装备，提高行业整体技术素质。

健全机制，在行业中加快完善以企业为主体、市场为导向，产学研相结合的科技创新体系，为提高创新能力提供动力和支撑。鼓励大型企业加大研发投入，激发中小企业创新活力，发挥企业家和科技人才在科技创新中的重要作用；加强科学研究与高等教育有机结合；强化基础性、前沿性技术和共性技术研究平台建设；加强军民科技资源集成融合；推进各具特色的区域创新体系建设；鼓励发展科技中介服务；完善科技成果评价奖励制度；努

力争取政府对基础研究的投入，争取金融业支持，推进重大科技基础设施建设和开放共享。

着眼未来，把握世界纺织科技发展趋势，提前部署基础理论和前沿技术攻关，为行业未来科技发展夯实基础。

2. 发展目标

近年来，纺织工业将实现以下主要目标：①加强纺织基础理论研究，掌握一批高新技术纤维开发应用和先进纺织装备研发制造的核心技术，成为世界上自主掌握纺织高新技术的主要国家之一；②主流工艺、技术和装备达到国际先进水平；③在节能减排全面达到国家强制性标准要求、完成国家下达的节能减排任务的基础上，大规模实现清洁生产，基本建立低碳、绿色、循环经济体系；④主要企业（规模以上企业中的前 1/3 企业）具备较强的自主创新能力，技术和产品研发、检测中心完备，拥有高素质、专业化的科技创新人才队伍，研发投入强度达到 3%～5%；⑤行业信息化技术开发和应用接近或达到国际先进水平，推动管理和营销模式的现代化；⑥生产效率继续提高，到“十二五”末，规模以上企业劳动生产率争取比 2010 年翻一番。

3. 重点实施内容

(1)基础研究

开展纤维材料功能优化设计、成型基本理论研究，碳纤维、有机高性能纤维、可再生资源纤维及新型仿生纤维制备过程中的基本科学问题研究，纤维材料表面纳米结构研究等，指导关键技术产业化研发。研究新型芳杂环聚酰胺共聚纤维、聚酮纤维等高性能纤维以及低成本高性能的聚酯纤维、聚酰胺纤维等常规品种高附加值产品的加工技术，到 2015 年基本完成小试。开展环境友好型油剂、溶剂、特种化纤功能母粒研发等精细化工研究，提高纤维加工配套材料的国产化水平，并促进纤维材料功能化、差别化水平的提升。

研究纤维在梳理过程中的应力应变特征、成纱机理等基础理论，指导突破制约纺纱技术瓶颈。研究功能性纱线、纺纱过程在线质量检测系统、织造过程纱线张力在线自调系统、面料质量自动检验系统的基本理论及产业化技术，为进一步提高生产效率、产品质量和附加值奠定基础。

研究纺织酶基因工程及酶分子修饰技术，获得性能提升的改性酶，完成纺织印染加工与纤维改性应用工艺研究。加强生物酶漂白、等离子体前处理等印染前处理前沿技术的理论性研究，指导产业化技术研发。运用分子结构设计，研究环保型染料、助剂的应用性能及特殊功能性整理机理，提高印染加工过程的绿色生态性。

通过物理学、生理学、心理学、医学、药学、工程学、人体结构学、美学等跨学科理论研究，开展智能纺织品服装的研发与试制，为产业化技术奠定基础。加强服装、家纺文化及品牌发展课题研究，指导产业结构调整和产业升级。

研究纤维加工机械复杂性系统动态特性，为提高纤维生产的自动化、集成化水平提供理论指导和技术支持。开展机械结构运动力学分析、机械振动分析、可靠性工程技术研究，以及流体力学、电子、激光等基础理论在纺机行业中的应用研究，促进国产纺机的性能、效率及加工质量的提升。开展过纱零部件、器材表面处理技术研究以及各种高性能复合材料在纺机配套件中的应用研究，更好地满足高性能装备的配套要求。

(2)纤维材料

加快超仿真、功能性、差别化纤维、生物质纤维、高性能纤维的产业化研发，使我国纤维材料技术跻身世界发达国家行列，高性能纤维重点品种全面实现产业化大生产，初步满足国防工业和民用高端领域基本要求。提高天然纤维培育种植科技水平，优化天然纤维品质和品种。

超仿真纤维重点发展仿棉涤纶和仿毛纤维，通过分子结构改性、共混、异型、超细、复合等技术，提高纤维综合性能，超越天然纤维的可纺性、可染性、舒适性和阻燃性。

生物质纤维重点突破新型溶剂法、离子液体法、熔融法等纤维素纤维产业化关键技术和装备，实现产业化生产。突破聚乳酸纤维、生物质多元醇生物法合成技术等生物合成材料类纤维产业化技术。突破壳聚糖原料纯化和纺丝工艺优化，开发下游制品。

高性能纤维中，T300 级碳纤维突破原丝、碳化装备和上浆剂等关键技术；芳纶 1313 加快高端产业链开发和市场应用拓展；聚苯硫醚实现纤维级切片和长丝产业化；玄武岩纤维突破熔融拉丝组合炉和浸润剂关键技术；超高分子量聚乙烯解决蠕变性能，优化湿法工艺，实现干法工艺产业化。T400、T700、M40 级碳纤维，芳纶 1414，芳纶Ⅲ，耐高温聚酰亚胺等完成产业化研发。

发展聚酯多元化产品及技术装备，生物可降解共聚酯 PBST 及纤维实现产业化生产，使聚酯涤纶行业综合竞争实力达到国际领先水平。

天然纤维重点进行棉花、麻类作物良种培育，加强良种推广，建立优质品种种植基地。进一步突破麻纤维机械脱胶和生物脱胶技术、开发生物酶及配套装备，提高脱胶效率和技术稳定性。从而改善麻纤维制品的服用舒适性和时尚性。

(3)纺纱、织造

突破嵌入式纺纱技术在棉、麻纺行业深度加工的工艺技术。研究多组分纤维复合混纺技术和新结构纱线加工技术，使其应用比例达到 15%，差异性多功能纤维种类达到多种的产品规模化生产。研究纺纱过程质量控制技术、织物自动检测和分析技术，提高产品质量和生产效率。发展成型编织、短纤维经编技术等针织新技术。开发羊绒、苎麻、丝等我国独特资源的纺织加工技术，实现纺织产品的多样化和高档化。

(4)染整

突破生物酶精练、棉织物低温漂白、茶皂素退煮漂等高效短流程前处理新技术，针织物冷轧堆前处理加工技术。

发展少水及无水印染加工高新技术，为行业实现清洁生产、提高可持续发展能力提供技术支撑。活性染料湿短蒸染色、新型涂料纱线染色、新型转移印花、针织物平幅冷轧堆染色、低给液率染色及整理、超声波染整加工等技术完成产业化研发。

研究印染生产过程全流程的网络监控系统、高效数字化印花集成技术等印染在线检测及数字化技术，提高生产效率，促进节能减排。完成全流程的网络监控系统产业化研发；色差、克重、纬密、疵点(坯布)、带液量等在线检测及控制系统完成产业化研发。

研究碳纤维、聚乳酸、蛋白等新型纤维，差别化、功能性高附加值纤维，多组分纤维面料，化纤仿真面料的染整技术以及纺织品特殊功能整理技术，实现产品的多元化、个性化，

全面提高国产面料的质量、档次和附加值。

(5)产业用纺织品

突破高性能、高档土工合成材料、医疗卫生用、过滤用、交通工具用、安全防护用等产业用纺织品加工技术的产业化研发，掌握一批自主原创的核心技术。医疗卫生用纺织品重点解决高效薄型阻隔材料、医用抗菌敷料的加工技术，解决可吸收纤维以及制品的加工技术。过滤用纺织品重点突破双组分纤维的熔喷非织造布系列产品的开发，耐高温、耐酸碱、高效过滤产品的制备和加工技术，高性能中空纤维液体分离膜材料制备的关键技术等。土工合成材料重点发展 7 m 以上宽幅高强土工布与土工格栅，高强丙纶长、短丝定伸长针刺非织造土工布，聚酯长丝非织造油毡基布。交通工具、建筑及合成革用纺织品重点突破安全气囊面料、内饰粘合剂、隔热绝缘材料、摩擦材料等关键技术，实现膜结构及新型篷盖材料加工技术的突破和产业化应用，生态革和超细纤维人造革加工技术的产业化应用。安全防护用纺织品加工技术重点研发防弹防刺面料，耐高温、防火阻燃面料，墙体防裂、保温、隔音、阻燃面料等。

加大非织造成型工艺技术、织造成型技术、功能性后整理技术、复合加工技术等共性关键技术攻关力度，提高行业的加工制造水平，功能性后整理技术基本满足产品开发需求，重磅宽幅高速织造技术落实产业化攻关项目。

(6)服装(机织、针织)和家用纺织品

加强服装企业信息化集成制造系统、大规模定制技术的开发和应用，加快高档服装原辅材料和制造技术的研发及产业化应用。实现数字化综合集成技术达到产业化标准，服装大规模定制技术达到示范应用标准。实现我国高档非粘合覆衬西服工业化生产，填补国内空白并实现产业化。

(7)节能环保技术

重点完成多项节能环保关键技术攻关。其中包括：

1)环保型纤维加工技术方面，重点发展可再生、可降解生物质纤维加工技术，浆纤一体化、蒸发和结晶一体化粘胶纤维生产技术，汉麻秆芯粘胶纤维生产技术、麻纤维生物脱胶及前纺加工技术等。

2)节能减排印染新技术方面，研究棉织物生物酶精炼、低温漂白等高效短流程前处理技术，泡沫、涂料、涂层、冷轧堆和微胶囊染色等低给液率染色及整理技术，涂料染色、活性染料湿短蒸染色、针织物平幅冷轧堆染色、新型转移印花等少水、无水印染加工技术以及印染在线检测及数字化技术等。

3)废水深度处理及资源回用技术方面，发展膜处理、无极紫外光催化氧化等印染废水回用技术，毛纺洗毛清洁生产及羊毛脂回收技术，麻类脱胶废水处理技术。

4)产业用纺织品节能减排加工技术方面，包括滤料回收技术、水刺非织造工艺设备专用的水循环系统等。

5)废旧纺织品回收利用技术方面，发展纯化纤和天然纤维废旧纺织品回收利用技术，形成环保、可持续的纤维综合利用技术，建立废旧纺织品回收再利用产业化示范基地。

6)新型节能减排纺织机械方面，研发针织物连续漂水洗设备等新型印染设及定型机热能实时监控等节能系统，实现节能减排技术在我国纺织机械产品中的应用水平处于国内机械制造行业中的前列。

7)环保型染料、助剂、浆料开发项目方面，提高印染产品质量和印染行业生产的节能减排水平。

(8)纺织机械

紧密围绕纺织工业结构调整的需要，重点突破一批高新技术纤维专用装备，提升传统纺机技术水平和可靠性水平，加快纺机产品差异化、模块化，研制高性能产业用纺织机械和节能减排型纺织机械，提高纺机专用件和配套件的技术水平，加强纺机企业的技术改造，提高“两化”融合水平，促进纺机企业的工艺技术进步和机床数控化率。

其中，高新技术纤维装备重点突破碳纤维、聚苯硫醚、芳纶、聚酰亚胺等高性能纤维成套设备的产业化技术，日产 100 t 及以上锦纶聚合装备及技术，万吨级新溶剂法纤维素纤维工业化生产设备，进入产业化生产阶段。

纺纱设备重点研发全自动转杯纺纱机，喷气、涡流纺纱机；进一步解决粗细联、细络联系统的控制精度、稳定性问题，加快产业化推广。

织造设备重点发展新型模块化无梭织机、高速毛巾织机等差异化织机、特种织机，完成产业化研发；加快圆机、经编机、袜机、横机等针织机械的国产化进程。

新型非织造设备重点发展聚乳酸纺粘法非织造布生产线、聚苯硫醚熔喷设备、双组分纺粘水刺裂解法生产线等，进入产业化阶段。

染整装备重点推进新一代多功能、智能化的在线检测与控制系统研发和产业化应用，形成多车间级和工厂级的综合信息管理控制系统；进一步研究高效节能环保的机织物印染设备、针织物连续练漂水洗设备及产业化技术，基本实现产业化。

进一步研究喷气织机节气技术、化学剂浓度在线检测与配送系统、定形机热能实时监控系统等节能减排技术与设备，实现产业化应用。

研究全自动高速卷绕头、高频加热的热牵伸辊、高精度纺丝计量泵、高速锭子、针织用针等纺织机械关键配套件，解决关键技术。发展国产高性能纺机专件，提高我国纺织加工装备行业的生产技术水平，优化纺机专件产业的产品结构。

(9)纺织信息化技术

应用信息化技术改造和提升纺织工业是重要发展方向。重点研发面向生产制造层面的制造执行系统(MES)，面向企业管理层面的以 ERP 和 RFID 为核心的纺织企业信息系统的集成应用，面向供应链和行业宏观决策层面的纺织宏观经济决策支持和知识库系统，面向纺织专业市场的电子商务服务平台，着眼于提升整体产业信息化水平的物联网技术。

纺织厂 MES 在重点棉纺厂、针织厂等推广应用；初步建立面向国内主要纺织品专业市场的电子商务公共服务体系和平台，并选择专业市场进行应用；纺织宏观经济决策支持系统实现对纺织行业数据的深度挖掘与分析，并能够对行业发展趋势进行预测；物联网技术在服装、家纺等行业重点企业和产业集群的推广应用。

(10)纺织标准研究

标准要为转变纺织工业增长方式、促进产业升级和结构优化提供技术支撑。重点研究制定与产业发展配套的产业用、家用纺织品和服装标准，纺织新材料、生态纺织品、功能性纺织品、高新性能纺织品、功能服装等重点产品及相关检测和评价标准，纺织机械装备

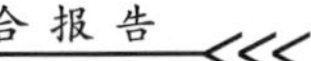

以及资源节约和综合利用方面的标准,纺织品服装与纺织机械安全标准。通过对一批重点领域和重点项目的研究,制定一批满足市场需求而且与国际市场接轨的重要标准,提高纺织工业标准整体水平和国际化水平,进一步优化标准体系结构,提升我国标准在国际上的影响力,建立起与我国纺织科技和产业发展水平相适应的标准体系。

(11)纺织品服装创新开发体系

提高纺织面料、服装、家纺产品的开发创新水平,促进产业科技成果向市场开拓能力和品牌价值转化。推进企业建立包括市场预测、产品工艺技术与结构形态设计、文化创意、资源配置与生产过程控制、营销反馈为一体的产品开发体系,推进产业链上、中、下游产学研整合创新能力,以市场化协作建立相关产品集成创新体系,发展面向广大中小企业和产业集群的产品开发公共服务平台。

(二)纺织行业学科发展方针政策建议

近年,我国纺织行业实现了重大的转变和提升。纺织工业科技含量和创新能力大幅提高,自主研发、集成创新、引进消化吸收再创新硕果累累,大量科技成果的产业化成为行业在新时期增长的最重要支撑,较大地提高了纺织产业的全要素生产率。这说明我国纺织工业转变发展方式,调整区域布局,发展现代产业体系,提升产业核心竞争力正在推进。但经历了全球金融危机冲击之后的形势让我们更加清醒地看到,正在发生的转变和提升还远远不够,还存在许多粗放、不协调、不可持续的因素。世界和我国情况都在发生深刻变化,我国经济社会呈现新的阶段性特征,纺织工业也进一步呈现转变发展方式,加速产业提升的紧迫性。我们要集中力量加快转变发展方式,加快产业提升,积极推进中西部地区承接纺织工业转移,这是发展纺织工业现代产业体系,提高产业核心竞争力的必然要求。

1. 加大科技投入,支持技术创新和进步

以增强企业自主创新能力为核心,支持纺织行业提高创新能力。考虑纺织工业在经济、创汇和就业方面的贡献程度,加大对纺织工业的基础学科、共性技术的研发投入,扶持或搭建几个国家级的科研创新平台。对自主创新成果的产业化加大支持,引导将有市场和成熟的先进适用技术,向量大面广的中小企业推广应用。

2. 完善人才政策,促进人才结构优化

为全面推进纺织人才的发展,各级政府可通过财政和货币政策,有针对性地加大对纺织人才建设工程的投资力度,推动纺织行业的人才服务平台的建设;纺织行业协会和学会组织,加强行业人才政策的制定完善工作,监督和检查市场和企业人才政策的执行,并通过募集社会资金,以纺织人才培养基金的方式,奖励对人才培养有突出贡献的单位和个人;企业通过建立人才奖励制度,对优秀科技创新人才给予物质奖励和表彰。

目前纺织相关专业毕业生到纺织行业基层工作的比例非常少,而纺织行业急需各种人才,不同专业的需求比在 1∶4～1∶10,但是由于待遇低,不仅不能收回教育成本,而且生活也比较紧张。要争取国家政策支持改善基层专业技术人员的待遇,改善纺织行业人才环境。

组织好人才知识更新和高素质人才培训工程。建立高校实习基地,技能培训基地。实施卓越工程师培训计划,选定若干所学校进行试点,争取国家支持同企业共同培养工程师,争取相应的研究生培养名额。加强双师双证建设,加强人才网络建设、建立优秀人才选拔、培训、评价的办法和机构,办好青年技术人员、学科带头人、优秀企业管理人员、科研领军人物的培训工作。

逐步研究确定下列名单和办法:各纺织行业的高端培养计划和名单;科技项目重点培养人员名单;实施卓越工程师培训计划办法;人才网络建设规划;技能培训基地建设办法;高等学校学生实习基地建设办法;制定纺织专业认证办法、标准,建立组织机构;制定工程师的评审办法和评价体制。

3.加大面向广大中小企业的支持力度

支持建设服务于中小企业的技术服务平台,开展工业设计、技术咨询、知识产权战略实施、节能降耗、清洁生产和污染防治技术应用等服务,帮助企业研发新产品、新技术、新工艺,增强创新能力,形成具有自主知识产权的技术和产品。推动产学研联合,促进技术成果转化、适用技术推广和创新资源共享。

加强对中小企业的金融服务和支持,加强纺织企业征信体系建设,推动银企合作;通过成立银行专项信贷等措施,加快落实增加专门服务于中小企业的金融类产品等措施,加大对纺织企业技术改造和流动资金的支持力度,逐步建立中小企业金融服务体系;加强财政引导,完善担保体系,改善中小企业融资环境。

帮助中小企业提高管理水平,支持建立针对中小企业的管理咨询服务机构,帮助企业提高科学决策和经营管理能力,指导企业加强现场管理,提高清洁生产水平。

中西部地区可制定针对劳动密集型企业的就业政策,根据就业强度,给予一定的优惠政策。

参考文献

[1] 中国纺织工业协会.纺织工业“十二五”发展规划(讨论稿)[R].北京:中国纺织工业协会,2010.
[2] 中国纺织工业协会.纺织工业“十二五”科技进步纲要[R].北京:中国纺织工业协会,2010.
[3] 中国纺织工程学会.中国化纤产业现状及竞争力分析[M].北京:中国纺织工程学会,2010.

撰稿人:张怀良 高惠芳

专题报告

纤维与材料科学技术发展研究

一、引　言

纤维是天然或人工合成的细丝状物质，通常其弹性模量较大，塑性形变较小，拉伸强度较高、可通过纺织或非织造加工制成多种形式的制品，其应用领域十分广泛，是一类国民经济建设和社会进步所不可或缺的特殊形态的材料。

经过多年的努力，我国纺织纤维与材料的发展已呈现出多元化、功能化、绿色化和高性能化等特点，尤其是近年来出现了一些新技术和新成果，但在纤维总量中，高新技术纤维所占的比例仍较小。因此，进一步加强高新技术纤维的研究与开发、生产与应用，不仅对我国由纤维大国转变为纤维强国关系重大，而且对提升关联产业的整体技术水平和综合经济实力，具有十分重要的现实意义。

二、国内本学科的发展现状

(一)以重大工程为突破口，国家和地方共同引导开发高新技术纤维

高新技术纤维是关系到国民经济发展和国家安全、支撑国家各领域高新科技产业发展的关键性材料，是推动各类高科技功能性纺织品和合成新材料的物质基础。积极推动我国高新技术纤维的健康发展，有利于打破国外技术封锁和垄断，加快纺织产业升级调整，提升行业综合竞争力。

近年来，随着纺织工业的快速发展以及国内众多领域对高新技术纤维材料需求量的大幅度提升，国家对高新技术纤维材料的发展给予了一系列有力的支持，使我国高新技术纤维领域的研究与发展进入了新的阶段。例如，如国家重点基础研究发展计划（“973”计划）专门立项“高性能聚丙烯腈碳纤维基础科学问题”，国家发改委于2008～2009年组织实施“高性能纤维复合材料高技术产业化专项”，重点支持高性能纤维及其复合材料应用技术产业化等，着力提升、加快我国纤维新材料产业化的自主创新能力及基础研究；2009年11月国家高技术研究发展计划（“863”计划）在新材料技术领域中，以电力输送和风力发电领域碳纤维复合材料应用为突破口，重点开发国产碳纤维复合材料并发布“国产碳纤维在电力行业应用关键技术开发”重点项目申报指南。2009年11月，碳纤维制备技术国家工程实验室在中科院宁波材料技术与工程研究所揭牌成立，其建设目标和任务是围绕航空、航天、能源和交通等领域重大战略任务与重点工程对碳纤维复合材料的迫切需求，建立碳纤维制备工程化技术平台，开展工程化技术研究，研制关键设备，开发自主知识产权的碳纤维制备工艺和配套材料，形成成套技术和应用评价体系。2010年3月，依托于天津工业大学建立的中空纤维膜材料与膜过程重点实验室被科技部批准为省部共建国

家重点实验室培育基地，围绕中空纤维膜材料与膜过程，在污水资源化、海水淡化、地表水净化、生化发酵与制药、化工分离等方面开展基础和应用基础研究，为中空纤维膜技术的应用提供科学依据，也为实现国家产业结构优化、环境治理、水资源综合利用，实现节能减排等提供有力的技术支持。2010 年 7 月，国家高技术研究发展计划（“863”计划）立项“超高分子量聚乙烯纤维关键技术”，推进超高分子量聚乙烯纤维的深入系统研发。

在高新技术纤维产业发展方面，应从我国实际情况出发，借鉴国际先进企业创新发展的经验，通过政府主导和市场运作的方式，支持和培育综合实力相对较强的大型企业创新发展，并以龙头企业为主，建立相对稳定的产业链一体化团队，通过加强产学研的相互关联作用，强化基础研究与工程化技术研究的衔接，建立工程化技术创新平台，着力攻克工程化技术瓶颈，推动产业链集成技术的发展。

（二）应用基础研究与产品开发

1. 天然纤维

（1）棉

据国家统计局公报，2009 年全国棉花种植面积 7425 万亩，棉花产量 640 万 t。我国是棉花生产大国、棉纺织加工大国、纺织品消费大国，棉花产量一直处于较高的水平。其重要原因是实现了转基因抗虫棉的种植、应用和推广，种植转基因抗虫棉已达种植面积的 85%以上，大大降低了病虫的损失，减少了农药用量并实现了有机棉的生产。近年来，很多国家在种植技术以及发展棉花产业方面制定了很多相关政策，旨在利用新技术提高棉纺织的附加值，开发棉花的新品种，扩大棉花的应用范围，促进整个棉花产业链的健康发展。

湖北省农业科学院“棉花品种资源群体产量与纤维品质形状相关基因的关联分析”、西南大学“两个棉花 LIM-结构域蛋白基因在纤维发育中的功能研究”项目分别得到2009 年国家自然科学基金资助。

周岚等通过对棉纤维阳离子化学改性，改善了天然染料对棉纤维的染色性能，其染色织物的耐洗色牢度可达 4 级，耐摩擦色牢度可达 3 级，且具有很好的紫外线防护效果；美国生物农业工程学院 Thomasson 等采用光学方法，对棉纤维进行评价，选择适于棉纤维质量检测的波长，提高棉花加工过程中在线评估的准确性；巴西材料工程学院Corradini等采用热重法、化学法与 X 射线衍射法研究了白棉与彩棉的热性能及结晶性能，分析了不同纤维的热分解动力学，指出白棉热稳定性与表观活化能较高，化学组成与结晶对热降解行为均有影响；美国棉花研究站 Foulk 等采用多种检测方法，分析了 FM832、MD51neOK 棉及其后代 MD15 棉在强度方面表现出超亲分离现象，发现 MD15 是一种超高质量的棉花。

（2）麻、毛、丝

由于全球环境污染问题的日益突出，人类资源的未来可利用量不断减小，生命与健康逐渐成为人们日益关注的话题，整个世界的目光开始转向寻找具有无环境污染，卫生抗菌，并可被循环使用的所谓绿色资源。因此，有着绿色产品桂冠和天然保健功能的麻类纺织品自然而然地受到人们的青睐。

我国是麻种类最多、分布最广的国家，而麻制品的最大消费国美国的麻资源种植为零，进口未设限，其市场需求持续增长。在整个欧美市场，麻制品消费几乎占到天然纤维总量的20%～30%。为适应国际市场对麻制品的需求增长，我国已研究出多项高产的麻类栽培技术，开发新品种制备高档面料，提高出口创汇，实现麻制品向高档产品跨越。世界上第一条工业级别的大麻纤维加工生产线在云南西双版纳勐海工业园区建成，其一期生产线规模为2000 t/a，总建设规模为5000 t/a。

有关对麻类纤维应用的基础研究已有不少，如沈海荣等将氯化血红素接枝到苎麻纤维上，制备可用于吸附降解室内含硫、氮和醛类气体等的功能纤维，其对甲醛的吸附降解量可达90%以上；石树莲利用大麻的抗菌、柔软、耐磨等特点研制了保健凉席，充分体现了大麻织物粗犷、朴实归真的高档豪华效果，迎合了当前国际流行趋势；杨雪征等根据大麻的基本特性，详细阐述了利用大麻导湿性、耐热性、抗菌性等特点开发导湿快干夏季面料和户外防护等功能性针织产品及其生产方式。总后军需装备研究所、西安工程大学和大麻产业投资控股有限公司的“汉麻纤维结构与性能研究”获得2010年度“纺织之光”纺织科技进步一等奖；东华大学承担的“黄麻纤维精细化与纺织染整关键技术研发及产业化”项目获得2010年国家技术发明二等奖。

此外，麻制品在非织造布及其复合材料领域也得到广泛应用，如李清华等以大麻纤维为原料，采用针刺和热黏合法开发出高性能大麻非织造布；雷文介绍了麻纤维/聚合物复合材料的研究进展，重点阐述了复合材料的界面处理、成型工艺及其性能等。桂林理工大学“剑麻纤维水泥混凝土路用性能研究”项目得到2008年度国家自然科学基金资助。

毛纤维在纺织业的用途广泛，是众所周知的高档服装面料的主要原料之一，具有良好的弹性、保暖性、吸、放湿功能。我国在毛纤维制品方面的自主创新能力不够，品牌国际影响力不足，仍处于粗放式成长阶段，但近年来也取得一些研究成果。如陈美云等探讨了以水为介质、过硫酸铵和亚硫酸氢铵为氧化一还原体系，通过羊毛与甲基丙烯酸丁酯接枝共聚反应改进毛纤维的断裂强力和润湿性等；徐欣等通过等离子体一过氧乙酸处理，改善羔羊毛纤维的强度、摩擦、光泽等性能；徐然松等分析了毛纤维、毛被组成结构与其天然拒水性能关系，讨论了毛纤维拒水整理剂拒水性能测试存在的问题，为毛皮防水产品标准的制定提供了理论基础；何吉欢利用E-infinity理论分析了羊毛纤维的等级，揭示了羊毛纤维的最佳结构；邓炳耀等采用常压低温等离子体对羊毛纤维进行处理，使纤维的湿润性得到改善；杨崇岭等系统概述了羽毛纤维形态、结构、理化性能及其在纺织中的应用，并从纤维强度、热分解温度、耐酸性及染色性等方面与羊毛、蚕丝等天然纤维进行了比较，为羽毛纱线及其纺织品的开发提供了基础依据。

丝绸是中国几千年文化的积淀，是华夏文明的见证和骄傲，在21世纪，丝绸被赋予了新的理念和内涵，传统而又现代的技术演绎，使丝绸产品不断推陈出新。浙江企业开发了多种纤维混纺产品，依靠丰富的产品结构、工艺和组织结构的创新来适应国际市场的较大采购需求，提高了企业的竞争力。

山西新纺织行业技术中心和太原理工大学联合省内纺织服装企业，对牛奶蛋白纤维、纱线及其针织物、机织物的特点以及服用性能进行了深入研究，成功开发出牛奶蛋白纤维系列服饰和家纺产品。

陈新等以再生丝素蛋白水溶液为原料，通过静电纺丝制备了蚕丝纳米纤维，得到具有良好力学性能的非织造布；田保中等用蚕丝纤维制备香烟过滤嘴，研究了其吸附性能；复旦大学 Yan 等制备了再生蚕丝蛋白纤维，探讨了纺丝工艺、纤维性能等；中国香港 Cheung 等分析了单根家养蚕丝、加捻家养蚕丝以及单根野蚕丝的力学性能，发现单根蚕丝与加捻蚕丝拉伸强度的再生能力均较野蚕丝好。

2．常规化学纤维

根据国家统计局统计，2009 年我国化学纤维生产量为 2605.3 万 t，同比增长 8.34%。

（1）纤维素纤维

普通粘胶纤维作为一种传统的再生纤维素纤维，在最近几年仍将以较快的速度增长，但由于其湿强低、水洗尺寸稳定性差、生产过程污染等，其发展受到限制。Lyocell、Modal、Polynosic 等是经改性的再生纤维素纤维，由于较好地克服了传统粘胶纤维的某些弱点，在再生纤维素纤维家族中扮演越加重要的角色，应用范围和所占比例也将不断扩大。

由中科院化学研究所等单位联合研发成功的新溶剂法再生竹纺纤维技术，其生产线在福建泉州成功投产，所生产的再生竹纤维具有优异的抗菌性、良好的服用性及环保特性，为我国纤维素的绿色生产开辟了新途径。由中国纺织科学研究院承担的“新溶剂法纤维素纤维连续化关键设备和工艺的研究开发”于 2008 年获得了国家“863”计划项目的支持。两年多来，建成了 1 条模拟工业化生产线单元的纤维素浆粕连续溶胀、溶解、纺丝以及溶剂回收的试验线，成功开发出新溶剂法纤维素纤维连续化关键设备和工艺，解决了工程放大过程中的关键技术难题，实现了新溶剂法纤维素原液制备一干喷湿纺纺丝工艺连续化以及 NMMO 的高效回收，并在 2008 年 9 月通过了中国纺织工业协会组织的科技成果鉴定。2009 年，以该技术为依托，以产研双方紧密合作、共同投入方式实施的年产千吨级新溶剂法纤维素纤维国产化成套工程技术示范生产线在河南新乡开始建设，并获得了国家发改委“高新技术纤维及应用”国债专项的支持。经过近 1 年的设备安装、调试、试运行及多次单元实验，2010 年 10 月 12 日投料试车，10 月 15 日凌晨实现了纺丝，打通了溶剂回收、纤维素浆粕连续溶胀与溶解、干喷湿纺的全工艺流程。

生物源纤维制造技术国家重点实验室是 2007 年科技部批准，依托中国纺织科学研究院建设的首批企业国家重点实验室。以我国丰富的可再生天然资源为原料，通过生物源高分子提纯、溶解、纺丝、深加工等共性技术和关键技术研究，解决我国生物源纤维产业化过程中的技术瓶颈，获取具有自主知识产权的核心技术，为产业化工程设计和装备制造奠定坚实的基础，为工程中心持续提供技术支撑和项目成果，推动可再生天然资源在纺织行业和国民经济其他领域的广泛应用。将建设成为生物源纤维关键技术、共性技术开发的高水平创新平台和培养优秀科技人才、推动产学研合作的基地。

海藻纤维是由海藻类产品中提取加工的海藻酸钠为基本原料，经过纺丝加工而成的一种天然高分子功能性纤维，具有快速止血和人体可吸收性能以及阻燃、防辐射等特点。中国纺织科学研究院通过大量研究工作，成功开发出满足医用敷料要求的海藻纤维品种，包括可吸收止血敷料、广泛渗血、渗液创面的体表敷料、自粘式止血敷料、止血海绵等一系列产品。纤维断裂强度≥1.6 cN/dtex，断裂伸长≥4%。产品已在市场上得到长期应用。

甲壳素是一种丰富的自然资源，每年生物合成近 10 亿 t 之多，是继纤维素之后地球上最丰富的天然有机物。甲壳素纤维具有手感柔软、无刺激、抗静电、高保湿、保温、抑菌除臭和对皮肤有很好的养护作用和对过敏性皮炎的辅助医疗功能。中国纺织科学研究院进行甲壳素纤维及其医用材料的研究工作，成功地开发出满足服用面料使用的甲壳素纤维以及医用的手术缝合线、伤口敷料、人造皮肤、神经导管等产品。

(2) 合成纤维

2009 年我国合成纤维生产量为 2445.5 万 t，同比增长 9.11%。

1) 聚酯纤维。近两年，聚酯和聚酯纤维超常规发展。2009 年我国聚酯纤维产量为 2204 万 t，占合成纤维总产量的 86%以上，已成为世界聚酯纤维生产大国。2009 年日本聚酯纤维产量为 30.9 万 t，韩国为 116.5 万 t，而我国达到 2212.8 万 t。但其中常规产品生产能力过剩，新产品开发能力较差，聚酯纤维差别化和功能化仍是今后的主要发展方向。

2009 年 5 月，国家科技部高新司组织专家对 2009 年度国家科技支撑计划重点项目“新型功能聚酯纤维的研制和产业化”进行了可行性论证。项目紧密围绕《国家中长期科学和技术发展规划纲要(2006—2020 年)》、《纺织工业“十一五”发展纲要》以及《纺织工业调整和振兴规划》，以加快发展我国聚酯纤维高档化、差别化、功能化规模制备技术为目标，重点针对聚酯纤维熔体直纺差别化、深染超柔软化、多功能高舒适化以及生物可降解等目标，开展核心关键技术攻关，旨在不断提高我国聚酯纤维的差别化率和生产技术水平，增强产品的核心竞争力。

2010 年 8 月，《中国纺织报》报道了浙江天圣企业投资近 10 亿元，年产 20 万 t 熔体直纺差别化聚酯纤维项目投产；2010 年 2 月，浙江恒力企业年产 20 万 t 差别化聚酯工业长丝项目投产，该项目引进国际领先水平的生产设备，生产的工业丝具有高强耐磨、超低收缩等特性，可用于汽车、建筑、包装材料等领域。

2010 年 10 月，科技部高新司在北京召开了国家科技支撑计划“超仿棉合成纤维及其纺织品产业化技术开发”项目的可行性论证会。该项目重点围绕聚酯分子结构与体系组成的设计优化、高比例改性组分在线添加与高效分散、亲水聚酯体系稳定纺丝、纤维形态与力学性能调控、1,3-丙二醇高活性和高选择性催化体系可控放大制备、PTT 高效连续聚合、PTA 生产过程强化及聚酯清洁生产产业化关键技术、新型仿棉聚酯纤维纺织染整关键技术及产品开发等目标进行重点攻关。专家组认为，项目以化纤产业技术创新战略联盟作为项目组织单位，针对纺织产业升级需求，缓解棉花供需矛盾，有效利用过剩聚酯产能，对加快我国纺织行业结构调整和产业技术升级具有重要意义。

上海聚友化工有限公司、中国纺织科学研究院、桐昆基团浙江恒盛化纤有限公司和吴江赴东纺织集团有限公司等单位的“连续式阳离子染料可染聚酯装备和工艺开发”项目获得“纺织之光”2010 年度中国纺织工业协会科学技术奖一等奖；江苏盛虹化纤有限公司的“直接纺环吹风系列差别化涤纶长丝的研发” 项目获得“纺织之光”2010 年度中国纺织工业协会科学技术奖二等奖。

上海石化公司与科研单位合作，使用轻金属(钛系)催化剂，生产出不含重金属的生态聚酯，江苏太仓企业利用这种生态聚酯生产的聚酯纤维具有可纺性好、染色均匀等特点，是传统聚酯升级换代产品。

天津石化完成了“细旦中空爽滑涤纶短纤维的研制”项目，开发的 1.56 dtex 单孔中空仿棉型细旦中空聚酯短纤维是目前市场上纤度最细的中空聚酯短纤维，可作为高档纺织原材料或填充材料，可用于轻薄保暖型纺织品或超薄填充物。

赵博根据抗菌中空聚酯纤维的性能及特点，研制出具有良好的吸放湿性、手感柔软性、导湿透气和保暖性的抗菌中空聚酯纤维；李青山等对几种国产异形聚酯纤维的表面形貌、取向因子、蠕变性能进行了分析，对比不同聚酯纤维的形态结构，为改性常规聚酯纤维和开发更高层次的异形聚酯纤维提供了信息；Chen 等采用直接酯化法制备了新型阳离子可染共聚酯，所得共聚酯纤维的吸湿量提高 3 倍；Luo 等研究了聚对苯二甲酸亚丙基酯与聚对苯二甲酸乙二醇酯(PTT/PET)共混纤维的螺旋度和卷曲半径变化机理；Young 等采用常压下等离子体聚合方法，用氩气和气相六甲基二甲硅烷混合气体的射频等离子体处理聚酯纤维，在纤维表面上形成憎水表面；Lopes 等通过静电纺丝，研制出聚酯和聚氨基葡萄糖混合纳米纤维。

2）聚酰胺纤维。2009 年我国聚酰胺纤维产量为 134.1 万 t，同比增长 23.8%。浙江义乌企业自主研发的全消光聚酰胺 6 纤维、聚酰胺 6 扁平纤维两个新产品分别被列为国家重点新产品计划，其中聚酰胺 6 扁平纤维项目采用具有超大长宽比、较小缝宽的矩形孔形及特大长径比的喷丝板，通过对冷却和纺丝温度等工艺条件的调整优化，攻克了纤维生产过程中扁平度的保持和毛丝的技术平衡，打破了长久以来国外产品的技术垄断局面。

广东新会组织了国家纺织结构调整专项“高性能锦纶 6 差别化新型纤维产业调整项目”验收会。该项目具有自主研发的关键技术，形成了 1.3 万 t/a 的高性能聚酰胺 6 纤维差别化新型纤维系列产品生产能力。

徐欣等对聚酰胺 6 纤维织物的化学镀工艺进行了研究，详述了粗化、活化、解胶、还原、中和与施镀工序的工艺条件对织物电磁波屏蔽效应的影响；高晓艳等采用静电纺丝法，以聚酰胺 6/甲酸溶液为纺丝液，制备了聚酰胺 6 纳米纤维复合材料，研究了复合材料的空隙率结构特征，指出纳米纤维可有效改善传统过滤材料的过滤效率。

3）聚丙烯腈纤维。2009 年我国聚丙烯腈纤维产量约为 67 万 t，较 2008 年增加 10% 以上。2010 年，部分停产装置有望重新开启，腈纶产量将增加，自给率将有所提升。

金月华等分析了 RL-100/RL-200 柔软剂在改善聚丙烯腈纤维柔软性方面的作用，讨论了柔软剂含量、添加工艺、定型温度、含油率等对超柔软聚丙烯腈纤维质量的影响；张光先等将具有良好生物相容性的丝素蛋白接枝到聚丙烯腈织物上，所得织物吸湿性和抗静电性均得到改善；严国良研究了纺丝工艺对聚丙烯腈纤维抗起球性能的影响，通过调整工艺，可制备抗起球等级达 4 级标准的抗起球聚丙烯腈纤维，其手感柔软，染色性能均匀。

4）聚丙烯纤维。2009 年我国聚丙烯纤维产量为 26.38 万 t，同比增长 1.49%。

2010 年 1 月，由多家企业联合投资的 10 万 t 特种丙纶及应用产品项目在江苏省高邮市经济开发区举行奠基仪式，建成后可形成年产 10 万 t 聚丙烯纤维生产能力，年销售额可达 30 亿元以上。

山东德棉采用韩国研发的可染性丙纶短纤维研制开发针织服饰用纱。这种纱通过多种树脂接枝共聚而成，具有密度低、弹性好、隔热储热、不霉蛀、耐沾污、导湿快干、透气防

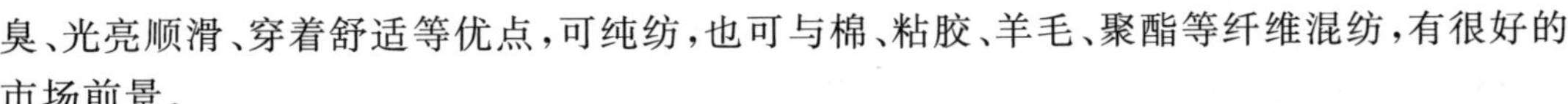

臭、光亮顺滑、穿着舒适等优点，可纯纺，也可与棉、粘胶、羊毛、聚酯等纤维混纺，有很好的市场前景。

3. 高性能纤维

2008 年 1 月，国家发改委于 2008～2009 年组织实施了高性能复合纤维材料高技术产业化专项，重点支持碳纤维、芳香族聚酰胺纤维、高强聚乙烯纤维及其高性能复合材料的生产技术及关键装备的产业化示范，主要目标是突破制约我国高性能纤维及复合材料产业发展的关键技术瓶颈，提高高性能复合材料设计、制造和开发应用的水平，满足国民经济以及航空航天等高技术产业发展的需求。2009 年国家发改委继续实施高性能纤维专项，例如复合 PPS、宝德纶、聚酰亚胺纤维等。

(1) 碳纤维

我国碳纤维的生产和使用尚处于起步阶段，国内高性能碳纤维生产能力仅占世界总产量的 0.4%左右，国内用量的 90%以上靠进口。碳纤维长期以来被视为战略物资，发达国家一直对外实行封锁。为此，一方面我们要进一步加大基础研发力度，提升国产碳纤维材料应用水平，另一方面要在碳纤维的高端化、精细化、低成本化等方面继续探索，突破传统应用领域，展开错位竞争。

2009 年 6 月，我国首个百吨级碳纤维生产基地在吉林市建成投产，其自主研发的聚丙烯腈基碳纤维性能达到国际先进水平，标志着我国高性能碳纤维产业化实现了新突破。

2010 年 5 月，中国纺织工业协会在连云港市组织召开了“年产 2500tPAN 原丝及 1000t T300 级碳纤维与关键设备研发”项目鉴定会，该项目解决了碳纤维生产中关键设备国产化难题，建成了国内首台规模最大、技术最成熟且全国产化聚丙烯腈基碳纤维生产线，其总体技术达到国际先进水平。由中复神鹰碳纤维有限责任公司等完成的“千吨 T300 级原丝及碳纤维国产化关键技术与装备”项目获得“纺织之光”2010 年度中国纺织工业协会科学技术奖一等奖。

东华大学“纳米碳纤维的制备及其作为吸波材料的形态和结构控制”、山东大学“聚丙烯腈基碳纤维原子径向分布函数及短程有序结构的演变”、同济大学“功能性碳纤维水泥基材料铺覆层对钢筋混凝土阴极保护的机理研究”、中国科学院化学研究所“高性能碳纤维内部的同步辐射小角 X 散射的研究”等项目分别得到 2008 年和 2009 年度国家自然科学基金资助。

刘杰研究了碳纤维经电化学氧化法表面处理后的界面黏结强度及其力学性能，解释了因电化学氧化处理引起纤维界面黏结强度和拉伸强度均提高的原因；刘登友等通过在石墨基体上电沉积含硫镍催化剂，采用化学气相沉积法直接生长出螺旋型碳纤维，其效率高、成本低、操作简单，硫在催化剂中的含量对碳纤维的微观结构变化起重要作用；谢伟通过控制碳化时间制备了一系列聚丙烯腈基碳中空纤维，研究了碳纤维结构对电容电导率及电磁参数的影响；徐志伟使用^{60}Co作为辐照源，改善聚丙烯腈基碳纤维的力学性能与石墨化程度，讨论了 γ 射线的影响；李峻清等也采用 γ 射线辐照来改善碳纤维表面性能，结果表明，处理后碳纤维的界面性能明显改变。

(2) 芳香族聚酰胺纤维

芳香族聚酰胺纤维是一种高强度、高模量、低密度和耐磨性好的耐高温阻燃纤维，其制备技术的技术含量高，纤维的力学、化学稳定性和机械性能优异，不但可以单独用于各种结构材料和功能材料，而且还可与其他材料复合使用。

2008 年 12 月，山东省科技厅在北京组织专家对"芳香族聚酰胺纤维 1414 长丝及浆粕中试技术"的研究与开发项目进行了技术鉴定。东华大学"间位芳香族聚酰胺纤维及绝缘纸产业化关键技术"项目获得 2009 年上海市科技进步一等奖，东华大学、圣欧（苏州）安全防护材料有限公司和广东彩艳股份有限公司承担的"聚间苯二甲酰间苯二胺纤维与耐高温绝缘纸制备关键技术及产业化"项目获得"纺织之光" 2009 年度中国纺织工业协会科学技术奖一等奖。

芳砜纶(PSA)是我国具有自主知识产权并已实现产业化生产的芳香族聚酰胺耐高温纤维，是先进防护材料和结构材料的重要基础原料。国内在芳砜纶的研究与开发方面都取得了重要进展。

管小红等在碱性条件下用 TiO_2-SiO_2 复合溶胶处理芳砜纶织物，在其表面原位生长纳米 TiO_2，可有效地提高芳砜纶织物的紫外光老化性能；林兰天等对芳砜纶热稳定性及隔热性进行了研究，发现芳砜纶纤维经 300℃ 以下高温长时间处理，仍能保持原纤维 3/4 的拉伸强度，并显示出不亚于 Nomex 的隔热性能；王慧等以芳砜纶、玄武岩和硅灰石为纤维增强体，制备了含芳砜纶的制动摩擦材料，研究表明，芳砜纶具有降低摩擦吸湿和改善体积磨损率的作用，含 8%体积分数芳砜纶的制动摩擦材料具有较佳摩擦性能；黄时建对芳砜纶实施低温等离子体处理，结果表明，等离子体处理后芳砜纶纤维体积比电阻明显降低，回潮率持平，动摩擦系数增大；周明华探讨了采用芳砜纶纤维开发防护面料的生产工艺，通过优化染色和织布工艺，解决了芳砜纶纱线刚性大、毛羽多、弹性强等给染色、织造带来的技术难题；张德强等用芳砜纶做厨师服面料，用有机氟拒水拒油整理剂对面料进行处理，所得厨师服具有优良的拒水拒油效果。

上海大学"磁场诱导芳砜纶纤维聚集态结构构建与性能优化"项目获得 2009 年国家自然科学基金资助。上海新联纺进出口公司完成的"芳砜纶色织面料的关键技术与产业化研究"成果获得"纺织之光"2010 年度中国纺织工业协会科学技术奖二等奖。

(3) 超高分子量聚乙烯纤维

超高分子量聚乙烯纤维是继碳纤维、芳香族聚酰胺纤维之后的新型高强高模纤维，其质轻、化学稳定性好、耐磨耐弯曲性能佳、抗疲劳和抗切割性能强，在航空航天、交通运输、运动器材、防护用品等方面用途广泛。

2009 年 11 月，由中国纺织科学研究院等单位联合开发的 300 t/a 高性能聚乙烯纤维干法纺丝工业化成套技术通过专家鉴定。该项技术的开发成功，填补了国内高性能聚乙烯纤维干法生产工艺空白。由东华大学、宁波大成新材料股份有限公司、湖南中泰特种装备有限责任公司、中纺投资发展股份有限公司、中国人民解放军总后军需装备研究所承担的"高强高模聚乙烯纤维及其连续无纬布的制备技术、产业化及应用开发"项目获得 2009 年国家科学技术进步二等奖。

中国科学院宁波材料技术与工程研究所在中国科学院知识创新工程重要方向性项目和国家高技术研究发展计划("863"计划)的资助下，从 2009 年开始高强高模超高分子量聚乙烯纤维的研究，与中国科学院上海有机化学研究所合作开发的纤维强度可以与国外

同类纤维相媲美，而模量远高于国内外同类纤维。

关于超高分子量聚乙烯纤维的改性研究，一直受到人们重视。例如，东华大学 Jiang 等以氦和 1%氧为处理气体，经等离子体射流处理超高分子量聚乙烯纤维后，发现纤维的界面剪切强度显著增加；Zhang 等研究凝胶状纤维挤出后用偶联剂对超高分子量聚乙烯纤维进行处理和实施超拉伸，制得改性纤维，发现偶联剂可被聚乙烯纤维吸收，并可包裹于纤维表面，改性纤维具有较小的接触角、较高的结晶度以及较小的晶粒尺寸；大连理工大学 Chen 等通过过氧化异丙苯将超高分子量聚乙烯和碳纤维共混物进行交联，制备了热敏电阻值达 1×10^{7} 的耐高温聚乙烯复合材料。

（4）聚苯硫醚纤维

聚苯硫醚纤维具有优良的耐热性、耐腐蚀、阻燃性和力学性能等，成为燃煤电厂烟道气除尘和城市垃圾焚烧厂尾气过滤及排尘升级的首选滤材。由于我国的电力能源主要依赖于煤电，在经济高速增长对能源需求显著增长的情况下，由燃煤产生的微细粉尘所带来的大气污染日益严重，大气环境治理压力的增加，使得袋式除尘技术日益受到重视与发展，以聚苯硫醚为代表的高温过滤用纤维近年来在我国取得很大进展。

世界范围内生产聚苯硫醚纤维的厂家很少。我国对聚苯硫醚纤维的开发虽然起步较晚，但近年来也已经取得了令人瞩目的成绩。2006 年，以四川省纺织科学研究院技术为基础建立了我国最早实现聚苯硫醚纤维稳定工业化的工厂，现已拥有 3000t/a 的短纤维生产能力；中国纺织科学研究院等单位通过产学研合作，经自主研发，在高性能聚苯硫醚树脂与纤维的工程化成套技术方面取得重大突破，2008 年初在德阳市建成产能4000 t/a 短纤维、1000 t/a 长丝的生产线，首次在国内实现了聚苯硫醚纤维的全国产化。

国家对聚苯硫醚纤维技术与产品的开发支持不断加强。2007～2009 年连续 3 年，国家发改委中央预算内资金先后对“3000 t/a 聚苯硫醚短纤维产业化项目”、“1500 t 聚苯硫醚长丝产业化项目”和“4000 t/a 聚苯硫醚复合短纤维产业化项目”给予支持，大大推进了我国聚苯硫醚纤维的产业进步和技术进步。2010 年，由四川得阳科技股份有限公司、四川省纺织科学研究院、中国纺织科学研究院等单位共同完成的“高性能聚苯硫醚树脂及纤维产品的研制、开发与应用”成果获得国家科技进步二等奖。

（5）聚对苯撑苯并双恶唑纤维

聚对苯撑苯并双恶唑纤维（PBO）是目前综合性能最好的一种有机纤维。聚对苯撑苯并双恶唑属芳杂环类聚合物，其分子结构中无弱键，聚对苯撑苯并双恶唑纤维受热后，不仅微结构发生变化，化学结构也发生变化。

刘晓艳等的研究结果表明，聚对苯撑苯并双恶唑纤维可在 300℃下较长时间使用；张涛等在聚对苯撑苯并双恶唑大分子链中引入二元羟基，通过干湿法纺丝，制备了含二羟基聚对苯撑苯并双恶唑纤维，发现含二羟基的聚对苯撑苯并双恶唑纤维的耐压强度明显高于常规聚对苯撑苯并双恶唑纤维；张涛等还研究了羟基极性基团对 PBO 表面润湿性与界面黏结性的影响，结果发现，双羟基极性基团的引入，PBO 纤维与水和酒精的接触角均降低，润湿时间缩短一半，纤维与环氧树脂之间的界面剪切强度提高到 18.87 MPa；张承双等用氧等离子体处理了聚对苯撑苯并双恶唑纤维以及聚对苯撑苯并双恶唑纤维增强杂环联苯聚醚砜酮复合材料，讨论了纤维及复合材料的老化行为；印度 Purkayastha 等研究了聚对苯撑苯并双恶唑纤维水解机理，发现 PBO 纤维在高湿度室温下，纤维强度降低不明显，但 PBO 纤维的共轭刚性结构可能受到破坏，使纤维拉伸强度显著下降。

(6)聚芳恶二唑

聚芳恶二唑(简称 POD)是一种具备优良热稳定性、化学稳定性、电绝缘性的耐高温芳杂环高分子材料。可作为重要的战略物资满足军民产品需要，推动我国国防建设、大飞机计划的实施等，改善我国耐高温阻燃纤维长期依赖进口的局面，对提升我国高性能纤维在国际上的竞争力，促进下游高新技术产品的发展具有十分重要的意义。由于传统的 POD 分子结构、分子量及其分布不能有效控制，溶液黏度大，可纺性差，因而难以加工成型。目前仅有俄罗斯成功开发出了 POD 纤维的生产技术，并已小批量生产 POD 纤维(产能约 500 t/a)，商品名为 Oxalon，但它的阻燃性一般。

我国对 POD 纤维的研究并不多见，仅有四川大学进行过小试研究。江苏宝德新材料有限公司在小试成果的基础上进一步优化聚合物的分子结构和聚合过程及纺丝工艺，在中试规模上成功得到以聚芳恶二唑为主要成分的新型阻燃耐高温 POD 纤维—宝德纶。与 Oxalon 相比，宝德纶因第三单体的引入，获得了良好的纺丝加工性能和阻燃性能，且具有良好的染色性能，来源广泛、成本较低、综合性能优异的特点，经检索查新，未见研究文献和专利报道，是一种具有原创性的阻燃耐高温纤维，技术居国际先进水平。

(7) 聚四氟乙烯纤维

聚四氟乙烯(PTFE)具有高度的化学稳定性和卓越的耐化学腐蚀能力，如耐强酸、强碱、强氧化剂等，有突出的耐热、耐寒及耐磨性，具有不黏着、不吸水，不燃烧等特点。由青岛即发集团股份有限公司开发的"宽幅聚四氟乙烯膜及复合材料"项目获得"纺织之光"2009 年度中国纺织工业协会科学技术奖二等奖；由浙江理工大学、西安工程大学和南京际华三五二一特种装备有限公司完成的"高强耐腐蚀 PTFE 纤维及其滤料开发和产业化"项目获得"纺织之光"2010 年度中国纺织工业协会科学技术奖一等奖。

韩晓燕等以聚四氟乙烯纤维为基质，以甲基丙烯酸缩水甘油酯为单体，通过辐照接枝聚合制备了聚四氟乙烯接枝甲基丙烯酸缩水甘油酯(PTFE-*g*-GMA)纤维，再用聚乙烯亚胺与(PTFE-*g*-GMA)纤维进行开环反应制得具有吸附功能的接枝纤维，结果表明，该纤维对胆红素具有较高的吸附量和良好的吸附功能；马训明等采用乳液凝胶纺丝法，制备了聚四氟乙烯，讨论了烧结温度等与纤维强度的关系；熊春华在聚四氟乙烯纤维上接枝丙烯酸，制备了弱酸性离子交换剂纤维，分析了纤维性能。

(8) 高温高模 PVA 纤维

由四川大学等单位共同开发的项目高性能维纶及其纺织品开发，针对量大面广的工装面料及军警作训服面料坚固度差、舒适性差、防护性能差等问题，在研发致密皮层导致高强耐磨、可耐受高温热水加工的高性能维纶的基础上，通过纺纱、织造和染整工艺的系统设计研究，研发出坚固结实、穿着舒适、兼具其他防护功能、可高温消毒、性价比高的工装和作训服面料。自主研发了湿法加硼纺丝和醛化相结合生产高性能维纶的全新工艺，对原液制备、纺丝和后处理工艺进行了创新优化，使纤维具有适当比例的致密皮层，强度达 7.5 cN/dtex 以上，兼具耐热水性，水中软化点达 112℃以上；开发了长丝束醛化和机械卷曲生产高性能维纶的新技术，纤维强度达 8 cN/dtex 以上，水中软化点大于 114℃，综合性能优良。系统研究了混比、纱线结构、织物结构及染整工艺，解决了面料坚固耐磨与舒适性的矛盾、致密皮层的染色难题、维纶定形后手感发硬问题以及 95℃热水消毒导致皂洗色牢固度低的问题。含高性能维纶新作训服的热阻小于原作训服；耐平磨指标比原军标提高 7.2 倍、相近平方米克重下实际耐平磨次数提高数倍至十多倍；断裂和撕裂强度均优于国内外同类产品，实际使用寿命成倍增加。并可在 95℃下达到皂洗色牢固度 4～5 级，可实现高温洗消，适合国内外未来工装租赁供应方式。中国纺织工业协会组织的鉴定结论认为总体技术处于国际领先水平。

(9) 无机及金属纤维

无机纤维是以玻璃、金属等无机物为原料，通过加热熔融或压延等物理或化学方法制成的纤维，主要品种包括玻璃纤维、石英纤维、硼纤维、玄武岩纤维、陶瓷纤维等，由于无机及金属纤维具有良好的耐热性、耐湿性、不燃性、耐腐蚀性、抗霉等特点，已在很多方面获得应用。

1) 玄武岩纤维。玄武岩是火山喷发出的岩浆冷却后凝固而成的一种致密状或泡沫状结构的岩石，主要成分为二氧化硅、三氧化铝、氧化铁、氧化钙等。连续玄武岩纤维是以火山岩石中玄武岩为原料，经粉碎、高温熔融、拉丝成形、上油等制成的一种高性能天然无机矿物纤维。与玻璃纤维相比，玄武岩纤维在耐高温低温、力学、电学、声学性能及化学稳定性等方面均具有较大优势，可用于隔热、绝热、耐化学腐蚀、结构加强、隔音、高温过滤及电子等领域。连续玄武岩纤维的生产难度高，目前世界上仅有少数国家掌握其生产技术，截至 2009 年 1 月，全世界玄武岩纤维的总产量不足 3500 t/a。近两年来玄武岩纤维的发展很快，我国经努力探索与实践，攻克了连续玄武岩纤维的制造技术难关，已实现规模化生产，预计 2010 年国产连续玄武岩纤维的产量可达 1 万 t 左右，到 2020 年，可达 7 万～10 万 t 规模。

近期，连续玄武岩纤维项目准备在浙江横店部分投产，完全投产后，年产连续玄武岩纤维及复合材料 2000 t，并列入 2010 年度国家"863"计划。东南大学"玄武岩纤维网格轻质抗震墙性能及加固计算方法研究"项目获得 2009 年度国家自然基金资助；浙江石金玄武岩纤维有限公司承担的"连续玄武岩纤维制备技术与产品开发"项目获得"纺织之光"2010 年度中国纺织工业协会科学技术奖二等奖。

2) 莫来石纤维。莫来石是一系列由铝硅酸盐组成的矿物统称。莫来石纤维被用来生产高温耐火材料，通常采用烧结法或电熔法等人工合成。唐宏斌等以羧酸铝与硅溶胶为原料，采用溶胶一凝胶法制备了莫来石凝胶纤维，凝胶纤维在 1200℃下完全转化为莫来石纤维，其表面光滑，直径均匀；顾利霞等采用硝酸铝、异丙醇与硅酸四乙酯的水溶液，通过溶胶一凝胶方法制备莫来石纤维；李呈顺等以铝粉、盐酸及硅溶胶的水溶液为原料，制备了多晶莫来石纤维。

3) 陶瓷纤维。魏取福等通过铜溅射对陶瓷纤维进行功能化，结果表明，陶瓷纤维的电阻随涂层厚度的增加而减小；厦门大学 Xiong 等通过溶胶一凝胶工艺制备了 $Pb(ZrTi)O_3$ 陶瓷连续纤维，对其进行了 900℃、1 h 的热处理，得到具有微波能的致密陶瓷纤维；电子科技大学 Yang 等以溶胶一凝胶法制备的压电陶瓷锆钛酸铅(PZT)陶瓷粉末为原料，通过套管填充氧化粉末法制备了 PZT 压电陶瓷纤维，其致密、均匀、长径比更大；清华大学“电纺丝法制备纳米陶瓷纤维及其应用”得到2008年度国家自然科学基金资助。

4）金属纤维。中国台湾Shyr等采用多道冷拉伸工艺，制成了不同直径的金属纤维，发现拉伸过程中，不锈钢的晶相发生变化，加速了纤维在热处理过程中的σ相生成；周伟等采用切割法制成直径为100 μm的铜纤维，并进行烧结，制得一种新型具有三维网状结构的扩孔金属纤维烧结板；朱芳等通过溶胶—凝胶法制备了一种碳纳米管涂覆固相萃取金属纤维，使用不锈钢金属丝替代了较脆的石英光纤，可有效避免使用过程中的纤维损坏。

4. 纳米纤维

近年来，通过静电纺丝技术很多聚合物被制成纳米纤维，但静电纺丝过程比较复杂，尚无成熟的理论和适宜的观测手段定量描述其成形过程，往往静电纺丝过程的重复性不强，纤维品质的波动性较大，这也是静电纺丝制备纳米纤维所需认真研究和解决的重要问题。东华大学“微纳米纤维纺丝拉伸成型的力学模型”和“仿生纳米纤维的生产与力学分析”、福建师范大学“电纺纳米纤维增强复合材料界面结构与相关性能关系研究”、中国人民解放军军事医学科学院的“采用电纺丝纳米纤维材料为支架体外构建三维肿瘤组织的实验研究”等项目，分别得到2009年度国家自然科学基金资助。相比合成聚合物，天然生物质高分子的静电纺丝有一定难度，但由于生物质高分子的可降解及生物相容性较好，近年来成为研究热点，如清华大学袁金颖等对纤维素及其衍生物静电纺丝原理等进行了研究；褚薛慧采用静电方法制备了壳聚糖纳米纤维膜，对促进肝细胞黏附的作用等进行了讨论；杭怡春等对静电纺丝法制备再生丝素/丝胶共混蛋白纤维进行了研究，分析了丝胶含量对纤维形貌和结构的影响等。

5. 中空纤维分离膜

中空纤维膜材料具有比表面积大、组件填充密度高、设备结构简单等特点，其研究与开发应用越加受到人们重视。

许新成等采用实时超声域反射技术研究了单一中空纤维膜内部粒子沉积情况，为检测膜污染与清洁提供了一种新方法；邱运仁等以聚乙烯醇为稀释剂，采用热致相分离法制备了聚乙烯醇缩丁醛/嵌段式聚醚共混中空纤维膜，研究了稀释剂分子量及工艺条件对中空纤维膜性能的影响；张小珍等采用相转化法与烧结法相结合制备了高渗透氧化钇—稳定氧化锆中空纤维膜，其可用作微滤与复合膜的支撑体；李娜娜等以矿物油为稀释剂，聚乙二醇为添加剂，采用热致相分离法制备了超高分子量聚乙烯中空纤维膜，研究了聚乙二醇与矿物油对膜通量及膜结构的影响。

天津工业大学“熔融纺丝法压力相应功能中空纤维膜研究”和“中空纤维膜生物反应器流场特性及设计方法”、浙江工业大学“高效抗污中空纤维膜光催化反应器的构建及性能研究”、中南大学“海藻式中空纤维膜生物反应器”项目分别得到2008年度和2009年度国家自然科学基金资助。

三、国内外本学科发展比较

虽然我国是纤维生产大国，但存在结构不合理的突出问题。一是常规产品趋同性发展，产品竞争激烈，盈利困难；二是国外或发达地区对高附加值和高新纤维生产技术进行封锁，使我国纤维产品的差别化程度和技术含量与先进国家或地区相比存在很大差距，每年仍需进口相当数量的差别化或高新技术纤维品种。经过近年的不懈努力，我国在高新技术纤维品种方面的研究与开发取得了可喜进展，上述局面逐步得到改观。

在碳纤维方面，山西恒天企业完成年产 1200 t 聚丙烯腈基碳纤维原丝改扩建项目、连云港神鹰企业建成年产 2500 t 聚丙烯腈基碳纤维原丝和 1000 t 碳纤维生产线项目以及山东威海企业 3K(1K)高性能碳纤维及机织物生产线项目等，目前这些项目或生产线的建成投产，形成了年产约 4000 t 聚丙烯腈基碳纤维原丝、1300 t 碳纤维生产能力，在国产碳纤维产业化方面实现了技术突破，对满足国内军用、民用市场需求和推动其他高科技领域的发展以及打破国外垄断等具有重大意义。

中国台湾台塑聚丙烯腈基碳纤维的产能已居世界第四位，研制的碳纤维已接近 T800 水准。海峡两岸于 2010 年 5～6 月签署了“经济合作协定(ACFA)”，对台湾的碳纤维及其碳纤维复合材料产品进入大陆市场和大力发展碳纤维及其复合材料高技术产业起到推动作用。自苏联解体后，粘胶基碳纤维的研发主要集中在白俄罗斯，而俄罗斯则主要进行聚丙烯腈基碳纤维材料的研发，包括碳纤维制造工艺、碳纤维复合材料和碳纤维三维编织材料等。一般认为，碳纤维的市场需求量之所以不算大、市场发展不够快，其主要原因是碳纤维的价格仍太高，普通消费者很难接受，所以目前国外碳纤维的市场主要还是集中在利润空间大的领域，如建筑增强、对成本敏感度不高的军工、航天航空等或性价比要求高的风力发电叶片、高速列车、深井采油设备中的关键零部件等方面。

在芳香族聚酰胺纤维产业化方面，虽然我国起步较晚，但发展速度较快。国内企业不仅成功地实现了间位芳香族聚酰胺纤维短纤维的产业化，在间位芳香族聚酰胺长丝及对位芳香族聚酰胺纤维方面也取得了突破性进展。在我国纺织工业加工优势明显的背景下，全球间位芳香族聚酰胺纤维产业、特别是间位芳香族聚酰胺纤维下游加工业出现了明显向我国转移的趋势。

目前国外超高分子量聚乙烯纤维的主要生产商为荷兰帝斯曼(DSM)、美国霍尼韦尔(HONEYWELL)和日本东洋纺(TOYOBO)等公司，2008 年国外超高分子量聚乙烯纤维总产能约 8500 t，产量约 7000 t，其中除霍尼韦尔公司的 1500 t 纤维采用湿法纺丝外，其余均采用高挥发性溶剂的干法纺丝工艺，所得纤维具有溶剂含量少、强度高、抗蠕变性强等特点。我国超高分子量聚乙烯纤维主要生产商有北京同益中、湖南中泰、浙江大成等公司，其生产过程均为湿法纺丝工艺技术。2008 年，国内超高分子量聚乙烯纤维总产能约 6000 t，产量约 4200 t。

我国在高性能纤维研究与开发方面取得了一些突破性进展，对推动纤维产业结构的调整与优化起到了积极作用。

四、我国本学科发展的展望与对策

2009 年 4 月，国务院公布了《纺织工业调整和振兴规划》，提出自 2009～2011 年，我国纺织产业调整和振兴的主要任务包括：稳定国内外市场、提高自主创新能力、加快实施技术改造、淘汰落后产能、优化区域布局、完善公共服务体系、加快自主品牌建设、提升企业竞争实力。

目前，我国在世界纺织服装产业价值链条的加工制造环节上仍具备较强的国际竞争优势，但在产业价值链的两端研发设计和市场营销两个附加值较高的环节上还很薄弱，开发高性能、功能化、差别化、生物质纤维及其制品等高新技术产品仍是今后纺织行业的发展方向，也是我们今后实现由纺织“制造大国”到“创造大国”转变的基本条件。碳纤维、芳香族聚酰胺纤维、超高分子量聚乙烯纤维等高性能纤维关系到强“纺”、强“军”、强“国”，是支持国家高科技产业发展的关键性材料，是推进各类高科技功能纺织品和先进新材料的物质基础，是一个国家高科技水平的集中体现。2009 年 10 月，中国化学纤维工业协会在天津滨海新区举办了“2009 年(天津)高新技术纤维材料产业创新论坛”。大会以高性能纤维及其复合材料技术发展为主题，重点探讨了碳纤维、芳纶、高强高模聚乙烯、聚酰亚胺纤维、聚苯硫醚纤维等高性能纤维的关键技术和装备，分析了国内在高新技术纤维方面的最新研究动态，促进了国内学者与产业界人士的技术交流、合作，为高新技术纤维产业的发展搭建了一个产学研用的沟通平台。

2010 年 4 月，中国工程院环境与轻纺工程学部在北京召开“研究多种生物高分子新纤维工程化、产业化前景重大咨询项目启动会”，会议指出，我国作为世界第一的纺织大国，纺织工业所用的原料主要是合成纤维，已占我国纤维总加工量的 3/4。合成纤维主要以石油为原料，而我国目前原油的对外依存度已超过 50%。为保证我国未来纺织工业发展所需原料的可持续性，开辟利用农林牧海等生物质资源为原料的新纤维工业，有着非常重要的意义。

2010 年 6 月，中国化学纤维行业协会承办了首届“生物质纤维及生化原料”论坛暨“化纤行业生物产业发展”专题展览，共同探讨生物质纤维发展新方向。中国化学纤维协会理事长郑值艺在“生物质纤维及生化原料‘十二五’及 2020 年规划研究”的报告中指出，“十一五”期间，我国化学纤维行业在特种纤维开发应用及产业化方面取得了可喜进步，但在生物质纤维及生化原料方面还没有迈出根本性步伐。“十二五”期间，化学纤维行业对生物质纤维及生化原料进行重点研究，引导行业利用生物技术提升产业水平，改造传统再生纤维生产工艺，推广纤维绿色加工和新工艺、集成化技术。

2010 年 6 月，东方科技论坛“生物质纤维及生化原料”研讨会在上海举行，来自纺织化纤和生物材料等领域的数十名专家学者和企业代表围绕生物质纤维及生化原料研究的发展趋势、生物质纤维原料生态化制备中的基础问题与关键技术、生物质纤维高效绿色加工工程化的关键技术等进行深入探讨，凝练重大科学与技术问题，构建产学研结合、跨学科的科技创新平台，为国家高效绿色生物质纤维工程技术的布局提供依据，为开发替代石油资源的新型生物质纤维材料献计献策，进一步促进纺织化纤工业可持续发展战略的实施。

为此，从我国纺织纤维与材料学科和产业发展的角度考虑，应进一步增强自主创新能力，这也是我国纺织工业由大到强转变的关键。《纺织工业调整和振兴规划》突出强调了要在纤维材料、纺织装备这两大纺织基础行业实现技术突破，同时要大力发展产业用纺织品，扩大纺织品应用领域，培育新兴的增长点。加大开发新型材料的力度，提高产品质量，努力推进高性能碳纤维、芳香族聚酰胺纤维、高强聚乙烯纤维和生物质溶剂法纤维素纤维等一系列高新技术纤维材料的产业化及其应用。

参考文献

[1] 中国行业研究网. 2009 年度全国棉花种植面积及产量情况分析[EB/OL]. [2010 - 11 - 14] http://www.reportbus.com/news/20100303/624.html.

[2] 项目综合查询. 国家自然基金网站[EB/OL]. [2010 - 11 - 15]. http://159.226.244.15/portal/Proj_List.asp.

[3] 人员获资助项目信息查询. 国家自然基金网站[EB/OL]. [2010 - 11 - 15]. http://159.226.244.15/portal/psnsearch.asp.

[4] 周岚，邵建中，蔡丽. 改性棉纤维的天然染料染色性能[J]. 印染，2009(20)：9 - 12.

[5] Thomasson J A, Manickavasagam S, Mengüç M P. Cotton fiber quality characterization with light scattering and fourier transform infrared techniques[J]. Applied Spectroscopy, 2009, 63(3): 321 - 330.

[6] Corradini E, Teixeira E M, Paladin P D, et al, Thermal stability and degradation kinetic study of white and colored cotton fibers by thermogravimetric analysis[J]. Journal of Thermal Analysis and Calorimetry, 2009, 97(2): 415 - 419.

[7] Foulk J, Meredith W, McAlister D, Luke D, Fiber and yarn properties improve with new cotton cultivar[J]. Journal of Cotton Science, 2009, 13(3): 212 - 220.

[8] 沈海荣，刘洪玲，于伟东. 苎麻纤维接枝氯化血红素工艺研究[J]. 东华大学学报，2009，35(5)：531 - 536.

[9] 石树莲. 大麻保健凉席的研制[J]. 农村新技术，2009(20)：67 - 69.

[10] 杨雪征，郭凤芝. 功能性汗麻纤维针织产品的开发[J]. 针织工业，2009(12)：16 - 18.

[11] 国家科学技术奖励工作办公室. 国家科学技术奖励工作办公室公告(第 60 号)[EB/OL]. [2010 - 11 -15]. http://www.nosta.gov.cn/web/detail1.aspx? menuID=25&contentID=690.

[12] 李清华，李铁忠，刘咏梅，等. 大麻纤维在非织造布领域的应用初探[J]. 非织造布，2009，17(3)：30 - 31.

[13] 雷文. 麻纤维/聚合物复合材料[J]. 合成树脂及塑料，2009，26(3)：67 - 73.

[14] 陈美云，袁德宏. 羊毛甲基丙烯酸丁酯氧化——还原接枝共聚探讨[J]. 山东纺织科技，2009(1)：5 -8.

[15] 徐欣，沈兰萍. 羔羊毛纤维的等离子体一过氧乙酸改性处理[J]. 陕西纺织，2009(1)：11 - 12.

[16] 徐然松，程凤侠，董荣华，等. 毛纤维拒水整理研究[J]. 皮革科学与工程，2009，19(2)：51 - 54.

[17] He Ji-Huan, Ren Zhong-Fu, Fan Jie, et al. Hierarchy of wool fibers and its interpretation using Einfinity theory, Chaos[J]. Solitons & Fractals, 2009, 41(4): 1839 - 1841.

[18] Deng B Y, Gao W D, Fei Y N. Effect on surface properties of wool fiber treated with atmospheric pressure plasma[J]. Wool Textile Journal, 2009, 37(12): 17 - 19.

[19] 杨崇岭，关丽涛，赵耀明. 新型绿色纺织材料——羽毛纤维[J]. 上海纺织科技，2009，37(6)：4 - 6.

[20] Marti M, Ramirez R, Barba C, Coderch L, Parra J. Influence of internal lipid on dyeing of wool fibers[J]. Textile Research Journal, 2010, 80(4): 365 - 373.

[21] Deng C, Wang L, Wang X. The limiting irregularity of single wool fibers[J]. Fibers and

Polymers, 2009, 10(2): 246 - 251.

[22] Cao Hui, Chen Xin, Huang Lei, et al. Electrospinning of reconstituted silk fiber from aqueous silk fibroin solution[J]. Materials Science and Engineering C, 2009, 29(7): 2270 - 2274.

[23] Tian BaoZhong, Chen Ping, Chen Jian, et al. Blocking and filtering effect of Bombyx mori silkworm silk fiber filter tips against mainstream smoke of cigarettes[J]. Materials and Design, 2009, 30(6): 2289 - 2294.

[24] Yan J, Zhou G, Knight D P, et al. Wet-spinning of regenerated silk fiber from aqueous silk fibroin solution: Discussion of spinning parameters[J]. Biomacromolecules, 2010, 11(1): 1 - 5.

[25] Cheung H Y, Lau K T, Ho M P, et al. Study on the mechanical properties of different silkworm silk fibers[J]. Journal of Composite Materials, 2009, 43(22): 2521 - 2531.

[26] Weisman S, Haritos V S, Church J S, et al. A J W Rodgers, G J Dumsday, T D Sutherland, Honeybee silk: Recombinant protein production, assembly and fiber spinning[J]. Biomaterials, 2010, 31(9): 2695 - 2700.

[27] Davarpanah S, Mahmoodi N M, Arami M, et al. Environmentally friendly surface modification of silk fiber:Chitosan grafting and dyeing[J]. Applied Surface Science, 2009, 255(7): 4171 - 4176.

[28] 江苏长江石化交易市场. 2009 年的世界化学纤维生产量[EB/OL]. [2010 - 11 - 14]. http://www.cotce.com/news! newsPage.action? newsId=40289490276eda8c0127d10ba7431a71.

[29] 钱伯章. 帝人推出闭环聚酯回收计划[J]. 合成纤维, 2009(12): 52 - 52.

[30] 科技部. "新型功能聚酯纤维的研制和产业化"重点项目通过可行性论证, 中华人民共和国科学技术部[EB/OL]. [2010 - 11 - 15]. http://www.most.gov.cn/kjbgz/200904/t20090430_68942.htm.

[31] 化学纤维专刊. 亿丰化纤 20 万吨超细旦熔体直纺项目投产. 中国纺织报[EB/OL]. [2010 - 08 - 11]. http://www.zgfzb.net.cn/ArticleEdit.asp? ArticleId=101416.

[32] 化学纤维专刊. 恒力化纤工业丝项目投产, 中国纺织报[EB/OL]. [2010 - 02 - 03]. http://www.zgfzb.net.cn/ArticleEdit.asp? ArticleId=97679.

[33] 国家科技支撑计划"超仿棉合成纤维及其纺织品产业化技术开发"项目通过可行性论证, [EB/OL]. [2010 - 09 - 26]. http://www.most.gov.cn/gxs/gzdt/201009/t20100926_82351.htm.

[34] 中国纺织工业协会科学技术奖励办公室. 2010 年度"纺织之光"建议授奖项目公示, 中国纺织经济信息网[EB/OL]. [2010 - 08 - 04]. http://news.ctei.gov.cn/248876.htm.

[35] 赵博. 抗菌中空涤纶纤维的性能及产品开发[J]. 陕西纺织, 2009, 81(1): 49 - 51.

[36] 李青山, 李悦, 马志国, 等. 异性聚酯纤维的结构性能研究[J]. 合成纤维, 2009 (8): 15 - 18.

[37] Chen B, Zhong L L, Gu L X. Thermal Properties and Chemical Changes in Blend Melt Spinning of Cellulose Acetate Butyrate and a Novel Cationic Dyeable Copolyester[J]. Journal of Applied Polymer Science, 2010, 116(5), 2487 - 2495.

[38] Luo Jin, Xu Guang-Biao, Wang Fu-Mei. External Configuration and Crimp Parameters of PTT (Polytrimethylene terephthalate)/PET (Polyethylene terephthalate) Conjugated Fiber[J]. Fibers and Polymers, 2009, 10(4), 508 - 512.

[39] Young Yeon, Ji Hong Ki, ChangYong Cheol, et al. Water-repellent improvement of polyester fiber via radio frequency plasma treatment with argon/ hexamethyldisiloxane(HMDSO) at atmospheric pressure[J]. Current Applied Physics, 2009, 9(1): 253 - 256.

[40] Lopes-Da-Silva, Veleirinho J A, Delgadillo B, I. Preparation and Characterization of Electrospun Mats Made of PET/Chitosan Hybrid Nanofibers[J]. Journal of Nanoscience and Nanotechnology,

2009, 9(6): 3798 - 3804.

[41] Brzezinski S, Tracz A, Polowinski S, et al. Effect of corona discharge on the morphology of polyester fiber top layer[J]. Journal of Applied Polymer Science, 2010, 116(6): 3659 - 3667.

[42] Brzezinski S Tracz, Polowinski A, S et al. Effect of Corona Discharge on the Morphology of Polyester Fiber Top Layer[J]. Journal of Applied Polymer Science, 2009, 112(5): 2634 - 2640.

[43] Kumar, M. N. S. Siddaramaiah. Thermogravimetric Analysis and Morphological Behavior of Melamine-Formaldehyde Filled Polyvinyl Acetate-Polyester Nonwoven Fabric Composites[J]. Journal of Applied Polymer Science, 2009, 111(3):1165 - 1171.

[44] 化学纤维专刊. 华鼎锦纶两项新产品列入国家科技计划. 中国纺织报[EB/OL]. [2010 - 08 - 11]. http://www.zgfzb.net.cn/ArticleEdit.asp? ArticleId=101415.

[45] 李娟. 美达锦纶差别化产品通过验收. 中国纺织报[EB/OL]. [2010 - 01 - 27]. http://www.zgfzb.net.cn/ArticleEdit.asp? ArticleId=97409.

[46] 徐欣，沈兰萍，陈丽梅. 锦纶织物化学镀铜研究[J]. 纺织技术进展，2009(6): 35 - 36.

[47] 高晓艳，张露，潘志娟. 静电纺聚酰胺 6 纤维复合材料的孔隙特征及其过滤性能[J]. 纺织学报，2010,31(1): 5 - 10.

[48] Lee S H, Kim S Y, Youn J R, et al. Processing of continuous poly (amide- imide) nanofibers by electrospinning. Polymer International[J]. 2010, 59(2): 212 - 217.

[49] Furukawa M, John B. Physical Properties of Polyamide 6 Fibre Coated with Thermoplastic Polyurethane Thin Film[J]. Journal of Rubber Research, 2009, 12(3): 151 - 163.

[50] Kiumarsi A, Parvinzadeh M. Enzymatic Hydrolysis of Nylon 6 Fiber Using Lipolytic Enzyme[J]. Journal of Applied Polymer Science, 2010, 116(6): 3140 - 3147.

[51] 北京正点国际投资咨询有限公司. 中国腈纶行业“十一五”回顾及“十二五”规划投资分析及预测报告[EB/OL]. [2010 - 09 - 12]. http://youa.baidu.com/item/3710a13db6dc10235841ef0c.

[52] 金月华，章毅，黄胜德. 超柔软腈纶工艺研究[J]. 石油化工技术与经济，2009,25(3):56 - 59.

[53] 张光先，鲁成，卢明，等. 腈纶织物接枝丝素蛋白的工艺条件及服用性能研究[J]. 蚕业科学，2009, 35(3):583 - 587.

[54] Toptas N, Karakisla M, Sacak M. Conductive Polyaniline/Polyacrylonitrile Composite Fibers: Effect of Synthesis Parameters on Polyaniline Content and Electrical Surface Resistivity[J]. Polymer Composites, 2009, 30(11):1618 - 1624.

[55] Mikolajczyk T, Szparaga G, Bogun M, et al. Effect of Spinning Conditions on the Mechanical Properties of Polyacrylonitrile Fibers Modified with Carbon Nanotubes[J]. Journal of Applied Polymer Science, 2010, 115(6):3628 - 3635.

[56] Kim M N, Koh J, Lee Y, Kim H. Preparation of PVA/PAN Bicomponent Nanofiber Via Electrospinning and Selective Dissolution[J]. Journal of Applied Polymer Science, 2009, 113(1): 274 -282.

[57] Mikolajczyk T, Szparaga G. Influence of Fibre Formation Conditions on the Properties of Nanocomposite PAN Fibres Containing Nanosilver[J]. Fibers & Textiles in Eastern Europe, 2009, 75(4): 30 -36.

[58] 严国良. 抗起球腈纶的纺丝工艺研究[J]. 合成纤维，2009 (10):37 - 39.

[59] 锦桥纺织网. 2009 年 1～12 月丙纶纤维行业经济运行分析，[EB/OL]. [2010 - 11 - 14]. http://www.sinotex.cn/news/Html.

[60] 李哲. 可染色丙纶针织纱线问世[J]. 针织工业，2009(9): 71 - 71.

[61] El-Dessouky H M, Mahmoudi M R, Lawrence C A, et al. On the Physical Behavior of Isotactic

Polypropylene Fibers Extruded at Different Draw-Down Ratios: II. Structure and Properties[J]. Polymer Engineering and Science,2010,50(1): 200 - 208.

[62] Hyde G K, Scarel G, Spagnola J C, et al. Atomic Layer Deposition and Abrupt Wetting Transitions on Nonwoven Polypropylene and Woven Cotton Fabrics[J]. Langmuir,2010, 26(4): 2550 -2558.

[63] Matos J P, Sansiviero M T C, Lago R M. Surface Chemical Modification of Polypropylene Fiber Waste by H_2SO_4: Mechanistic Investigation and Application as Cation-Exchange Adsorbent[J]. Journal of Applied Polymer Science, 2010,115(6): 3586 - 3591.

[64] Mazaheripoour H, Ghanbarpour S, Mirmoradi S H. The effect of polypropylene fibers on the properties of fresh and hardened lightweight self-compacting concrete[J]. Construction and building materials, 2011,25(1):351 - 358.

[65] 北京正点国际投资咨询有限公司. 中国碳纤维产业"十一五"回顾及"十二五"规划投资分析报告[EB/OL]. [2010 - 09 - 12]. http://youa. baidu. com/item/fb59842481550a2cb72683f5.

[66] Liu Jie, Tian Yuli, Chen Yujia,et al. A surface treatment technique of electrochemical oxidation to simultaneously improve the interfacial bonding strength and the tensile strength of PAN-based carbon fibers[J]. Chemistry and Physics, 2010, 122(2 - 3):548 - 555.

[67] Liu Dengyou, Luo Qimei, Wang Huixian, et al. Direct synthesis of micro-coiled carbon fibers on graphite substrate using co-electrodeposition of nickel and sulfur as catalysts [J]. Materials&Design, 2009,30(3): 649 - 652.

[68] Xie Wei, Cheng Hai-Feng, Zeng-Yong, et al, Effect of carbonization time on the structure and electromagnetic parameters of porous-hollow carbon fibres[J]. Ceramics Inernational, 2009,35(7): 2705 - 2710.

[69] Xu Zhiwei, Huang Yudong, Min Chunying, et al. Effect of γ-ray radiation on the polyacrylonitrile based carbon fibers[J]. Radiation Physics and Chemistry,2010,79(8):839 - 843.

[70] Xu Zhiwei, Liu Liangasen, Huang Yudong, et al. Graphitization of polyacrylonitrile carbon fibers and graphite irradiated by γ rays[J]. Materials Letters,2009, 63(21): 1814 - 1816.

[71] Li Jun-Qing, Huang Yu-Dong, Fu Shao-Yun, et al. Study on the surface performance of carbon fibres irradiated by γ-ray under different irradiation dose [J]. Applied Surface Science, 2010, 256(7): 2000 - 2004.

[72] Sobczyk A T, Jaworek A, Sozańska M. Carbon fiber formation in electrical discharges in hydrocarbons[J]. Journal of Electrostatics, 2009,67(2 - 3): 275 - 279.

[73] Qian Hui, Alexander Bismarck, Emile S, et al. Carbon nanotube grafted carbon fibres: a study of wetting and fibre fragmentation, Composites Part A [J]. Applied Science and Manufacturing, 2010, 41(9):1107 - 1114.

[74] Arshad Hussain Wazir, Lutfullah Kakakhel. Preparation and characterization of pitch-based carbon fibers[J]. New Carbon Materials,2009,24(1): 83 - 88.

[75] 张曙光. 芳纶 1414 长丝及浆粕中试技术的研究与开发项目通过见鉴定[J]. 产业用纺织品,2009,(2): 46 - 46.

[76] "纺织之光"2009 年度中纺协科学技术奖推荐项目名单[EB/OL]. [2009 - 08 - 18]. http://info. texnet. com. cn/content/2009 - 08 - 18/255983. html.

[77] 管小红, 朱苏康. 芳砜纶织物的纳米抗紫外整理[J]. 东华大学学报,2009, 35(3): 27 - 331.

[78] 林兰天, 姜浩. 芳砜纶应用于消防防护服的性能研究[J]. 上海纺织科技, 2009, 37(6):16 - 19.

[79] 王慧, 林志峰, 吕亚非. 芳砜纶在制动摩擦材料中的应用[J]. 北京化工大学学报, 2009, 36(6):

48 - 51.

[80] 黄时建. 芳砜纶纤维的等离子体处理工艺探讨[J]. 上海毛麻科技,2009,4: 2 - 4.

[81] 周明华. 芳砜纶防护面料的开发与生产[J]. 上海纺织科技,2009, 37(4): 29 - 30.

[82] 张德强，钱坤，曹海建,等. 芳砜纶厨师服的拒水拒油整理[J]. 印染,2009(23): 28 - 31.

[83] Jiang Q R, Li R X, Sun J, et al. Influence of ethanol pretreatment on effectiveness of atmospheric pressure plasma treatment of polyethylene fiber[J]. Surface & Coating Technology, 2009, 203(12): 1604 - 1608.

[84] Zhang Y, Yu J R, Chen L, et al. Surface Modification of Ultrahigh-molecular-weight Polyethylene Fibers with Coupling Agent during Extraction Process[J]. Journal of Macromolecular Science Part B-Physics, 2009,48(2): 391 - 404.

[85] Chen R, Bin Y Z, Nakano Y, et al. Effect of chemical crosslinking on mechanical and electrical properties of ultrahigh-molecular-weight polyethylene-carbon fiber blends prepared by gelation/crystallization from solutions[J]. Colloid and Polymer Science 2010, 288(3): 307 - 316.

[86] Buell S, Van Vliet K J, Rutledge G C. Mechanical Properties of Glassy Polyethylene Nanofibers via Molecular Dynamics Simulations[J]. Macromolecules, 2009,42(13): 4887 - 4895.

[87] Komatsu M, Kawakami T, Kanno J I, et al. Two-Stage Grafting onto Polyethylene Fiber by Radiation-Induced Graft Polymerization and Atom Transfer Radical Polymerization [J]. Journal of Applied Polymer Science,2010,115(6): 3369 - 3375.

[88] Amornsakchai T, Pattarachindanuwong S. Surface Grafting of Polyethylene Fiber for Improved Adhesion to Acrylic Resin[J]. Journal of Reinforced Plastics and Composites,2010,29(1): 149 - 158.

[89] Seko N, Ninh N T Y, Tamada M. Emulsion grafting of glycidyl methacrylate onto polyethylene fiber[J]. Radiation Physics and Chemistry, 2010,79(1): 22 - 26.

[90] 汪家铭. 国内聚苯硫醚纤维产业化生产取得突破[J]. 合成技术及应用, 2008, 23(6): 60 - 60.

[91] 2010 年度国家科技进步奖评审委员会评审通过项目目录(通用项目). 国家科学技术奖励办公室网站[EB/OL]. [2010 - 08 - 02] http://www.nosta.gov.cn/xmfb/psjb2010.htm.

[92] 刘晓艳，于伟东. 高性能纤维 PBO 和 Kermel 的热性能研究[J]. 国际纺织导报, 2009(1): 7 - 9.

[93] Zhang Tao, Jin Junhong, Yang Shenglin, et al. A rigid-rod dihydroxy poly(p-phenylene benzobisoxazole) fiber with improved compressive strength[J]. Polymer, 2009, 78(2): 364 - 366.

[94] Zhang Tao, Hu Dayong, Jin Junhong, et al. XPS study of PBO fiber surface modified by incorporation of hydroxyl polar groups in main chains[J]. Applied Surface Science, 2010,256(7): 2073 - 2075.

[95] Zhang Tao, Hu Dayong, Jin Junhong, et al. Improvement of surface wettability and interfacial adhesion ability of poly(p-phenylene benzobisoxazole) (PBO) fiber by incorporation of 2,5-dihydroxyterephthalic acid (DHTA) [J]. European Polymer Journal, 2009,45(1): 302 - 307.

[96] Zhang Chengshuang, Chen Ping, Liu Dong, et al. Aging behavior of PBO fibers and PBO-fiber-reinforced PPESK composite after oxygen plasma treatment[J]. Surface and Interface Analysis, 2009,41(3):187 - 192.

[97] Purkayastha S, Timble N B, Shah N A. Insight to probable mechanism of hydrolytic degradation of PBO fiber[J]. Chemical Fibers International,2009,59(1): 30 - 32.

[98] 韩晓燕，张正朴. 聚四氟乙烯纤维的改性及其对胆红素的吸附[J]. 高等学校化学学报,2009, 30(3): 618 - 624.

[99] Han Xiao-yan, Zhang Zheng-pu. Preparation of grafted polytetrafluoroethylene fibers and adsorption of bilirubin[J]. Polymer International,2009,58(10): 1126 - 1133.

[100] 马训明，郭玉海，陈建勇，等. 聚四氟乙烯纤维的凝胶纺丝[J]. 纺织学报，2009,30(2)：10－12.

[101] Xiong Chunhua, Yao Caiping. Preparation and application of acrylic acid grafted polytetrafluoroethylene fiber as a weak acid cation exchanger for adsorption of Er(Ⅲ) [J]. Journal of Hazardous Materials,2009,170(2)：1125－1132.

[102] 李明，肖旋，张梅，等. 连续玄武岩纤维及其复合材料研究进展[J]. 高科技纤维与应用，2009，34(5)：33－37.

[103] Tan Hongbin, Ding Yaping, Yang Jianfeng. Mullite fibres preparation by aqueous sol-gel process and activation energy of mullitization[J]. Journal of Alloys and Compounds, 2010,492(1)：396－401.

[104] Chen Xintuo, Gu Lixia. Spinnablity and structure characterization of mullite fibers via sol-gel-ceramic route[J]. Journal of Non-Crystalline Solids, 2009,355(48):2415－2412.

[105] Li C S, Zhang Y J, Zhang J D. Polycrystalline mullite fibers prepared by sol-gel method[J]. Journal of Inorganic Materials,2009,23(4)：848－852.

[106] Mileiko S T, Serebryakov A V, Kiiko V M, et al. Single crystalline mullite fibres obtained by the internal crystallisation method: Microstructure and creep resistance[J]. Journal of the European Ceramic Society, 2009, 29(3)：337－345.

[107] Wei Q, Shao D, Deng B, Xu Q. Functionalization of ceramic fibers by metallic sputter coating[J]. Journal of Coatings Technology Research, 2010,7(1)：99－103.

[108] Xiong Z X, Pan J, Xue H, Mai M F, et al. Heat treatment of piezoelectric Pb(ZrTi)O_3 ceramic fibers prepared with continuous spinning, Proceedings of SPIE-The International Society for Optical Engineering[C]. 2009, 7493, Article number 74934N.

[109] Yang J, Liu X Z. Study on the preparation and properties of PZT ceramic fibers[J]. Piezoelectrics and Acoustooptics, 2009, 31(4)：568－570.

[110] Shyr Tien-Wei, Shie Jing-Wen, Huang Shih-Ju, et al. Phase transformation of 316L stainless steel from wire to fiber[J]. Materials Chemistry and Physics,2010,122 (1)：273－277.

[111] Zhou Wei, Tang Yong, Pan Minqiang, et al. Experimental investigation on uniaxial tensile properties of high-porosity metal fiber sintered sheet[J]. Materials Science and Engineering, 2009, 525(1):133－137.

[112] Jiang Ruifen, Zhu Fang, Luan Tiangang, et al. Carbon nanotube-coated solid-phase microextraction metal fiber based on sol － gel technique[J]. Journal of Chromatography A, 2009,1216(22)：4641－4647.

[113] 李山山，何素文，胡祖明，等. 静电纺丝的研究进展[J]. 合成纤维工业，2009, 32(4)：44－47.

[114] 袁金颖，高永峰，隋晓峰，等. 纤维素及其衍生物的高压静电纺丝[J]. 化学进展，2009,21:1553－1559.

[115] 褚薛慧，施晓雷，顾劲扬，等. 壳聚糖纳米纤维电纺膜体外对肝细胞作用的研究[J]. 中国生物医学工程学报，2010,29(1)：144－149.

[116] 杭怡春. 2009 年全国高分子学术论文报告会[C]. 2009, ES－O－10.

[117] Xu Xincheng, Li Jianxin, Li Hesheng, et al, Non-invasive monitoring of fouling in hollow fiber membrane via UTDR[J]. Journal of Membrane Science,2009,326(1):103－110.

[118] Qiu Yun-Ren, Matsuyama Hideto, Gao Guo-Ying, et al. Effects of diluent molecular weight on the performance of hydrophilic poly(vinyl butyral)/Pluronic F127 blend hollow fiber membrane via thermally induced phase separation[J]. Journal of Membrane Science, 2009, 338(1)：128－134.

[119] Qiu Yun-Ren, Matsuyama Hideto. Preparation and characterization of poly(vinyl butyral) hollow fiber membrane via thermally induced phase separation with diluent polyethylene glycol 200[J].

Desalination,2010, 257(1):117-123.

[120] Zhang Xiaozhen, Lin Bin, Ling Yihan, et al. Highly permeable porous YSZ hollow fiber membrane prepared using ethanol as external coagulant[J]. Journal of Alloys and Compounds, 2010,494 (1):366-371.

[121] Li Nana, Xiao Changfa, Zhang Zhiying. The effect of polyethylene glycol on performance of ultrahigh molecular weight polyethylene membrane[J]. Journal of Applied Polymer Science,2010, 117(2):720-728.

[122] Benjamin F K, Kingsbury K L. A morphological study of ceramic hollow fibre membranes[J]. Journal of Membrane Science,2009, 328(1-2): 134-140.

[123] Teoh M M, Chung T S. Micelle-like macrovoids in mixed matrix PVDF-PTFE hollow fiber membranes[J]. Journal of Membrane Science,2009, 338(1-2): 5-10.

[124] Yan W, Suat H G, Tai S C, Peng N. Polyamide-imide/polyetherimide dual-layer hollow fiber membranes for pervaporation dehydration of C1-C4 alcohols[J]. Journal of Membrane Science, 2009,326(1): 222-233.

[125] Akihito Moriya, Tatsuo Maruyama, Yoshikage Ohmukai, et al. Preparation of poly(lactic acid) hollow fiber membranes via phase separation methods[J]. Journal of Membrane Science, 2009, 342(1-2): 307-312.

[126] Ding Y, Bikson B. Preparation and characterization of semi-crystalline poly(ether ether ketone) hollow fiber membranes[J]. Journal of Membrane Science, 2010,357(1-2):192-198.

[127] 2010～2015年中国芳香族聚酰胺纤维纤维行业投资分析及前景预测报告. 企业商情报告网[EB/OL]. [2010-03-05]. http://www.qybaogao.com/huagongbaogao/hechengcailiao/2010311211959378.html.

[128] 第四届生物产业大学"生物质纤维和生化原料"论坛"化纤行业生物产业发展"专题展览会. 中国化学纤维工业协会[EB/OL]. [2010-05-05]. http://www.ccfa.com.cn/info/showinfo.asp? id=602.

[129] 东方科技论坛研讨"生物质纤维及生化原料". 科学时报[EB/OL]. [2010-07-01]. http://news.sciencenet.cn/sbhtmlnews/2010/7/233844.html.

撰稿人:金 欣 肖长发 胡京平

纺纱工程科学技术发展研究

一、引　言

我国是纺织生产大国，纺纱规模和纱产量多年来一直占世界第 1 位。全国棉纺行业环锭细纱机 2009 年年底已经达到 1.1 亿锭（含紧密纺 443 万锭），毛、麻、绢纺行业的纺纱规模也均已位居世界第一。在新型纺纱领域中，占比重最大的转杯纺已达到 220 万头。纺纱规模的快速发展，使得我国纺纱原料的短缺矛盾更为突出。2009 年，全年进口棉花 100 多万 t，与原料的短缺同时存在的是原料价格的上涨，2009 年年末棉花价格较年初上涨了 34%。其他纺纱行业也存在相同的趋势，如国内亚麻纺约 70 余万锭，国产亚麻原料约 8 万 t，每年需进口亚麻原料约 16 万 t。这些矛盾的加剧，促使纺纱业加快以数量增长为主转变为以质量效益为主的步伐，而要完成这个转变，科技创新是核心驱动力。

二、我国本学科的发展现状

近两年，我国纺纱工程学科继续取得较快发展，纺纱技术的创新有了新的进展。在 2010 年 1 月 11 日举行的国家科学技术奖励大会上，纺织领域的 6 项获奖科技成果中，纺纱工程学科的“高效短流程嵌入式复合纺纱技术及其产业化”项目获得 2009 年度国家科学技术进步一等奖。随着纺纱技术的进步，传统的棉、毛、麻、绢纤维的纺纱工艺正在互相交融，表现在开发的新型原料，都考虑适用于短纤维和长纤维纺纱系统；纺纱新技术的开发，也适用于各种纤维的纯纺和混纺以及短纤维和长纤维纺纱系统。在棉纺、毛纺、麻纺、绢纺行业，都具有本行业特有的工艺、工序和加工设备，所以各纺纱行业科学技术水平的提高，除了依靠纺纱共性科学技术的发展，还有待于这些行业特有工艺技术的创新提高。现主要就基于环锭纺的新型纺纱技术和麻纺、绢纺行业的科技进展进行概括和分析。

（一）基于环锭纺的新型纺纱的创新

1. 低扭矩环锭单纱生产技术

在纺纱技术和设备方面的创新，香港理工大学的陶肖明等发明的低扭矩环锭单纱生产技术，经过多年的发展，已经显示出良好的推广应用前景。

低扭矩环锭单纱技术通过对现有环锭细纱机的改造，加装了假捻器和分束器等纺纱附件装置，实现了在一部机器上、一道工艺内生产低扭矩环锭单纱。环锭细纱机的前罗拉和导纱钩之间加装的假捻器，其功能是产生假捻，影响纺纱三角区的纤维张力分布，从而改变纤维在单纱中的形态和排列分布，使纱中纤维产生的残余扭矩相互平衡，实现单纱低捻、低扭、高强。对低扭矩环锭单纱的表面和内部结构进行分析，与传统的环锭细纱相比，发现具有如下特点：纤维不呈理想螺旋线；单纱内纤维倾斜角小；纤维转移幅度大、纤维转移率高；存在与单纱捻向相反排列的片段；纤维主要分布在单纱内层，单纱结构内紧外松；内层纤维达最大分布密度。低扭矩环锭单纱的这些特点，保证了可以采用环锭纺从未达到的低捻系数 200～240（特克斯制）规模生产 9.5～83tex 的单纱。且单纱具有低捻、高强、低扭等其他环锭纱线不具备的优良产品特性。

低扭矩环锭单纱的发明者，为使新的纺纱设备达到可靠、经济、自动化的大规模生产，还研究建立了优化的生产工艺和相应的测量和品质保障系统。主要的技术有：

1）纺纱系统的设计和优化。①系统研究了纺机锭子转速、假捻器转速以及单纱内扭矩之间的关联机理，提出了用传动比来精确控制单纱扭矩的方法，实现了环锭单纱内扭矩的定量控制；②给出了钢领板升降位置的时序控制理论曲线和协动方案，以钢领板下降时产生的下拉张力补偿纺纱张力；③提出在纺纱过渡环节中，通过传动比动态控制达到纺纱张力和捻度的平衡；④发明了单锭电机集成控制低扭矩环锭单纱纺纱装置和符合大规模自动化生产要求的低扭矩环锭单纱纺纱装置及相关设备。

2）纺纱工艺的研究和优化。①系统地研究和建立了优化低扭矩环锭单纱纺纱工艺，增加传动比（即假捻器转速与细纱机锭子转速之比）作为低扭矩环锭单纱的一个主要工艺参数；②研究确认了低扭矩环锭单纱在正常后续纺织服装生产中的可行性；③经过对纤维原料，纱线参数及性能，纺纱成本和操作的研究，采用部分因子分析法和响应面实验法，建立了纺纱工艺和低扭矩环锭纱性能间关系的数学模型，并获得了符合产品要求的优化纺纱工艺。

3）质量保障系统。发明了新型纱线扭结测试方法和设备，建立了工业生产的质量保障体系，并已被生产厂家采用。

低扭矩环锭单纱生产应用情况。2009 年已建成 3 万锭低扭矩环锭单纱生产线，实现了工业化规模生产、产品开发和市场推广。该技术适用于各种纤维的纯纺和混纺以及短纤维和长纤维纺纱系统。应用于多个纺纱系统，如环锭纺、紧密纺、赛络纺、梭罗纺和赛络菲尔纺等。开发了低扭矩环锭单纱、竹节纱、弹力包芯纱、高支空心纱等纱线品种和服装产品。单纱质量指标达到优等以上品质，针织物的歪斜度显著降低，棉纺产品具有独特的羊绒手感并可机洗。

另外，低扭矩环锭单纱生产技术具有显著的省电节能优势，可节省纺纱用电约 25％～40％。该技术采用超低捻度纺纱，纺纱效率大幅度提高，生产成本得到有效降低。

2. 高效短流程嵌入式复合纺纱技术

高效短流程嵌入式复合纺纱技术是由山东如意科技集团有限公司、武汉科技学院（现武汉纺织大学）、西安工程大学和山东济宁如意毛纺织股份有限公司共同发明完成的，项目获得 2009 年度国家科技进步一等奖。高效短流程嵌入式复合纺纱技术也是通过对现有环锭细纱机的改造后实现的，该纺纱方法是将喂入的 2 根长丝和 2 根短纤维须条通过系统定位技术合理配置在前钳口的位置，定位的关键是 2 根长丝对称地处于系统的外侧，2 束短纤维须条对称地从内侧喂入。纺纱过程中，2 束短纤维须条先行与对应的长丝加捻成单纱后，在向导纱钩运动过程中很快相遇并再被加捻，形成复合的股线体系。这样，2 根长丝和 2 根短纤维须条形成 3 个加捻三角区，这个变化大大缩短了浮游纤维的握持距离，从而大大降低了成纱对短纤维的根数、长度和捻度的要求，突破了原环锭纺纱的原理及成纱的必要条件。

嵌入式复合纺纱技术的功能和优点有以下几方面：

1)改善成纱质量和纤维利用率。嵌入式复合纺纱能够使纱线毛羽明显降低，成纱条干好，纱线强力得到增强。该成纱路径的设计，不仅实现了长丝对于短纤维须条的有效增强，还减少了落纤、飞纤维等带来的损失，提高了纤维利用率。

2)实现传统纺纱中不可纺纤维的复合纺。在环锭细纱机上，不可纺纤维主要是指纤维长度过短的纤维，一般仅十几毫米。纤维长度在嵌入式复合纺纱系统与传统环锭纺纱系统中所起到的作用，有本质不同。理论上短纤维的长度只要在 5 mm 以上就可实现嵌入式复合纺纱。

3)实现超高支纱的开发。应用嵌入式复合纺纱技术，毛纺上纺纱可以达到 500 公支。

4)实现了用低等级纤维原料纺高支纱。对于在传统纺纱系统中只能用于纺制低品质较粗纱线的纤维原料，可在嵌入式复合纺纱系统中纺制支数更高、品质更好的纱线。

5)实现具有多花色品种纱线的纺制。嵌入式复合纺纱系统中，有 4 组纺纱组分，通过变化各组分的花色、原料品种、各组分喂入参数等因素，可进行多花色品种纱线的开发和纺制。

嵌入式复合纺纱技术正在推进产业化进程中。目前，在如意集团等形成了规模化的生产能力。但纺纱生产中存在的一些问题，如生产操作难度大、设备利用率低、纺超高支纱时可溶性维纶的回收或利用等，还需要不断完善。

3. 细纱牵伸装置的改进

为了加强牵伸中对纤维运动的控制，提高牵伸能力，近年来，细纱牵伸中出现了附加上销和附加压力棒装置，为提高纱的质量提供了基础。

压力棒弹性上销是在原细纱上销的基础上，后区附加 1 根(V 型牵伸时)或 2 根(常规直线牵伸时)压力棒，在后区形成压力棒曲线牵伸。也有在前牵伸区附加 1 根压力棒的。压力棒使得后牵伸区中完全非控制的浮游区进一步减小，加强了对纤维运动的控制，使后区牵伸的附加牵伸不匀更加减小，后牵伸倍数有条件进一步加大。采用后区压力棒牵伸后，成纱的条干等有显著改善。

隔距块压力棒是在现有的细纱隔距块上加 1 根钢棍，以加强对浮游区中的纤维运动的控制。同样，由于压力棒对浮游区中的纤维有较强的控制能力，有利于改善成纱条条干水平。

(二)麻纺行业的技术进步

麻纤维是韧皮纤维和叶纤维的总称，包括苎麻、亚麻、大麻、黄麻、剑麻等。苎麻是我国的特产，我国的苎麻纤维约占全球产量的 95%。我国的麻纺由于规模小，因此设备和技术方面的发展相对落后，但近年来还是取得了不少进展。麻纺行业的纺纱技术发展主要体现在以下几个方面。

1. 苎麻生物脱胶的产业化应用

苎麻脱胶是苎麻纺纱的前处理工序，苎麻韧皮包含了多种化学成分，其中约 70%是纤维素,其余为非纤维素成分,统称为胶质。胶质中的相当一部分是半纤维素和果胶,这些胶质大多包围在纤维外表,半纤维素伴生在纤维素周围,呈网格结构,果胶将半纤维素等杂质与纤维素相互胶结在一起,形成纤维束,因此,苎麻在纺纱前须先除去胶质,使纤维呈单纤维分离状态,脱胶质量的好坏对苎麻纤维的可纺性能及成纱质量影响重大。苎麻生产工业化以后,一直沿用的是化学脱胶。化学脱胶方法是根据原麻中纤维和胶质成分化学性质的差异,以化学处理为主去除胶质,它可以去除韧皮中的绝大部分胶质,达到脱胶的要求,这是目前麻纺工业的主要脱胶工艺。苎麻化学脱胶使用浸酸、碱煮、氯漂、酸洗、水洗工艺,化工料和水的耗用量大,同时化学脱胶产生大量的有机废水,综合废水CODcr 含量高达 4000～6000 mg/L,由于使用硫酸加温浸泡和烧碱高温高压煮练,再加上次氯酸钠漂白和酸洗,致使部分纤维分子链断裂,结晶度增高,精干麻制成率低,纤维可纺性能差,生产成本高,环境污染严重,对生态环境是一个很大的威胁。

苎麻实行生物脱胶,是苎麻行业几代人一直为之奋斗的目标。经过 30 年的研究和发展,苎麻的生物脱胶(包括细菌脱胶和酶脱胶)已分别在湖南沅江和江西恩达企业得到生产性的应用。与传统的化学脱胶相比,采用生物脱胶后(目前,还需要对生物脱胶后的麻进行少量的化学处理,如细菌灭活、纤维漂白或精练),实现了全新的苎麻清洁生产工艺流程,降低物耗能耗及污染物排放,用水量和用气量大大减少,排放的污水中 COD 和 BOD 含量大大降低。生物脱胶精干麻的强度、卷曲率和柔软度等关键参数较化学脱胶的精干麻有显著改善,为提高纤维的可纺性提供了基础。

2. 苎麻牵切技术的应用

牵切是利用多对罗拉将苎麻等纤维中长度很长的纤维拉断到纺纱所需要的合适长度。这原来是由开松工序和梳麻工序来完成的,但在开松和梳麻中,由于针齿对纤维的强烈作用,造成纤维的损伤,产生大量短纤维和麻粒等,并使纤维相互纠缠,严重影响了后道加工的顺利进行和成纱质量。采用牵切技术后,可以使牵切后的纤维长度较准确地得到控制,尤其使纤维长度整齐度和短纤维率大大改善,不仅显著改善了成纱质量,还可有效缩短纺纱加工流程。

常规苎麻纺纱工艺流程:

精干麻→软麻工序→开松工序→梳麻工序→预并工序(2 道)→精梳工序→针梳工序→复精梳工序→针梳工序(3～4 道)→粗纱工序→细纱工序。

苎麻牵切的纺纱工艺流程:

精干麻→软麻工序→牵切工序→预并工序(1～2 道)→精梳工序→针梳工序(3～4 道)→粗纱工序→细纱工序。

经过近 10 年的研究,牵切技术已得到苎麻行业的共识,不少企业正在研究牵切技术在苎麻纺纱中的应用,东华大学的牵切技术在湖南沅江明星麻业公司的生产性试验已取得较大成功,正在逐步扩大推广中。

牵切精梳条与常规精梳条的相比,强度基本相同,而硬条率略高,但牵切精梳条在麻粒、超长纤维率、短纤维率和纤维的长度不匀率等指标方面有显著提高,这无疑为高支、优质纱的加工提供了坚实的基础。

3. 精细化亚麻纤维及其纺纱

亚麻纤维由于长度长、细度粗和残胶高而通常采用湿法纺纱，其加工流程冗长，生产效率低，且成纱粗、硬而难以针织应用。东华大学等单位合作开发了对亚麻纤维进行精细化预处理的工艺，得到了细度在 2000 公支以上，长度在 30 mm 以上的精细化亚麻纤维，可以利用苎麻和棉纺设备进行干法纺纱。干法纺纱不仅提高了纺纱的效率、改善了纺纱的劳动环境，还使成纱细度提高，柔软度增加，大大拓宽了亚麻产品的应用领域。

亚麻湿纺技术和生产水平继续提高，浙江金鹰新开发的 FX103 型栉成联合机，将栉梳和成条两道工序合而为一。栉成联合机的使用，缩短了加工工序，降低了劳动强度，提高了亚麻纤维梳理质量，减少了用工(按 10000 锭规模配套 3 台栉成联合机计算，可省去成条机 6 台，减少用工 27 人)。亚麻粗纱煮漂工艺技术的提高和细纱机牵伸装置等的不断完善，改善了亚麻纱的品质，湿纺亚麻高支纱已由 36 Nm 提高到 60 Nm 以上。

4. 黄麻纺纱及其产品开发

黄麻纺纱曾经在我国麻纺行业中规模最大，黄麻纺织厂也曾经是麻纺行业中效益最好的产业。20 世纪 80 年代初，全国黄麻种植面积达 1000 万亩，产量达 125 万 t。但传统的黄麻制品主要是用于包装用途的麻袋、麻布等，当我国大量使用化纤编织袋作为黄麻包装材料的代用品后，黄麻产品的需求严重萎缩，到 1996 年，全国黄麻种植锐减到 150 万亩，产量 20.7 万 t。黄麻纺织业规模急剧下降。

随着人们对天然、环保的重视，以及在黄麻纤维原料处理到纺纱工艺、设备进行全面创新的背景下，黄麻纺在开拓黄麻制品的新用途的过程中得到了优化升级。一方面，对黄麻进行精细化处理，通过变性、柔软等技术使之在性能上有所改进，提高其可纺性，从而能与其他纤维混纺，以生产附加值更高的服装、家纺面料等。另一方面，提升了黄麻纺纱工艺和装备水平。浙江金鹰开发了黄麻延展机—黄麻梳麻机—黄麻并条机—黄麻纺纱机—黄麻织机成套黄麻纺织新装备。这套黄麻纺纱新设备，用延展机替代了原工艺中的软麻机，对黄麻纤维的开松、梳理更加有效和合理；黄麻梳麻机采用了钢制锡林筒体等，提高了出条速度和生产效率；并条机采用宽大牵伸装置和双排、错位式针板等，加强了对纤维的控制，提高了产量；黄麻纺纱机则采用了皮圈牵伸装置，采用 PLC 和变频控制技术优化结构，提高机电一体化程度和安全运行可靠性，采用吸风断头装置和机械断头装置的组合形式，使纱线断头时能准确制动并去掉断头产生的废花。采用具有国际专利的贝克斯特锭翼，使整机速度大为提高，产量可提高 30%。黄麻纺纱新装备生产的黄麻纱支数可由传统的 3 Nm 左右提高到 10 Nm 左右。其产品已进入了家用装饰、汽车用装饰及服装用等领域。

浙江金鹰开发的成套黄麻纺织新装备已出口到印度、孟加拉、巴基斯坦、越南、缅甸、巴西、南非等国家，在世界最大黄麻生产国印度的市场新增同类设备中占有率为 65%左右，在巴基斯坦的占有率达 80%以上。

5. 大麻纺纱

我国传统的麻纺行业，仅有成熟的苎麻、亚麻、黄麻纺纱系统。大麻只用于加工绳索及农村手工业制品。国内大麻纺织的研究起步于 20 世纪 80 年代，主要借鉴苎麻和亚麻纺纱工艺和设备的基础上，织出纯大麻夏布、帆布、牛仔布、麻丝绸等几十种大麻面料，开创了现代大麻纺织的先河。

近年来，由于人们认识到大麻纺织产品不仅具有其他麻纺织品所具备的挺括、滑爽、吸湿透气性好、坚牢耐用、风格粗犷自然等特点，同时由于大麻纤维具有抑菌、抗辐射、防紫外线、吸音等优异性能，促进了对大麻纺纱的研究和应用，使大麻纺纱技术水平有了很大的进步，基本上处于亚麻纺纱的同等水平。

目前，大麻纺纱在棉纺、毛纺、苎麻纺、亚麻纺等纺纱系统的纺纱工艺都已取得突破。大麻纤维精细化处理技术，基本上可以将纤维加工成单纤维状态，可纺性能显著改善，并可在棉纺设备上生产，不仅纺纱流程缩短，还使纱线柔软度提高，纯大麻纱的细度可达到50公支以上。通过对大麻梳理和粗纱煮漂工艺的研究和改进，提高了大麻纤维的分裂度，针对大麻纤维的特点，在亚麻湿纺细纱机上对牵伸机构和工艺进行优化调整后，也已经能生产出60公支以上的优质纯大麻纱。大麻纤维能顺利地与其他天然纤维和化学纤维混纺，生产的混纺纱品种丰富，风格多样。大麻纺织品已进入了服装用、家用装饰及产业用等领域，大麻纺织品具有较之其他麻制品较低的粗硬感与刺痒感，以及更加典型的绿色环保、保健性能而受到了国内外消费者的欢迎。

（三）绢纺行业的技术进步

1. 绢纺原料精练新技术

精练是绢纺行业的原料前处理工序。精练效果的好坏直接影响到绢丝的产量、质量、成本及企业的经济效益。传统精练中，对于含油率高的原料往往采用腐化练，通过原料的自然发酵去除油脂及丝胶。该方法除油效果好，但是生产周期长，精干绵残胶率低，生产环境臭。对此，目前相当多的绢纺企业采用了高效精练剂，同时调整了精练工艺等。精练时间从腐化练工艺的2～3 d缩短至1～2 h，提高了生产效率，改善了生产环境。该精练工艺对含油率高的原料能够有效除去油脂及丝胶，同时对纤维的损伤少，纤维手感柔软，具有良好的白度和光泽。采用新的精练工艺后，制成率提高，绢丝无臭味，白度及光泽好，提高了绢丝质量。具有较好的经济效益、社会效益及环境效益。

2. 绢纺制绵新工艺及其设备

中国是世界上最早发明养蚕、制作丝绸的国家，丝绸、绢纺产业历史悠久，产量一直位居世界第一，且是我国创汇能力强的传统出口商品。改革开放以来，我国绢纺生产规模发展速度较快，现已接近60万锭，规模占了世界总量的70%左右（国外约22万锭），但长期以来，粗放型加工的模式在国内绢纺产业十分突出。在生产规模、生产能力迅猛发展的同时，生产技术和效率、产品质量和档次没有同时得到提高，造成大量国产昂贵原料消耗，而绢纺加工技术和产品质量与世界先进国家差距越来越大，究其原因，关键在于我国绢纺工艺与技术装备的落后严重制约了生产企业产品质量、档次的提高，不具备以优质高价参与国际市场竞争的条件，尤其是绢纺制绵工艺及设备几十年没有改变。

绢纺是对蚕丝和缫丝的废料和下脚整理切断后进行纺纱的，其纺纱加工流程为：

绢纺原料（蚕丝和缫丝的废料和下脚）→初步加工（精练）→制绵→纺纱→绢丝。

绢丝纺系统工艺流程很长，其中制绵是关键的工序之一。目前，绢纺的制绵主要是圆梳制绵。圆梳制绵较适合绢丝纤维细、长、乱的特点，其制成的精绵绵粒少，但工艺流程长、且主要是手工操作，劳动强度大、生产率低，其工艺流程如图所示。

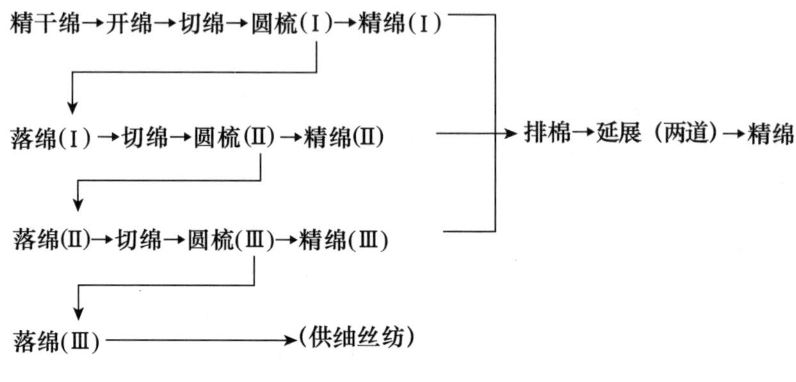

图 1　圆梳制绵工艺流程

从精干绵到精绵一共要经过 12 道工序，且每道工序都是手工或半手工半机械操作，不仅工人的劳动强度大、劳动生产率极低，而且在切绵、圆梳等工序中，还很容易产生安全事故。

因此，以手工操作为主的圆梳制绵工艺是制约绢纺发展的瓶颈，革新制绵工艺，是绢纺行业长期以来的迫切的期望，也是纺织工业协会提出的在“十一五”期间迫切需要解决的行业关键技术。

浙江金鹰经过多年的研究，结合我国桑蚕、柞蚕绢纺原料纤维特性，自主研制一条流程短、劳动生产率高、成纱质量好的绢纺制绵集约化新工艺及其设备。以自动开茧、自动混绵、梳绵、理条、直型精梳 5 道新工序和装备取代原圆梳工艺的 12 道工序。这一具有国际领先地位的技术突破，代表了国内乃至国际绢纺产业新技术发展方向。

用绢纺制绵集约化新工艺及其设备生产的精绵已在浙江金鹰的绢纺厂进行生产，新工艺纺制的 120 Nm/2 绢丝质量与老工艺的相比，绢丝质量有了全面的提高，用绢纺制绵集约化新工艺及其设备与之相配套的纺纱设备（均由浙江金鹰股份有限公司制造），可纺 140 Nm/2～300 Nm/2 优质、精品高支绢丝，各项指标达到国际先进水平，适用于机织、针织等高支轻薄高档丝绸面料。与传统工艺相比，自动化程度明显提高，平均产量提高 40%，制成率提高 2%，并减少用工、减轻劳动强度、改善劳动环境。

三、本学科的发展趋势和方向

纺纱工程的发展趋势主要体现在两方面：一是当前的棉纺纱等技术与设备继续向自动化、连续化、信息化和智能化发展；二是其他纺纱系统逐渐向棉纺纺纱系统靠近，一来可以借鉴棉纺纱的先进设备和技术，二来也是有研究报道，短纤维更容易加工和利于成纱质量。

从近年来的实际生产发展看，长纤维利用棉纺的工艺流程及设备路线进行加工是必然的趋势，毛纺的半精纺就是利用棉纺的梳棉、并条、粗纱和细纱设备上进行纺纱生产的，该工艺路线的流程较短，其生产出的毛纱在许多质量方面却不亚于传统工艺生产出的毛纱。

纺纱工程发展的努力方向是：纺纱生产的发展方式从以数量增长为主转变为以质量效益为主，一是推动节能减排，通过科学技术手段降低能源和原材料消耗，提高管理水平和劳动生产率，如采用新型高效工艺技术及设备，新型节能、自动化和连续化设备，利用信息化技术管理现代企业等；二是立足创新发展，坚持以科技为先导，推动先进装备、工艺的使用，研制多种纤维混纺，开发高质量、高附加值产品；三是大力淘汰落后装备，实现产业升级，尤其是麻纺和绢纺行业，由于其规模小，纺纱加工复杂，其装备水平大大落后于棉纺和毛纺行业，急需国家在政策方面进行扶持以及其他纺纱行业和纺织机械生产企业的协同支持，使我国的这两个特色纺纱行业得到更好更快的发展。

参考文献

[1] 梅自强.我国原创的两种纺纱新技术[J].棉纺织技术，2010(9).

[2] 梅自强.两岸携手　共度时艰　振兴纺织工业[C]//中国纺织工程学会新型纺纱专业委员会.海峡两岸新型纺纱技术和纤维高峰论坛论文集.2009.

[3] 陶肖明.低扭矩环锭单纱生产技术[R].2009中国棉纺织总工程师论坛年会.

[4] 熊伟，赵阳.高效短流程嵌入式纺纱的综合分析[J].纺织器材，2009(3)：52-56.

[5] 徐惠君.转杯纺纱技术进步的探讨[C]//第十五届全国新型纺纱学术会论文集.中国纺织工程学会新型纺纱专业委员会.2010：杭州.

[6] 郁崇文.麻纤维纺纱加工的新思考[J].中国麻业，2009，增刊.

[7] 中国麻纺行业协会.全国麻纺织行业技术创新会议交流材料[R].中国麻纺行业协会，2010.

[8] 徐亚军，等.改善苎麻牵切质量的工艺研究及其成纱质量分析[J].中国麻业，2009(5).

撰稿人：裴泽光　张元明　郁崇文

机织工艺与产品设计发展研究

一、引　言

机织工业是纺织工业的重要组成部分，服用、家用和产业用机织物在满足人民日常生活和国防及其他工业部门的需要方面起到重要作用，并为我国出口创汇、促进经济发展创造条件。

经过近十年来的努力，我国机织行业无梭织机拥有比例有了较快的提高，约有 70% 的织物由无梭织机生产，可见无梭机织产品占主导的地位已经确立，这大大提高了国产机织产品的质量。

目前，我国机织业中的高档无梭织机大多是从国外进口。这些无梭织机主要来自意大利、比利时、德国、日本、瑞士等国家。近几年来，我国年均进口各类无梭织机约 2 万～3 万台。但由于国产无梭织机技术水平的稳步提高，使国产织机不仅在国内得到广泛应用，进口织机总量呈逐年递减趋势，同时也逐渐向发展中国家出口。

二、机织工艺的发展

(一)准备工程

1. 络筒

络筒技术在络筒速度提高、卷绕成形和张力控制及自动化程度等方面有了很大的发展。由于织物所用纱线类型的复合化，国外先进络筒机如精密络筒机实现了不同类型纱线的兼用，如短纤纱、长丝、变形长丝、花色羊毛、人造丝、纯真丝、纯弹力纱等多种类纱线能在同一络筒机上络筒。随着电子技术在纺织机械上的广泛应用，络筒机机、电一体化程度越来越高，机械结构逐渐简化。另外，随着变频技术的广泛应用，由单面电机集体传动发展为每锭单电机变频传动。速度变化由机械有级到无级，发展为变频无级调速。速度的大小可以实现集体设置、控制，也可单锭单独设置和控制，快捷方便、适应性广。目前国内外自动络筒机最高的卷绕速度一般均达到 2200 m/min。

萨维奥(Savio，山东)企业针对中国市场推出了 ORION 自动络筒机，其整个络筒过程的参数完全由主计算机控制，且每个络纱头都有自诊断监控，卷绕速度可调。

萨维奥企业的另一自动络筒机 POLAR/I DLS 采用了细络联装置，从细纱机到络筒机的闭环式供管纱系统。细锭上的纱线路径通过矫正后减少了纱线发生偏转的现象，目前每个细锭上另外有 2 个筒子等待络纱。为了保证能耗最小，还配置了一个高效的、由变频器控制的抽吸装置。

最新研发的自动络筒机 Autoconer 5，为模块完全开放式设计，配备总线通讯系统和新型电子设备，且运用单锭驱动技术。即插即用功能使得各个新组件的运用变得更加简便。Autoconer 5 的特点主要是快捷、优质、经济、智能、可靠。从管纱到筒子的自动络筒过程中，新型 PreciFX 纱线横动装置取消了槽筒，实现了软件的智能控制。PreciFX 的筒子能满足多种场合的络筒技术需求；PreciFX 装置的灵活度高，可以不必更换硬件，即可在平行筒子和最大锥度为 5°57′的锥形筒子之间自由选择；同时 PreciFX 能完全消除卷绕重叠现象，在筒子纱出现重叠之前，导纱杆能作出灵敏反应，及时调整导纱速度。

青岛宏大企业在引进技术实现国产化的基础上，自主设计控制系统和吸风变频控制系统，研制出质量更高、节能降耗的 ESPERO-NUOVO 机型。其自主开发的 JWG1001 (SMARO 型)自动络筒机，集机、电、气、仪、测、控于一体，采用全新设计的络筒工艺过程及纱路，最高卷绕速度达 2200 m/min。该机的技术水平达到了当前的国际先进水平，并已实现大批量生产。最近，JWG1003 细络联型自动络筒机又研制出，除具有 JWG1001 机的特性外，实现了管纱的输送、配送、再循环输送，可和细纱机组成细络联。

上海二纺机的 EJP438 型自动络筒机集机、电、气、仪、测、控于一体，采用了多项节能增效的措施，现已实现批量生产，在棉纺、羊绒、粘胶、绢及混纺等生产领域得到广泛使用。

浙江泰坦企业的 TZL-2008 自动络筒机采用直流无刷电机单锭直接驱动槽筒技术以满足槽筒需频繁启动和变速的工艺要求；研发了实时监控防叠技术，减少了络筒时毛羽的产生；开发了自动化循环打结技术，达到节能效果，减少了回丝浪费；采用 CAN 现场总线技术，满足了在线监测和工艺过程控制大数据量通讯的要求。产品具有络筒防叠效果好、生产效率高、运行可靠等特点，卷绕速度为 400～2200 m/min，无级调速。

江苏凯宫企业自主研发的 KGFA688 型自动络筒机通过鉴定。KGFA688 型自动络筒机技术性能和各项技术指标都达到或接近当今世界自动络筒机技术先进水平，其特点和先进性显著。该机的槽筒采用直流无刷电机驱动，卷绕速度达 2200 m/min，速度精度达到 0.5%，从而使定常精度提高；在张力控制上，采用优化的纱路加张力闭环控制系统，使卷绕张力保持稳定，筒子成形良好；接头循环采用逻辑加时序控制，接头循环主要动作——筒纱吸嘴、管纱吸嘴、换管及接头装置传动采用单电机分别驱动，便于逻辑控制，使动作控制灵活性提高，接头循环时间缩短，动作完成质量由传感器探测，使动作重复度减到最少，提高了可靠性；筒纱吸头采用定常吸头，使回丝大幅减少；筒子防叠通过电气控制电机按特定曲线变速实现，防叠效果好。接头采用自主开发的新型空气捻接器，可适用于棉、毛、化纤、纯混纺的单纱及股线以及包芯纱的接头，接头质量良好。

络筒工序不仅为倍捻、高速整经、筒子染色等工序提供退解筒子，而且是高速无梭织机的供纬筒子。高速、大卷装、高效率、高质量以及微机信息监测和控制是络筒技术发展的趋势。

2. 整经

由于整经质量的好坏对下一道工序特别是织造的生产效率和产品的质量影响很大，所以纺织厂对其工艺的研究和设备的改进倾注了较多的精力，致使其工艺技术有了长足的进步，设备也有较大的改进，主要的技术进步表现在以下几个方面。

(1) 线速的提高

现在的整经机大都采用电机直接传动，变频调速，实现恒线速恒张力卷绕，使整经成轴线速的波动极小，而调速范围扩大，加之原料和半成品质量的提高，因而整经机的线速有了明显上升。整经线速可以达到1000 m/min，而调速范围可在20～1000 m/min之间，从而为正确控制整经张力提供了良好的条件。

（2）自动控制技术的广泛应用

随着电子技术在整经机上的广泛应用，使整经的自动控制技术达到了人工无法达到的满意程度。如自动检测、自动修正运行参数，达到运行管理的智能化，且能自动完成生产参数的计算，并在屏幕上清晰显示、准确记录，做到正确分析，及时修正，使整经生产的主要工艺参数如张力，伸长、线速等获得满意的控制。如Benninger公司BEN-DIRECT分批整经机人机界面通过触摸式操作，并配备西门子SIMATICST自动化系统。各个单元和PLC的通讯通过现场总线连接，设有张力电子监控系统。

江阴四纺机的GAl63H智能型分条整经机采用西门子现场总线控制技术和德国伦茨公司智能伺服系统，分别控制整经位移、等距离退绕、制动、纱线张力、恒线速卷绕，具有很高的控制精度和技术水准。

由于自动控制技术的应用，整经运行参数的先进性大为提高，如长度测定和控制精度可达0.1%以内，断头自停装置当断纱（丝）时纱线滑移在短距离内可快速制动，如Benninger的分条整经机当整经速度为600 m/min时其断纱滑移距离为0.6 m，有利于防止长、短轴和减少断纱。

（3）自动防缠绕技术

当停机时，由于张力的解除，纱线呈现松弛状态，在梳齿和卷绕辊之间很容易缠绕在一起，特别是加捻丝线扭矩的作用，缠绕更容易发生。当丝线产生缠绕时，非常容易造成各丝线之间的张力不匀，从而产生宽急经、经柳等病疵，严重时不能继续生产，容易引起梳齿断裂。Benninger分批整经机的自动防缠绕装置可以使纱在开机后立即恢复正常的排列状态，防止纱线之间缠绕。而V型架上的预张力器，保证机器启动时纱线不会缠绕。

（4）精确控制位移量

分条整经机随着大圆滚筒的旋转、纱线的卷绕，纱（丝）条将产生一定的位移，而当下一条纱（丝）搭上大圆滚筒时必须与前一条纱（丝）之间有恰当的距离（一般为0.5～1 mm）。精确测定和控制纱（丝）条的位移量是保证经轴平整、边丝张力均匀的重要条件。江阴四纺机的GA163H智能型分条整经机有一个“自动位移检测系统”，它采用激光测量技术，结合专用控制器和软件，可以精确测量出精度达0.0025 mm的位移量，使丝条的定位精确。

除了上述技术进步外，整经机上普遍采用上油、上蜡装置，装有经轴气动加压装置，配有自动分绞装置。

江阴四纺机的GA192自动试样整经为丝织、色织、毛麻等行业提供了与大生产工艺参数相符且快速、用纱少的试样机，也是当今整经技术的一大进步。

江阴华力企业开发出HFGT800电磁式筒子架，采用新颖独特的电磁式张力控制系统，纱线张力既可集中设定，也可单独调节，操作方便，还采用电子式断头自停装置，及时有效地检测纱线断头，并通过LED灯，清楚地显示断头所在位置。江阴四纺机在分批整经机和分条整经机都有新的专利发明。

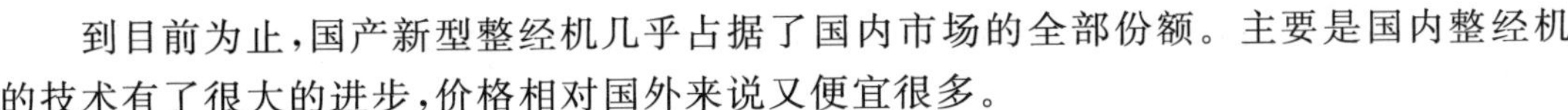

到目前为止，国产新型整经机几乎占据了国内市场的全部份额。主要是国内整经机的技术有了很大的进步，价格相对国外来说又便宜很多。

3. 浆纱与浆料

近几年来，浆纱作为经纱的保护性工序更受到关注，其主要原因是浆纱过程的环保性、节能减排的压力逐步加大，在纺织业内，浆料配料中不采用聚乙烯醇 PVA 的声音也越来越高。为此，对发展环境友好型浆料成为大家共同关注的问题。

在常用的淀粉、PVA 和丙烯酸类三大类浆料中，PVA 应用较广泛，是化纤纯纺和混纺织物上浆的主体浆料，特别是在细特高密纯棉织物和涤棉混纺纱织物上应用更广，在 65 /35 涤/棉织物上浆的浆料配方中使用 PVA 浆料的比例高达 70%。而 PVA 的剩浆和退浆污染物的排放会带来环境污染，因此使用 PVA 浆料是织造企业对环境产生污染的主要原因。自 20 世纪 70 年代美国首先提出限制经纱上浆使用 PVA 以来，德国等欧盟国家也都先后开始禁止使用 PVA，我国从 90 年代开始提出要少用或不用 PVA。我国 PVA 浆料使用量较大，给环境造成污染，也影响了我国纺织品的出口。浆纱少用或不用 PVA 浆料是纺织行业未来发展的趋势，也是节能减排降耗的一个重要环节。

目前，我国使用的环保浆料主要以变性淀粉、转基因淀粉和聚丙烯酸酯类为主，经过几年的努力，我国环保浆料的开发也取得了一定进展。

江苏省太仓对 CJ7.3 tex、捻度 2100 捻/m 的细号乔其双绉织物进行了无 PVA 上浆实践。采用 PR-Su、CP-L 高性能变性淀粉取代 PVA 上浆，配置高浓低黏的浆液，严格浆纱操作管理，控制浆槽温度、浆槽黏度、保持上浆率稳定，解决了细号强捻织物在浆纱过程中易扭结、移位的问题，提高了浆液的渗透性能，减少了并头、倒断头疵点，提高了好轴率，使织机效率由 65%提高到 85%。

三银纺织针对 C60/ T40 9.7 tex 高密品种进行了不用 PVA 浆料浆纱的探讨，并再一次在细特高密涤棉品种上使用有机环保浆料 SH-08、环保浆料 K3000 取代 PVA，经中试效果良好。

江西博大研究了氧化醋酸酯木薯淀粉的制备方法、特性指标及在上浆中的应用。在纯棉品种和涤棉混纺品种上应用氧化醋酸酯淀粉进行了上浆实践，实践结果表明，应用羧基含量 1.0%、醋酸酯取代度 0.08%的氧化醋酸酯淀粉对纯棉品种和涤棉混纺品种进行上浆，可以部分替代 PVA，并且不增加浆纱成本。

山东省青岛对纯棉、粘胶、涤棉混纺品种上浆进行了少用、不用 PVA 的浆纱实践。通过优化调浆操作方法，对比各品种不同浆料配方情况下的浆纱效果、织造效果及用浆成本，认为以变性淀粉、丙烯酸类浆料为主浆料对纯棉、粘胶、涤棉混纺品种进行上浆，部分或完全取代 PVA，浆纱质量良好，可降低织机断经次数，降低用浆成本。

上海西达通过 DF525 系列浆料与 PVA 性能特点的比较分析，发现应用高性能淀粉衍生物进行细特高密纯棉及一般涤棉品种上浆，可实现无 PVA 上浆。而在对 DF8 系列多功能浆料与 PVA 及其他替代 PVA 的同类产品的性能与应用效果进行比较分析后表明，DF8 系列多功能浆料在高档纯棉及部分涤棉品种上浆中，可完全不用 PVA。

宁波维科精华企业研究了以 CD-DF858 浆料完全取代 PVA 的上浆工艺，通过实践，对比新旧 2 种配方的调浆工艺、浆纱工艺、上浆效果和织造上机情况，证明了 CD-DF858

浆料完全可以取代 PVA 用于紧密纱上浆，不仅可以有效提高织造效率，还可以降低浆料成本。

天津天一企业通过 CD-DF525C 在纯棉中粗支高紧度织物中部分甚至全部取代 PVA 进行浆纱的应用试验，发现用 CD-DF525 取代 PVA 是可行的。

河北正定童朝阳某纺织厂在纯棉细特高密特宽品种经纱上浆过程中，分别使用 DF818 接枝淀粉取代 80%的 PVA，用 DF838 接枝淀粉浆料替代 75%的 PVA，实践证明使用 DF818、838 系列浆料取代 PVA 上浆不仅完全可行，而且织机效率明显提高，用浆成本大幅下降、且符合环保要求。

尽管已经研制出能够部分甚至全部取代 PVA 的纺织浆料，但研究中仍存在一些问题，如目前使用的淀粉衍生物还不能完全取代 PVA，只有高性能变性淀粉能够实现取代 PVA，对高支高密织物上浆仍不能完全取消 PVA 等。对变性淀粉的研究应以开发性能较好的接枝淀粉为主要方向，但接枝淀粉生产工艺复杂、成本较高、市场占有率较低。

在浆纱工艺和浆纱设备方面，国产高档浆纱机与国外同类浆纱机的差距缩小，国产浆纱机变化最大、进步最快的就是浆纱机的核心技术——控制系统。目前采用多单元同步控制浆纱机几乎是浆纱机的共同特点，实现了浆液温度、浆液浓度、浆液液位、压浆率、上浆率、烘燥温度、回潮率以及伸长率在线检测与控制。另一个亮点是预湿上浆工艺，它可以降低生产成本，降低上浆量，同时纱线伸长率也可降低，经过预湿后，可获得柔软的上浆纱，尤其有利于喷气织机织造，该项技术得到越来越推广。保持稳定的浆液浓度是成功进行预湿浆纱的必要条件。

4. 穿结经

穿结经为准备工程中经纱的最后一个工序，目前国内结经已基本采用自动结经机且绝大多数采用国产结经机，但穿经主要还依靠手工完成。随着国内劳动力成本的提高，已有越来越多的企业开始关注自动穿经技术。

瑞士公司开发的 DELTA100/110 穿经机可以自动将每根经纱穿入综丝、停经片(仅 DELTA110)和钢筘。穿入经纱的综丝可排列到最多 20 片综框上或 16 根综条上，停经片可排列到最多 8 根停经片轨道上。与手工穿经比，使用 DELTA100/110 可提高生产率 4～8 倍，适用于所有有用幅宽直至到 400 cm 的经轴以及双经轴，适用于细度从 250 tex 到 3 tex 的纱线原料及不同密度的钢筘、不同外形、双筘、不规则的筘距。

瑞士公司还推出了适用于长丝织造的可移动自动穿经机 SAFIR S30，穿经时可将穿经机移动至需要穿经的位置，改变了原来需要将织轴搬运至穿经机进行穿经的状况。但该机适用于最多十片综框、无需停经片的场合。

(二)织造工程

1. 开口技术

(1)多臂开口

20 世纪 90 年代以来，多臂开口装置采用旋转式运动原理，其结构包括驱动轴、驱动盘、偏心盘及通过连杆与提综臂组成的四连杆机构组成，其速度已接近 1000 r/min，选综

采用电子编程，十分方便，循环数取决于其电控的存贮量，所以循环数很大。

瑞士公司于2003年推出了单独伺服电机直接分别驱动各页综框的多臂装置，日本丰田和津田驹喷气织机上已配置了该多臂装置，俗称电子开口。该电子多臂机，如高端的2800系列电子旋转多臂以及近期公开展示的用于高速喷气织机上的S1351型凸轮开口机构，代表了先进的开口系统，可用于各种无梭织机。

国内以江苏常熟长方集团为代表生产的国产系列多臂装置产品，其多臂装置与国外20世纪80年代中、后期的同类产品性能相仿，目前，制造和应用技术都已成熟。国内市场覆盖面大。高端电子多臂在研制中，小批量试用。

(2) 提花开口技术

自英国公司于1983年首次推出第1台应用积极式电磁阀选针原理的电子提花机以来，瑞士公司、德国公司等均推出了各自的系列电子提花机，代表了当前国际领先水平。目前，向高速化和多纹针化方向发展。随着无梭织机尤其是喷气织机向高速化方向发展，最高工作速度可达1000 r/min以上。电子提花机的纹针数向超大针数方向发展，瑞士、德国等公司的电子提花机都能达12000针以上，瑞士的LX3202型可达18432针，同时现已实现单台超2万针的水平，UNIVAL-100型可达20480针。同时电子提花机的最大循环纬数可达2000万纬(CX860型-1344针)，最大限度地满足复杂花型的织造要求。德国公司于1999年首家推出了Unished1型无通丝电子提花机，在2008年上海纺机展正式推出了Unished 2型无通丝电子提花机。该机采用了“双稳态元件”的平弹簧，提综和回综均为积极式，取消了通丝，直接用针钩带动综丝，可直接装于织机墙板上方，其所需厂房的高度较传统提花机可以降低30％～50％。同时由于无需通丝、弹簧等一整套装造部件可节省装造投资及产品变换时改换装造费用等，是一种具有创新意义的提花机。

国内现有几十家厂家研制生产各类电子提花机，这些厂家通过自己研发或与国外公司技术合作进行生产，电子提花机选针等工作原理与国外主流设备相近，所生产的电子提花机纹针数以1344、2688等中低纹针机器为多。通过近几年的努力国内也可生产大针数电子提花机，最大纹针数也可达到10000针以上，同时电子提花机的车速最大也可达800 r/min以上，可与国产喷气织机等无梭织机配套。

2. 引纬

随着织物品种的增多，织造工艺对织造机械提出了以下要求：尽可能地减少织造疵点、提高下机一等品率，进一步提高品种适应性、速度和效率，尽可能提高自动化程度等。无梭织机顺应了织造工艺的发展趋势，其中尤以喷气织机和剑杆织机发展最快。

近年来，喷气织机技术快速发展，特别是织机控制系统取得了快速发展，精确控制纬纱飞行过程，提高了织造效率和织物品质，拓展了织物适应范围，简化了调试操作。高速织造一直是现代喷气织机技术追求的目标，国外先进喷气织机普遍采用加宽箱型墙板、重新布置横梁来提高机架刚性，采用打纬平衡机构等措施有效降低振动，提高织机高速运转时的稳定性。在高速织造的前提下，一般都采用纬纱张力自动控制装置，采用更灵敏的探纬器或更合理的探纬方式，采用纬纱张力夹等方式提高织造速度和降低张力峰值。喷气织机最显著、最持续、最有效的进步在于控制系统的技术进步，它是目前高端喷气织机技术水平的象征。现代喷气织机控制系统都与织造工艺紧密结合，有些还集成了许多织物的织造参数，能够根据输入的一些简单织物参数自动给出引纬参数、纬纱剪断时间、综平时间、后梁位置参数、经纱张力等一系列织造数据，使操作调试变得十分简单。

剑杆织机以其灵活、多变、品种适应性广而深受用户的欢迎，在无梭织机生产中占有相当大的比例，技术发展成熟。新型剑杆织机机构控制上采用了多种先进的新技术，如电子多臂、电子提花、电子送经、电子卷取、电子选色、电子控制选纬、电子剪刀、变速电机直接驱动等，在智能化、自动化、多品种适用化等方面贯彻了模块化和标准化的理念，解决产品批量和个性定制之间的矛盾。

(1) 喷气引纬

1) 国外喷气引纬技术。国外喷气织机的主要生产厂商在日本、比利时、意大利和德国。

在最近进口的国外喷气织机中，以比利时和日本喷气织机居多，其次是意大利喷气织机。喷气织机是我国每年进口的无梭织机中数量最多的机型，每年进口数量约 15000 台。喷气织机的发展向高速化、低耗气量、运行平衡等方向发展。如日本生产的 JAT710 型喷气织机与前机型 JAT610 型相比，空气消耗量下降 20%，最高车速可达 1250 r/min，振动下降 30%。

比利时公司新推出 OMNIplus-X 型喷气织机。OMNIplus-X 的织造幅宽有 190 cm 和 220 cm 2 种，以适应中国中端市场的需求。比利时的 OMNIplus TC 型喷气织机集中了 OMNIplus 型喷气织机、Günne TC 型织机的特点，使该机成为轮胎帘子布专用喷气织机，其筘座宽度最大为 190 cm，生产速度高达 800 r/min。

意大利推出新型 L88 喷气织机。该机通过中继喷嘴阀尽量靠近喷嘴、缩短反应时间和优化喷气时间，达到减少压缩空气用量的目的；同时可根据需要配备附加的串联喷嘴，以保证精细纬纱平稳加速；最高速度为 800 纬/min，最高引纬率为 1800 m/min。

Sulzer Textil L5500 是喷气织机中压缩空气消耗量较低的机型，该机型最适合织造高密度、中厚型棉织物等同时对低压缩空气消耗和优化的开口几何形状有要求的面料。

日本“ZAX9100 系列”喷气织机实行了纬纱低压引纬。由于采用了惯性矩小的偏心摇轴和中空钢口架并降低了动力油浴中的负荷，从而发挥节能的性能。另外，由于对每两个副喷嘴配置了一个气阀，并将空气的途径缩短，从而降低了约 10%的耗气量。

德国的喷气织机通过压力调节伺服控制装置(ServoControl)，使织机运行时引纬张力降至最低，实现压缩空气压力的自动重复调整，在提高织机性能的同时提高了成品布的质量。

2) 国内喷气引纬技术。国产喷气织机的生产迅速发展，国内喷气织机的制造厂商已由几年前的几家发展到目前的 10 多家。总体而言，国产喷气织机筘幅普遍拓宽，车速、入纬率、自动化水平普遍提高，电控箱技术日益成熟、生产厂家也有增多趋势。

由于喷气织机的关键是喷气引纬部分，国外已经历了百余年的研究与发展，对喷气引纬过程中高压空气、主辅喷嘴与结构、供气压力与分布、纬纱特性与喷气引纬运动等方面有过深入的研究，近几年来国内对这方面也开展了较多的研究，其中包括东华大学、浙江理工大学、西安工程大学、天津工业大学等对喷气织机主喷嘴及引纬筘槽内气流场分布，纬纱飞行状态的测试与分析，喷气引纬工艺参数的优化，喷气织机喷嘴的设计与应用等方面进行了一系列的研究，对提高我国喷气织机技术水平创造技术条件。

泰坦公司 TT-800 喷气织机具有设计先进、工艺稳定、高速高效、操作维护简单方便、性价比高等优点，可广泛适用于棉、长丝、毛等为原料的服装面料、装饰用布及工艺用布的织造。

经纬公司的 G1752 型和 G1758 型喷气织机经过近年来的努力，在单台、小批量生产和试用之后，已经批量生产，包括市场急需幅宽 3.6 m 和 3.4m 的机型，还有单幅和中间开幅的几种机型。这些机型在山东菏泽地区的几个纺织厂得到使用。

丝普兰公司的 SPR700 喷气织机，筘幅范围从 190～360 cm；织物品种从白坯到色织，从服饰面料到家纺装饰类织物，从简单的三原组织到复杂的小提花组织；织机配置从单经轴到双经轴，从积极凸轮到积极电子多臂。该机在 360 cm 的阔幅喷气织机上采用一只电磁阀控制 2 只辅助喷嘴，改变了一只电磁阀控制 4～5 只辅助喷嘴的常规设计，开创了先例。此种控制方案，一方面使织机控制系统功能更强大，另一方面可进一步降低织机能耗。

咸阳经纬企业最近开发的 ZA226e-190 型喷气织机设计转速 1000 r/min，入纬率高达 1800 m/min 以上，主要用于织造以短纤维为原料的棉、毛、麻、丝等织物；适用于4.8～233 tex 短纤、16.6～1350 dtex 长丝织物的织造。由于采用了节气设计，降低了整机的能耗，对减少纺织厂的运行成本有很好的作用。采用了微机控制系统和人工智能 I 键盘及 TMCS 记忆卡系统，具有参数设定、控制、监控、自我诊断功能。

同春公司推出了 TC730A-230 型喷气织机和 TC730A-360 型超宽幅喷气织机。TC730A-230 型电子多臂喷气织机是 TC730A 系列喷气织机之一，设计幅宽 230 cm，它的开发是以 TC730A 型织机结构坚固的机身特点为基础，采用四连杆打纬、新型双后梁结构及 32 位微处理器控制，通过配置电子多臂、电子送经、电子卷取等先进工艺技术，最多可安装 24 页综框，并可选配电子和机械式卷取、双色或四色引纬。其双喷或四喷、机械或电子卷取、双后梁结构以及消耗成本低等特点。360 型超宽幅喷气织机除具备其他 TC730A 系列喷气织机的结构特征外，还可配置双经轴和采用六连杆打纬。

(2) 剑杆引纬

在无梭织机中，剑杆织机是织制小批量、中批量、品种翻改频繁的花色织物通用而可靠的织机。近年来，随着引纬机构的改进，引纬速度提高，而加速度的变化却更为缓和；夹持纬纱运动的剑头，其构造可适用于不同原料和结构的纱线。用剑杆织机加工织物的范围从中厚织物发展到轻薄织物，从服装面料发展到装饰和产业用织物，由单层织物发展到毛圈及双层起绒织物，从狭幅发展到 4.6 m 的阔幅，由低速发展到高速。现今剑杆织机的最高入纬率已突破 1500 m/min，纬纱的选色从单色发展到最多达 16 色，在品种适应能力方面是其他类型无梭织机所不及的。

1) 国外剑杆引纬技术。我国自 20 世纪 70 年代中期首次引进阔幅剑杆织机用于织造毛毯以来，至今已拥有 11 个国家和地区 25 家厂商近 70 余种不同型号的剑杆织机近 7.52 万台。近年来，每年尚以 0.5 万～0.8 万台的数量继续引进，广泛应用在服装、装饰面料、家用纺织品、领带、商标及特种工业织物等领域。虽然引进剑杆织机型号众多，但引进数量比较集中的还是意大利、比利时、德国、瑞士等西欧厂商产品。

国外新型的剑杆织机最高演示速度可达 830 r/min(公称筘幅 170 cm),品种适用范围广,特别是在纤维差异大的多色纬和多经轴异经织物上的应用,为了能高速织造低强度的经纱,有多种织机取消了导带钩装置。在机电一体化应用方面,以 CPU 为核心的高性能工业控制器和新型驱动技术的结合,以及各种新型传感器在织机上的应用,使剑杆织机实现了自动化和智能化。机电一体化和信息化提升了剑杆织机的整体水平,由于对织机实现了实时信息控制,为设备的监控提供了更精确的数据信息,织机的控制更方便,织机性能更优越,结构更简单。国外剑杆织机均可选用 SQC 品种快速更换系统,多种机型主传动还采用了变速电机驱动。

比利时自 2003 年推出 GamMax 剑杆织机以来,在 2007 年推出 GTXplus 剑杆织机,织机的通用性得到了加强,适合织造轻薄、中厚、厚重等织物,可生产多种不同类型的织物,由薄质衬衣料子、厘子布、牛仔布、灯芯绒、粗纺或精纺毛料、装饰布及各类工业用布由薄质帐篷布至厚重涂层织物及滤布等。可织造 200～3 公支(英支 120～1.8)连续长丝和卷曲变形纱、由 22～4000 旦(22～450 分特)各种混纺纱和花式纱线。GTXplus 剑杆织机标准配备 Quick Step 选色器,自动寻找断纬装置和慢动向前及向后装置以及电子卷取电子送经装置。标准的微处理监控织机所有主要功能,储存所有生产数据等。

意大利推出的 GS920 型剑杆织机充分应用了最新的、综合性的模块化设计理念,采用"SMART"共用平台,可扩展和演化原机型,派生出 GS920F 型剑杆毛圈织机、GS920T 型工业用布剑杆织机;并可和公司最新推出的 JS900 型喷气织机共用"SMART"平台。GS940 是 GS920 的升级版,主要体现在随着电气控制系统的不断成熟和发展,对原有电气控制系统进行了升级,稳定性、可靠性更加成熟;另一方面是随着品种扩展的需要,对原有的卷取系统,增加了压紧装置,防止后退,以消除开车痕。展机展示升级后的机型可以很容易地织造真丝素绉缎织物。其他技术性能与成熟的 GS920 基本一致。

意大利已直接在中国投资了企业生产剑杆织机,最新机型是 S3。E58 型剑杆织机是原 E5X 型织机的改进型。E6-P 型剑杆织机的技术性能与 E58 型织机相当,在电子绞边装置、电子剪刀装置上有独到的改进;并采用积极式剑头,在交接过程中主动地打开左右剑的夹纱器,能织制各类纱线,包括高难度纱线,在挠性剑杆织机上是首家作标准配置应用的机型。S3 型织机又有新的发展,车速更高。

意大利 ALPHA PGA 型织机具有高效、多品种及易于操作的特点,可应用各种纬纱生产许多品种的产品,在高速下可生产提花织物,引纬率达到 1400 m/min。得益于其 PGA 剑头,舒美特(Somet) Alpha PGA 剑杆织机具有较高的织造灵活性。当同一面料中(如装饰用布)使用不用的纬纱种类和不同纱支的纱线时,Alpha PGA 织机具有较高的适应性。

瑞士生产的 G6500 型剑杆织机采取无导带钩装置,是织造无捻复丝的理想织机。其梭口中无导轨、导钩或其他会影响到经纱的装置,故不会对经纱长丝产生损伤。剑头体积小,且更靠近筘,因此可在开口很小的状态下纬,同时还保证了纱线的张力变在最小范围内,使复丝中的单丝易于断裂。纱线张力小,制成的织物收缩率小。织机车速可达 650 纬/min。

2) 国内剑杆引纬技术。国产织机经过初期的技术引进合作、多年消化吸收与再创新，织机技术水平不断提升，并逐步走向成熟。与进口先进剑杆织机相比，国产高档织机在性价比上具有很高的竞争力，正有逐步替代进口品牌之势。

泰坦企业 TT-828 数码高速剑杆织机采用模块化组合设计和高度自动化数字控制技术，设计机械转速为 700 r/min，最大入纬率为 1300 m/min，筘幅范围为 1900～3600 mm。该织机不但可织造各种服装面料，而且适应织造工业用布。

河北创兴企业 W818 STAUBLI 高速剑杆织机织机筘幅 120～400 cm，车速可达 650 r/min，可应用短纤维自 2～200 Nm，长纤维自 10～3000 dtex 的纱线，适用于织造天然纤维（棉、毛、麻）、化学纤维、混纺纱，8～12 色单纬或双纬织造，纬密范围 1.5～200 纬/cm，双侧驱动共轭凸轮打纬系统电子控制回转式多臂可使用 20 页综片。

上海太平洋企业 PG600 型剑杆织机拥有自主知识产权，具有高速、机电一体化的特点，是一款国产高档剑杆织机。织机展示的最高速度达 650 r/min，入纬率超过 1200 m/min。

广东顺德企业 CLASSIC 型剑杆织机是在原 KT-566 机型上进行主要机构优化改进，把光电检测、数字闭环控制、信息、网剑杆织机络等高新技术与机械结合起来，开发出的一种新型高速剑杆织机，经济转速 450～520 r/min ，入纬率最高可达到 1200 m/min。“超越”型剑杆织机采用变速电机直接驱动，取消了离合器和找纬电机，提花也可配置独立电机同步驱动，车速可达 600 r/min。

还有不少企业在进行国产高档剑杆织机技术的研制探索。如日发新推出的 RFRL30 型剑杆织机，车速 650 r/min；浙江万利新推出的 WL600 型剑杆织机，车速最高达 550 r/min，剑道部分取消了导钩，公称筘幅可达 360 cm。

必性乐（苏州）公司推出的最新 GT-Max 型剑杆织机应用了模块化设计，并沿用了 GamMax 型的多项新技术。如主驱动、电送、电卷均标准配置 Sumo 变速电机，剑杆运行视织物类型可用导钩系统（GC），也可选用无导钩系统（FF）。配电子步进电机的 Quick-Step 模块化选纬器，电子布边系统、控制系统更智能化等，从而保证了该机更高的生产效率和更好的产品质量，在国内属高档剑杆织机，也是继意达（上海）公司的 K88 型织机后，又一款适合中国市场的新机型。

（3）片梭织机

国外片梭织机的制造厂商仍是苏尔寿公司一枝独秀，片梭织机可用于宽幅特殊织物的织造，但片梭织机已不是棉纺织厂的首选设备。

P7300 HP 片梭织机的低能耗、高适应性和出色的市场适应能力，使其成为一项安全的、具有高回报率的投资。该片梭织机最适合织造幅宽可达 655 cm 的工程技术织物和高档牛仔面料。

纵观国外几种无梭织机喷气织机、剑杆织机、片梭织机、喷水织机和多相织机，它们的发展重点是喷气织机和剑杆织机，我国发展无梭织机的重点也是喷气织机和剑杆织机。虽然喷水织机曾经产量很大，但因我国近年来重视环保及水资源问题，喷水织机已不是世界无梭织机的发展方向，在大部分织造领域内将更多地由喷气织机所取代，同时片梭织机的部分织造领域如产业用织物也已开始被剑杆织机取代。

三、产品设计的发展

(一)机织工程中的新纤维原料

随着人们对面料及服装多元化的需求日渐丰富,各种新纤维材料也层出不穷。新纤维材料的发展为机织产品的设计与生产提供了保证,极大地改善和丰富了面料的服用性能和功能性能。主要体现为以下几方面。

1. 多功能性差别化纤维层出不穷

近几年,在机织产品中得到应用的新纤维材料主要是各种功能性差别化纤维、生物可降解化学纤维。如仿真丝冰凉丝、竹碳纤维、抗起毛起球、抗皱防缩、透湿导湿、抗静电导电、抗菌、阻燃、抗紫外纤维、光触媒等。同时现在多数新型纤维不仅具有某种单一的功能性,而是多种功能同时具备。采用这些多功能性差别化新型原料纤维进行混纺、复合,混纺交织后的产品同时具有多种功能,逐渐成为市场新宠,走俏市场,备受关注。

2. 进一步开发应用非棉生物基纤维

随着棉花价格不断上涨,而消费者和社会对低碳环保的要求更强,越来越多的企业重视开发更多的植物、生物材质的面料以更好地适应这一需求。目前国内外已进行开发应用的非棉生物基纤维有大麻纤维、木棉纤维和香蕉纤维等。

3. 纱支进一步趋于细支化

越来越多的面料生产商采用更细的纱支来体现面料的光泽和柔软度,制作更轻薄更细致的产品。纱支的细化主要有两种途径,一是采用超细旦纤维;二是减少纱线中截面平均纤维根数。

奥地利采用轻薄、柔软、优质、生态的超细旦纤维 MicroModal AIR,通过使用高性能的纺纱设备,纺制成功细度为 225 Nm 的高支纱线。利用这种纱线可制成更轻薄、更细致的服用面料以发挥其高支纱的优良特性,从而体现面料的高档与奢华。

由山东一些科研单位和企业研究完成的高效短流程嵌入式复合纺纱技术,通过在传统设备中创造性地添加一种装置,打破了目前纺纱的极限,可纺出 400 英支以上的棉纱和 300 公支以上的毛纱,其毛纱最高可纺到 500 公支,对纱线截面进行分析,发现纤维成纱的根数变小,突破了纤维成纱根数 38 根的限制。为开发更加轻薄的服用面料提供了有力的技术保障。

(二)织物性能与功能性设计及实现

随着人们对功能性纺织品的消费需求不断增加,传统产品已经不能全面满足时尚消费者的多元化需求。面料所能承载的附加值落在日益丰富的“功能性”上。功能性纺织品研究和产业化进程快速发展,具有防水、防油、易去污、抗菌防臭、远红外、抗紫外线、抗静电、防电磁辐射、防火阻燃、高吸湿、抗菌防螨、排湿保温、轻质清凉、吸汗透气等功能的纺织品陆续被推向市场,并受到消费者的关注和青睐。新材料、新工艺、新功能逐渐成为面料发展的主流。

同时，随着自然环保与资源再生等意识不断深入人心，具备环保绿色概念的环境友好性的功能性面料不断改变着时尚领域的设计概念与风格。

目前，功能性面料的研制已显示出如下趋势：①直接采用功能性纤维材料而不是采用功能性整理的手段来研制功能性面料，使面料的功能永久性得到明显改善；②采用多种功能性纤维原料进行混纺、交织、交并等方式，研发兼备一种以上功能性的多功能面料；③采用具有多功能性的纤维研发具有多种功能性的纺织面料。功能性纺织品已跳出传统形态，完全深入到家居、装饰、医疗、环保、农业、建筑、地质、交通、包装、休闲、防护等众多领域。国内外已在功能性、多功能性面料的研发方面取得了较大的进展。

（三）科研新产品

在科研新品种方面，无论是纤维还是纺织面料都更加注重多功能性产品的开发。如东华大学、上海德福伦化纤有限公司完成的“纳米复合功能材料及其纤维制备关键技术”，成都华明玻璃纸股份有限公司、天津工业大学、宜宾丝丽雅集团有限公司等单位完成的“天然壳聚糖抗菌功能粘胶纤维生产关键技术及产业化”，浙江理工大学、浙江新中天控股集团有限公司合作完成的“多功能纺织面料复合加工技术研究及产业化”等项目获得“纺织之光”2010 年度中国纺织工业协会科学技术奖二等奖；湖南华升洞庭麻业有限公司、东华大学完成的“舒适性超薄苎麻面料系列关键技术研发及其产业化”项目，东华大学、江苏紫荆花纺织科技股份有限公司、苏州摩维天然纤维材料有限公司等单位完成的“黄麻纤维精细化与纺织染整关键技术研发及产业化”等项目获得“纺织之光”2009 年度中国纺织工业协会科学技术奖一等奖。上海服装集团进出口有限公司完成的“轻薄型阻燃隔热、防水透气复合面料的研发与应用”、冠宏（中国）有限公司与绍兴中纺院江南分院有限公司完成的“吸湿快干系列产品开发及产业化”、鲁泰纺织股份有限公司完成的“棉尼龙免烫弹力色织面料研究与开发”等项目获得“纺织之光”2009 年度中国纺织工业协会科学技术奖二等奖。嘉兴市越龙提花织造有限公司、浙江理工大学完成的“双面异效应提花织物的数码化设计与织造关键技术研究与应用”项目获得“纺织之光”2009 年度中国纺织工业协会科学技术奖三等奖。湖南华升洞庭麻业有限公司开发的高档超高支苎麻面料加工关键技术、湖南益阳瑞亚高科纺织有限公司新型竹麻纤维混纺产品技术开发及应用荣获 2010 年桑麻纺织科技奖二等奖。

四、纺织品设计 CAD 技术的发展

纺织品设计 CAD 系统除了设计功能外，另一主要应用是织物的计算机模拟，或虚拟打样技术。目前 CAD 系统在纱线仿真和织物模拟功能上都做了大量研究，主要表现在以下几个方面。

（一）纱线仿真研究不断深入

纱线仿真是为织物的最终模拟服务的，织物模拟效果很大程度上取决于纱线真实感

的模拟效果，它涉及纱线的颜色、材质、线密度、短纤或长丝、单纱或股线、捻度与捻向、蓬松度、花式纱线等特征，目前纱线的计算机模拟仿真主要有以下几类：

1. 参数化二维仿真法

先由计算机提取纱线参数，包括纱线的细度、捻度、单纱或股线的股数与颜色、混纺纱的混纺比、纤维种类和毛羽度等，再根据一定的数学关系在计算机上做出矢量图形并进行着色。以二维模型所进行的普通纱线模拟在形状材质模拟方面和后期映射到整体织物的过程中已达到了不错的效果，但由于花式纱线本身的材质较复杂，颜色也并不是单一或者规则变化的，目前仍有一定的难度和复杂度。

2. 参数化三维建模法

参数化三维建模法是在 PHONE 或 GOUND 等光照模型下将纱线的加捻结构、股数、蓬松度等三维信息通过数学模型展示出来。目前有 B 样条造型技术、OpenGL 造型技术、快速还原型(RP)法、基于 Matlab 的三维纱线造型技术等，三维建模法能够较逼真地模拟普通纱线的外观，目前较多 CAD 系统采用此纱线模拟技术作为演示程序。张瑞林 2009 年提出将未加捻的单股纱线假设为椭圆，将此模型进行光照计算，模拟出纱线的三维亮度渐变特征，在优化的织物模型中可以模拟得到较真实的织物效果。很难建立一个通用的纱线几何模型。参数化三维建模法由于算法复杂，对于花式纱线的模拟也具有一定的困难，实际应用并不广泛。

3. 真实纱线提取法

真实纱线提取法是将现有的真实纱线整合到织物 CAD 软件的纱线库中。处理过程首先是用数字照相机或扫描仪将纱线图像输入。再对图像进行颜色归纳或者通过阈值处理去噪，有些也需要通过手工初步标出边界区域的方法来提取纱线。2007 年 Hakan Özdemir 和 Güngör Başer 提出应用数字相机提取纱线的真实形状，通过辛普生(simpson) 法将其进行数学计算，并结合组织进行初步的模拟，得到了不错的效果。诸葛振荣 2007 年提出采用基于泊松方程来提取真实纱线，对花式纱线的边缘进行提取，提取效果较好，纱线边缘具有较好的三维立体真实感。该方法适应性广，对复杂纱线和花式纱线的仿真具有广泛实用性。

(二)织物三维模拟技术日渐成熟

早期的 CAD 系统一般通过配色模纹或给组织点填充颜色等办法进行简单织物的平面模拟；现有的 CAD 系统不仅可以模拟简单的织物，也可以模拟一些复杂的织物，如重经重纬、双层多层、簇绒织物、毛巾织物等外观，但二维模拟技术得到模拟效果图尚无法反映由于纱线的材料、张力不同和纱线空间结构变化。织物的三维模拟需要考虑纱线排列方式、纱线线密度、纱线捻度、纱线捻向，织物表面光泽和浮长线的屈曲效果。颜钢锋等在 2004 年提出通过提取织物的表层信息，针对不同浮长配置不同明暗效应使织物模拟出较强的光照感和真实感。并借助 DirectX、OpenGL 等开发工具，把织物的光照和材质因素引入织物结构模型中，以实现机织物外观的三维模拟。韩冲等 2009 年针对多圈高地毯的外观模拟探讨了在 Direct3D 环境下实现多圈高簇绒地毯的外观三维模拟。张瑞云等

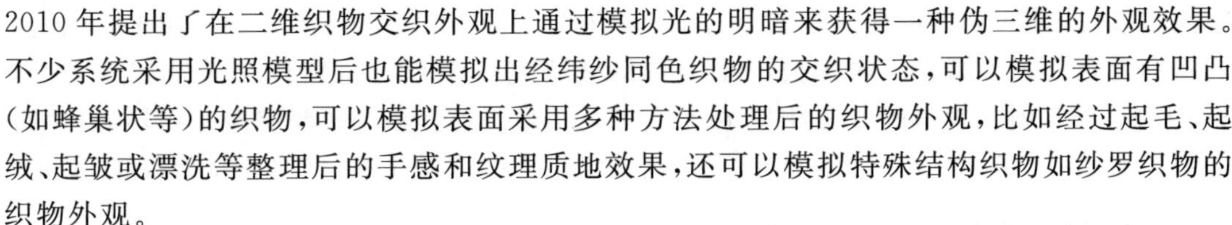

2010年提出了在二维织物交织外观上通过模拟光的明暗来获得一种伪三维的外观效果。不少系统采用光照模型后也能模拟出经纬纱同色织物的交织状态，可以模拟表面有凹凸（如蜂巢状等）的织物，可以模拟表面采用多种方法处理后的织物外观，比如经过起毛、起绒、起皱或漂洗等整理后的手感和纹理质地效果，还可以模拟特殊结构织物如纱罗织物的织物外观。

（三）织物场景仿真系统

场景仿真系统是把织物设计与织物应用结合起来的纺织 CAD 系统，它使设计师和顾客能预见织物在不同场景中真实的应用效果。根据文献报道，目前的织物场景仿真主要有静态三维展示和动态三维展示。静态展示主要是国内外 CAD 系统大多都可以实现的立体贴图功能。织物可以被贴在设计者指定的人体模型或者沙发、墙壁、桌子上，展示纺织面料的最终使用效果。

随着网络的普及和虚拟现实技术的发展，三维服装的动态效果展示是三维展示发展的一个重要方向。通过使用一个可以定义人体各个关节的信息且符合 H-Anim 标准的人体模型，采用了基于划分的服装动态效果展示技术，对服装的不同部分采用不同的模拟技术，在兼顾动态展示效果的同时，大大提高服装动态效果展示的运算速度。此外，一些 CAD 系统还可以模拟织物的悬垂性能，风动效果等。

五、机织工艺及产品设计的展望与对策

（一）机织工艺技术的展望与对策

机织工艺将围绕高效、高质和节能环保的总目标，充分利用自动化电子控制技术和材料科学研究的最新成果来提升机织工艺技术水平，主要表现在如下几方面。

1）国际先进水平的喷气、剑杆等无梭织机运行速度、产品适应能力显著提高，如喷气织机最高运转速度达 2000 r/min。喷气织机品种适用性，像剑杆织机那样，逐渐向通用型机型方向发展，尤其是适应产业用织物的生产。国内应纺织相关领域的研发力量，重点开展在高速、多用途条件下喷气、剑杆引纬工艺技术研究及关键部件设计研发，研制针对高速织造、通用化为目标的机织工艺技术及其数字化系统，通过大量的生产实践，开发完善的高速喷气、剑杆等机织工艺专家系统，克服国内机织工艺技术发展中的限制因素。国内在研发过程中需将适用于产业用纺织品织造生产的工艺技术放到重要位置上。

2）机织准备工艺直接影响织造效率及产品质量。为与高速无梭织造相适应，要求经纬纱线的准备工艺性能实现精确控制，其中包括络、并、捻、整经、浆纱等工艺速度高速化、纱线退绕张力最小化、张力控制均匀化和卷绕结构最优化。国内需重点研究高速、高精确控制条件下的准备工艺技术和自动化控制技术，形成机织准备各主要工序工艺控制专家系统，实现与现代高速织造相配套。

3）国内浆纱工序中 PVA 浆料的使用量较大，给环境造成污染的同时也影响了我国纺织品的出口。为此行业内已提出了不采用 PVA 浆料的要求。经过近几年来的努力，

国内在取代 PVA 浆料的研究与实践方面已取得了一定的成绩，但离完全不用 PVA 浆料的目标尚有较大距离。国内需要集中力量继续研究新型环保浆料以完全取代 PVA 浆料、无 PVA 浆料的浆料配方及相应的上浆工艺技术、制定相应政策或措施，鼓励新型环保浆料的推广与应用、研究免浆准备工艺新技术以消除浆纱工序、实现节能环保的目标。

(二)机织产品设计的展望与对策

1）新型纤维原料应用的多样化。得益于纤维材料技术的进步，在天然、再生和合成新纤维原料方面均有了快速发展，环保型、功能性等纤维品种层出不穷，为机织产品设计提供了更广阔的纤维原料选择范围，面料中纤维原料应用的多样化趋势日益明显。国内应在现有研发的基础上，以世界发展趋势为依据，联合各方面力量进一步加大对新型天然、再生和合成纤维原料及其纱线的研究与开发，为机织产品的设计与生产创造条件。

2）机织面料向高端化方向发展，尤其向功能性方向发展趋势明显。国内对以织物风格、服用性能和功能性等为目标的机织产品设计及试制已进行了大量的探索，已试制成功了一批具有吸湿快干、透气透湿、抗静电、抗皱、抗起毛起球等良好服用性面料及抑菌、阻燃、抗辐射、抗紫外等功能性面料。针对国际面料科技向多功能、服用性与功能性兼备等方向发展，国内应在掌握进一步研究国际机织面料市场和机织工艺技术的发展趋势的基础上，研究形成以性能为主导的机织产品设计新方法，并在全面提升机织产品质量的前提下，研发具有优良外观风格、服用性和功能性的面料新产品，实现引领面料发展方向的目标。

(三)纺织品设计 CAD 技术的展望与对策

纺织品设计 CAD 技术的应用对国内纺织产品的研发、缩短产品生产周期、实现快速交货的目标起到了积极作用。目前国内纺织品设计 CAD 技术在一定程度上已达到了满足国内纺织产品设计的基本要求，与国外相比，在织物的模拟与展示、设计的灵活性等方面仍有一定的差距。国内需要集合纺织和计算机等方面的研究力量，针对机织物结构模型、机织物三维仿真模拟、先进三维建模软件系统应用、网络化交互设计等方面进行研究，满足国内对纺织品设计 CAD 更高的要求。

参考文献

[1] 秦贞俊. 织前准备的技术进步[J]. 纺织器材，2009(6)：68 - 69.

[2] 兆森. Autoconer 5 络筒技术实现五大飞跃[J]. 毛纺科技，2008(10)：32.

[3] 华培学，宁自强，刘新社，等. Espero—M 型络筒机游动吹吸风装置的改造[J]. 棉纺织技术，2009(2)：73.

[4] 高玉申. Espero 型络筒机张力调节装置的革新[J]. 棉纺织技术，2008(3)：37.

[5] 黄柏龄. 国内外整经技术的现状与发展[J]. 纺织导报，2008(6)：81 - 82.

[6] Benninger. 汪玲玲. 新型分条整经机[J]. 国际纺织导报，2008(3)：34 - 36.

[7] D. Gage. 贝宁格. Versomat 新型全自动分条整经机[J]. 国际纺织导报，2008(9)：44，46 - 47.

[8] 宋长亮. 三大类浆料的现状以及绿色环浆料的发展[J]. 河北纺织,2008(4):1-7.

[9] 崔鸿钧. 几种环保浆料的应用效果分析[J]. 上海纺织科技,2009,37(11):46-49.

[10] 郭顺琪. K22000 变性淀粉取代 PVA 的上浆实践[J]. 棉纺织技术,2009(4):246-248.

[11] 童朝阳. DF818 和 DF838 系列浆料取代取代 PVA 上浆的实践[J]. 上海纺织科技,2010(4):18-19.

[12] 刘磊,田伟,王晓林,等. 喷气织机优化引纬工艺参数的研究[J]. 丝绸,2010(5):34-38.

[13] 梁海顺,刘锋,贾正锋,等. 喷气织机的技术水平和发展趋势[J]. 纺织导报,2009(12):24-27.

[14] 陈雪善,卢跃华,祝成炎. 筘槽内引纬气流场分布及其对纬纱飞行的影响[J]. 纺织学报,2009(7):37-41,47.

[15] 陈雪善,祝成炎. 辅助喷嘴间距变化对纬纱飞行状况的影响[J]. 纺织学报,2010(4):128-130,134.

[16] 刘磊,陈雪善,田伟,等. 供气压力对辅助喷嘴气流中心线的影响[J]. 纺织学报,2010(5):127-130.

[17] 祝章琛,黄福荣,周纪勇,等. 喷气织机引纬筘槽内气流状态的测试分析[J]. 纺织学报,2010(6):125-129.

[18] 吴重敏,陈革,薛文良. 基于 FLUENT 的喷气织机主喷嘴内流场的三维数值模拟[J]. 东华大学学报:自然科学版,2010(1):69-72.

[19] 王贯超,蒋娟娜,梁海顺,等. 喷气织机辅助喷嘴的设计与应用[J]. 西安工程大学学报,2009(2):215-219.

[20] 董珉. ZA226e-190 型喷气织机的技术特征[J]. 棉纺织技术, 2008(10):63-65.

[21] TTEMA WEAVING. 符合环保理念的织造工具:新型剑杆织机[J]. 国际纺织导报,2010(5):80-82.

[22] 秦贞俊. 剑杆织机的适应性及发展[J]. 纺织器材,2009(6):70-72.

[23] 李雪纯,译. SMIT. 生产产业用纺织品的织机[J]. 国际纺织导报,2009(1):39.

[24] 郑元湖. 我国剑杆织机的发展现状和趋势[J]. 装备机械,2009(3): 8-11.

[25] 赵关红. 技术创新促进国产剑杆织机稳步发展[J]. 织造技术,2009(12):30-32.

[26] 汪玲玲. 适用于产业用纺织品生产的片梭织机[J]. 国际纺织导报,2009(5):32-34.

[27] 孟杨. 最轻柔的纤维素纤维 MicroModal AIR[J]. 纺织服装周刊,2008(12):29-31.

[28] 徐卫林,夏治刚,丁彩玲,等. 高效短流程嵌入式复合纺纱技术原理解析[J]. 纺织学报,2010(6):8-12.

[29] 张红霞,祝成炎. 蜂窝状微孔结构纤维表面形态观察及其统计分析[J]. 纺织学报,2009(2):13-17,23.

[30] 张红霞. 涤棉比例对吸湿快干织物导湿性的影响[J]. 丝绸,2009(3):47-49.

[31] 张红霞. 织物结构对吸湿快干面料导湿性能的影响[J]. 纺织学报,2008(5):36-38,43.

[32] 洪桂焕,党旭艳. 透湿抑菌抗紫外线竹纤维面料设计新思路[J]. 丝绸,2010(4):52-53.

[33] 赵永霞. 阻燃纺织品的技术进步与发展[J]. 纺织导报, 2009(1):83-88.

[34] 张红霞. 工艺参数对织物抗紫外线性能的影响[J]. 纺织学报,2009(10):59-63.

[35] 张森林,姜位洪. 纺织 CAD 技术的应用及其发展方向[J]. 纺织学报,2004(6):126-128.

[36] 任莺,张瑞云,李汝勤. 国内外纺织 CAD 发展状况及动向[J]. 纺织学报,1999(12):59-61.

[37] 张瑞林,王文正,郭炜杰. 一种改进的织物外观真实感模拟高效算法[J]. 纺织学报,2009(5):126-129.

[38] Hakan Özdemir and Güng ör Başer. Computer Simulation of Woven Structures Based On Actual Yarn Photographs [J]. Computer Simulation of Woven Structures,2007,55: 75-91.

[39] 诸葛振荣,吴佳. 泊松方程在纱线仿真中的应用[J]. 浙江大学学报:工学版,2007(7):1070-1072.

[40] 王志东,颜钢锋. 织物模拟 CAD 系统的开发与实现[J]. 东华大学学报:自然科学版,2004(10):

60 -64.

[41] 韩冲.多圈高簇绒地毯外观的三维仿真[J].纺织学报,2009(9):127－132.

[42] 张瑞云,黄新林,李汝勤.机织物的计算机三维模拟[J].纺织学报,2010(4):62－63.

[43] 许育燕,张森林.纹理映射技术在织物场景仿真系统中的应用[J].机电工程,2008(3):103－106.

[44] ADANUR Sabit, MOGAHZYE Yehia, HADY Faissal. Yarn and fabric design and analysis system in 3D virtual reality FR[J]. National Textile Center Annual Report,2001:100－106.

撰稿人:祝成炎　李艳清　田　伟　李启正　张红霞　高惠芳

针织装备技术与产品开发发展研究

一、引　言

随着新型原料的不断开发与应用，以及电子计算机、信息技术的飞速发展，大大促进了针织工艺技术的不断创新，使针织设备的设计和制造水平日益提高。同时，随着人们对针织产品需求的不断提高以及纺织工业向精细化、深加工趋势的逐渐加强，针织产品应用领域日益扩大，广泛用于服用、装饰用以及产业用领域。针织产品的多样化需求给针织设备带来了巨大的发展空间，促使针织机械不断朝着高速度、高效率、智能化、高精度、多样化、差异化、易操作、易维护、稳定性好、可靠性高的方向发展。

当前世界针织行业发展迅速，针织产品的覆盖面越来越广，针织业占纺织工业的比重不断上升，整体发展处在一个兴旺的新阶段。其总的发展特点是：机械设备普遍采用电子与信息技术，实现机电一体化，提高了生产效率，品种适应性增强；针织设备的辅助装置，如花型设计装置和控制装置普遍采用计算机技术，减轻了劳动强度，节省了准备工作时间，扩大了花型范围；全成型和织可穿的整体针织加工技术与机械，增强了产品的功能性，缩短了工序，降低用工成本；特种机型如多轴向经编机和多梳贾卡提花经编机不断成熟，满足了产业用和装饰用针织品生产的需要；针织产品设计和生产能力提高，逐渐呈现出内衣外穿化、时尚化、舒适化、个性化和功能化的发展趋势。然而，与发达国家相比，我国针织行业依然面临着巩固国内市场、走向国际市场、培育国际名牌、全面提高市场竞争力的艰巨任务，因此，我国还需不断提高研发与设计能力，依靠技术创新和设计创新，进一步加快技术改造和创新步伐，增强企业和产品竞争力，推进行业信息化建设，主动优化针织工业的结构，促进结构调整，实现针织工业的可持续发展。

二、圆纬编技术进展与产品开发

（一）圆纬编装备技术进展

近年来，针织大圆机装备技术进步主要体现在：电脑控制技术在以机械式为主的传统针织大圆机上得到进一步发展；专用化针织机技术得到不断完善和提高；针织大圆机的花色处理功能更大程度地电脑程序化；一机多功能在技术上更容易实现；无缝成型编织技术不断完善并日趋成熟。我国圆纬机制造业发展很快，在电子技术的应用和整机的质量、性能等方面也有了长足的进步，和国际著名品牌机的差距在缩小，有些公司的某些机种已接近欧洲和日本的先进水平，一些创新机种在设计思想、实用性方面有独到之处，但差距依然存在。尤其是大筒径、高机号以及采用国产计算机控制系统的电脑圆纬机在运转的稳定性、易操作性和使用寿命等方面尚需时间检验。因此，各生产厂家不但要引进国际上先进的技术，学习先进的理念，并在选择材料、精细加工、精心装配方面下工夫，以期在较短时间内有更大的发展。

1. 计算机技术进一步普及

计算机技术的深入发展使电子提花技术在大圆机上的应用逐渐得到普及。目前，电子提花技术已经成功应用在单面、双面提花大圆机以及结合移圈、调线、衬经的多功能提花大圆机、提花毛圈机等针织设备上。2010 年，泉州佰源新推出的双面四/六色调线针织机采用了最新研制的、具有国际水平的电脑选色控制系统，呈现出控制选色时间精准、稳定性更高的特点。该机的直销式上盘采用独特设计，有效减少了编织阻力，最高转速达到 22 r/min。

目前许多纬编大圆机操作控制面板的电脑控制程度比以前提高很多，用户可借助电脑进行生产程序的输入，完成编织花型的制备、生产数据的管理和分析等任务。一些大圆机不仅能够反馈设备的即时运行参数和故障分析，还能通过设备控制面板输入某些技术工艺和生产指令。

另外，CAD 技术在圆纬编织物的生产和设计上也有了较大发展，借助 CAD 设计软件可以为圆纬编生产企业提供一套科学合理的工艺方案，有利于企业对订单迅速做出反应，制定所需原料用量、设备台数以及生产时间的最佳方案，适应小批量、多品种、高品质及短货期的生产需求。

2. 高效生产技术

细针距、多路数、高转速、大筒径仍然是纬编大圆机的发展主流。在细针距大圆机上使用超细纤维可编织出细密高档织物；多路数、高转速和大筒径的进一步推广，使得针织大圆机更加高效。

2009 年中国台湾推出 TY-330-DWl05 型开幅式单面大圆机，机号为 60 针/25.4 mm。采用优质材料和普通单面机编织原理，针槽和沉降片槽超细，加工精度极高，机器运转十分稳定。在 ITMA ASIA + CITME 2010 展会上：日本生产的 V-LEC7BSD 双面电脑提花机筒径为 762 mm，机号为 36 针/25.4 mm，路数为 72，机速达 20 r/min，是迄今世界上第一台超细针距双面电脑提花针织大圆机。意大利展出的 ATLAS-HS 开幅式单面机，机号达 62 针/25.4 mm，路数为 3.0 路/ 25.4 mm，机速为 22 r/min。由于使用了新式的握持片（圣东尼专利），取代沉降片辅助织针完成退圈过程，使得圆机路数更多、转速更快、运转更稳定。

目前，先进普通单双面针织机的纬纱路数多为 3.0 路/25.4 mm 和 3.2 路/25.4 mm。在圆纬机大筒径方面，据相关资料统计，各类机型都可作到 1016 mm。

3. 多功能编织技术

提花加调线，提花加移圈的集多功能于一体的电脑提花机的成熟，实现了一机多用。中国台湾的 LACJ 型单面 4 色调线电脑提花衬经机，集电脑提花、自动 4 色调线及衬经三功能于一体，这些功能既可单独使用，亦可组合使用，可编织多种变化花色组织，扩大了织物的编织范围，具有更强的市场竞争力。

此外，多数的多针道单面机配有专用的转换件，可作为毛圈机或三线卫衣机使用。上海和西班牙公司合作生产的 TERRYPUNT 毛圈机通过更换三角可进行正包和反包毛圈机的互换。福建的反包割毛毛巾机，在机上增加了自动割绒的功能，既可编织 400 g/m^2 以上的保暖长绒织物，也可编织天鹅绒类的短毛圈组织，织物在编织过程中完成割毛圈，产品不再经剪毛机处理，可降低原材料消耗 5%左右。

2010 年 Mayer & Cie. 公司推出了 S4-3.2R 高产彩横条针织机，该系列首创 3.2 路/25.4 mm 3 色调线，可生产高品质流行 3 色彩条面料，且生产该面料时无需减少路数可达到产量最大化。参出设备机号为 E24，共 108 路，可方便地转换成 1.62 路/25.4 mm 的 6 色调线。不参加调线编织的路数能快速转换成 3.22 路/25.4 mm 的单面机。同时，该设备还配备了新型快速转换装置用于更换针筒，无需支架，无需重新调整沉降片三角环高度，省时省力。

4. 无缝内衣机进一步完善

目前，无缝内衣机体现出高度机电一体化、适应各种纱线能力逐渐增强、更加适应电脑辅助设计功能以及高机号等发展趋势。在 ITMA ASIA + CITME 2010 展会上，国外无缝内衣机的参展商——意大利展出的 SM8TR1 型单面移圈机，每路 3 个选针点，2 个选针点用于 3 位选针编织，1 个选针点用于选针移圈，从而可以编织单面移圈网眼产品。展出的 Sm9-MFS 型双面机采用 8 路编织，4 路移圈，当不需要移圈时可以转换成 12 路编织。意大利参展的 Jumbo Chroma 全电脑控制无缝针织机，有 8 路喂纱，每路 2 个选针点，7 个喂纱嘴。除了具备其他无缝内衣机的特点之外，高机号是它的一个特色，其机号达 40 针/25.4 mm，是现有机号最高的无缝内衣机。这些设备都具有很高的智能化、自动化水平。

由于国内设备生产企业对无缝内衣机的研制起步较晚，国产无缝内衣机在品种、性能、自动化程度、电气控制系统等方面与国际知名企业的产品相比，仍存在一定的差距。可喜的是，较大的市场潜力催生了以宁波、无锡等地的国内相关企业的研发热情，国产无缝内衣机已经实现了高度机电一体化，对各种纱线的适应性越来越强，基本机型的功能已经达到了国外的先进水平。

(二)圆纬编产品开发

在追求健康、环保、时尚的当今社会，对衣着面料的品位要求提高。针织产品企业顺应当今潮流，加大研发力度，使得圆纬编针织产品朝着轻薄、舒适、功能、环保、整体编织与无缝内衣等方向健康快速发展，较好地满足了市场需求。此外，新型纤维材料的不断问世与应用，也为纬编针织产品的设计与开发提供了更多的选择。

1. 高品质超细针距面料

为适应人们生活与工作环境的改善和穿着舒适性的要求，越来越多的针织面料采用较细的纱线和超细针距的针织机来编织。超细针织面料具有非常高的线圈密度，从而成品光滑无比，表面均匀一致。目前，应用于高档内衣的超细针距面料已经研发成功，这种面料质轻、精细，手感非常柔软，是针织面料发展的新方向。

2. 功能性纤维产品

舒适、健康、时尚日益成为针织产品的发展方向，促使越来越多的新型纤维用于针织产品，如竹浆纤维。竹浆纤维以速生竹子为原料，经物理、化学加工成竹浆，再经粘胶或Lyocell纺丝工艺纺丝，是一种新型再生纤维素纤维。由于竹浆纤维具备良好的可纺性和服用性能以及易于生物降解的环保特性，使得竹浆纤维成为继Lyocell纤维、甲壳素纤维之后又一新型纺织原料。其织物手感柔软，吸放湿性能优良，色彩亮丽。在竹浆纤维面料的生产过程中，由于竹浆纤维纱线弹性差，脆性比较大，宜采用适当的上机张力和卷取张力，从而保证产品质量和正常生产。天津市针织三厂使用普通单面大圆机，用竹浆纤维/棉混纺纱原料编织的柔姿面料，面料密度为100～115 g/m²。面料手感柔爽，富有身骨，外观清淡、雅洁，并且具有较好的透气性和悬垂性，感觉凉爽，适合制作夏季服装。除竹浆纤维外，其他新型纤维也相继用于针织产品，如保暖性较好的木棉纤维、玄武岩纤维及各种新型纤维。

3. 无缝内衣

无缝针织内衣是近年来流行的高档针织产品。它是在无缝针织圆机上一次性完成基本成形，下机后稍加裁剪、缝制及后整理所形成的产品。该技术工艺流程短、生产效率高、产品整体性好，特别适合制作保健内衣、装饰内衣、泳装和休闲装等针织产品。无缝内衣在颈、腰、臀等部位无需接缝，集舒适、体贴、时尚、变化于一身。之前，消费者在选择无缝内衣时尺寸比较单一，无论身材胖瘦，尺码规格相差无几，如今则可根据压力来选择内衣标准。内衣的压力在一定范围内，穿着才会比较舒服，过压则会对人体产生副作用。因每个人体内的压力各不相同，这使无缝内衣规格分得更细，消费者的选择也更多。比如，85 cm周长的内衣压力分为大、中、小三种，消费者可以根据自己的喜好选择适合自己的内衣，这样也更有益于身体健康。

三、横编技术进展与产品开发

随着针织品外衣化的发展，时尚和设计元素与针织服装的高度结合，普通横机已不能适应高品质和复杂花型的生产要求；同时，随着劳动力成本不断上升，用电脑横机取代手动或半自动横机是横机编织行业产业升级的必由之路。为了适应时代的发展，要不断提高横机的整体装备水平，强化研发、设计和市场营运，使全球电脑横机在未来形成新的竞争格局。

（一）电脑横机编织技术进展

1. 高效编织技术

随着机头尺寸的减小，质量变轻，机头的运行速度最快已达1.6 m/s，比前几年的1.3 m/s提高了23%。每个编织系统所需的机头宽度最小已达到12.7 cm。在电动机运动控制软件中对电动机的运行曲线进行优化，使机头既能减少空行距离快速返回，又运行平稳不会产生较大的冲击力。这些改进能使效率提高30%。

2010年，宁波裕人企业推出的慈星CX1-52C型电脑横机、GE1-60S型电脑横机、GE2-52C型电脑横机、GE3-52C型电脑横机都配备有先进的起底板装置及纱夹纱剪装置，同时采用了数字化技术，有效地减少了纱线的浪费，提高了生产效率。江苏雪亮企业于2009年推出的拥有完全自主知识产权的SXC全自动无极选针电脑针织横机，应用了无极单段选针系统，采用直接喂纱技术，提高了精确度。

由浙江大学等单位联合研发的F18-133S型电脑横机获得2009年度中国纺织工业协会科学技术进步奖二等奖。该设备采用了独创的机头动力检测和ADAMS视觉样机设计技术，应用独立式纱线定长检测和以太网在线数据监控系统，实现了模块化设计、柔性化工作，具有自学习和诊断能力，具有创新性，技术达到国内领先水平。

2. 智能控制的送纱技术

日本的电脑横机MACH2SIG-SV和MACH2X在送纱控制方面都增加了i-DSCS+DTC，即智能型数控圈长系统结合能动张力控制装置和空气捻结器。相对于一边控制纱线输入，一边调节线圈长度和纱线张力的数控圈长系统，i-DSCS则是按照需要，自动控制纱线输送、归位方向的智能系统，它使以往在使用上有困难、甚至无法编织的纱线都可以使用，实现了高品质的生产。最新的送纱控制系统为i-DSCS+DTC，即在智能系统上再辅以能动张力控制装置。德国使用的是带有监测装置的自动线圈控制装置ASCON。

3. 多针距技术

德国在20世纪提出的多针距概念现已被广泛认可。无需换针板，就能在很宽的机号范围内生产各种机号不同规格的产品。选用不同支数的原料和相应的密度，在同一织物上可以显示两种针距风格的线圈形态。压脚技术可以编织多种独特的立体花型。提花机更换导纱嘴可以转成嵌花机。2010年，日本推出新型嵌花（无虚线提花）横机，型号分别为MACH2SIG123-SV和MACH2SIG123-SC，它们在原岛精系列电脑横机的基础上，将导纱器轨道增加到5条，从而使纱嘴数增加到40把，除去起头、废纱和弹性纱纱嘴外，还可用于嵌花的色纱纱嘴可达37～38把。国内成功开发出新型超薄纱嘴和可调纱嘴座，使编织效率得到了明显提高。

4. 织可穿技术

成型编织是针织工艺的优势。横机在生产由高档原料制作的高质量成型衣片或是织可穿衣服时，片与片、件与件之间有着严格的允差，这只有在精确地控制针织物的关键结构参数即线圈长度条件下才有可能做到。织可穿技术简化了工艺流程，缩短了工序和生产时间，还可减少接缝，减少纱线和原材料的消耗及半成品储存的费用，是较佳的资源节约型加工技术。另一方面，织可穿技术能方便地实现真正的无缝编织，可以赋予织物对应身体部位不同的功能特点，更符合人的生理特点，这样的服装穿着更加舒适，尤其是紧身合体的衣服。现代服装都追求舒适合体的风格、自由创新的款式设计、精致的布面效果和无接缝技术，因此，毋庸置疑，织可穿服装将会是未来发展的一大主题。

5. CAD软件技术

随着计算机及其应用技术的进步，电脑横机的CAD软件系统也与时俱进。德国公司推出的MIPLUS使CAD系统有了更高水平的提升。CAD软件的绘图工具丰富、便捷，常用的菜单浓缩成图标方式，使用者一目了然，操作方便。同时，工艺处理速度提高，CAD系统功能增强，尤其是嵌花处理，可以很方便地排列纱嘴；织可穿的设计功能很强，所有 PLUS 用户都可以进行织可穿设计，而且可设计的款式模型库内容丰富，使处理更加便捷。

6. 网络化技术

电脑横机控制系统中的重要组成部分为可视化数据处理系统，它要对来自花型准备系统的花型数据文件进行处理。数据文件包括：花型选针信号、三角控制、密度控制、卷布罗拉控制、选用导纱器控制、针床横移控制、花纹循环、衣片编织循环、机头运行位置和速度等数据文件，处理后通过 CAN 总线传给下位机 DSP，同时还应有 U 盘读写、网络连接、人机对话等功能。可视化数据处理系统的升级换代很快。我国一些公司采用基于 ARM7 或 ARM9 的处理系统，有一定的先进性，但 ARM 新产品也在发展，推出的新品总有某些方面优于老产品，或者是能耗更低或者是应用更加方便等，因此，保持不断进步是非常重要的。

日本提供的生产管理系统软件可对联网的横机生产状况进行监控，并将生产数据保存至数据库中，自动统计生产工艺所需要的数据并输出报告。将统计的生产数据导入 ERP 系统，就可以掌握每个订单的生产进度，还能实现有效的原料采购和产品交货期管理。稳定的交货期管理可以使企业更容易加入到大客户的供应链系统中。

(二)电脑横编产品开发

随着时代的发展，人们的审美观念不断变化，服饰中时尚品牌的分量比重也越来越高。电脑横编产品作为一种服装产品，已逐渐从“技术含量”向“时尚品牌含量”转化，由传统产业向时尚产业过渡。

1. 风格时尚化

未来电脑横机加工产品时尚化的两大流行点为生态环保和精细创新。由 Ecosensor™纤维、木棉纤维、聚乳酸纤维、牛奶蛋白复合纤维、有机棉、山羊绒、巴素兰羊毛等制成的环保纱线，以及无染彩纱的使用，既符合时尚化又切合世界流行新型纱线风向。再生涤纶及棉/亚麻、棉/大麻混纺纱；再生天然纤维系列，如棉/牛奶蛋白复合纤维、棉/海藻纤维、棉/聚乳酸纤维 、棉/金银线等混纺纱也已应用到横编产品中。同时，竹炭纤维、椰炭纤维、微孔纤维、锗纤维等功能性纤维在横编产品中也得到了应用。

莫代尔、竹炭纤维、纯棉纱线加氨纶丝在横机上开发的内衣面料具有抗菌、美肤功效。牛奶蛋白复合纤维与棉、CoolMax 纤维混纺织成的针织内衣具有良好的保暖性和优良的湿传递性能，适合四季穿着。上海兴诺企业开发的 Cleancool 纤维改进了沟槽状纤维截面的三维立体形态，同时在纤维内部加入银基抗菌物质，能够迅速杀死引起汗臭味的金黄色葡萄球菌和其他有害病菌。使用 Cleancool 长丝和氨纶可开发出具有吸湿快干和抗菌除臭功能的针织军用 T 恤衫。

粗纱、荷叶边和褶皱，构成了横编产品风格的粗犷感。条纹、方块结构，多种质地、混合触感的结合，采用交叉针法编织，形成了多种图案的风格。蕾丝、雪纺等，塑造了针织内衣的外穿风格。在纬平针组织顺着编织方向防脱散的编织基础上，进行锯齿或波浪边的设计，丰富并开拓了羊毛衫的下摆、袖口与领贴等边口的款式造型。

2. 品牌战略化

实现品牌化发展，积极突破季节限制，向时尚品牌转型是针织行业未来的一个大趋势。在品牌经营战略中，很多公司根据季节的不同，使用不同的纱线，制作出适合春夏秋冬不同季节穿着的毛衫，四季毛衫正走向人们的生活。行业知名品牌雪莲、珍贝、鄂尔多斯、贝加尔、帕罗率先引领了产品四季化风潮。贝加尔在国内市场开发出高档、超薄高支羊绒真丝混纺时装，改变了一般消费者认为羊绒产品冬天才能穿着的传统观念，丰富了羊绒时装市场，极大地满足了日益增加的高端消费群体的需求。鄂尔多斯积极采用新材料、新工艺与新的时尚元素，推出春夏 T 恤系列，确保了鄂尔多斯奥群品牌产品生产经营的持续性，真正实现淡季不淡，在消费者中建立了较高的品牌知名度。

四、经编技术进展与产品开发

经编是一种高效的织物加工方法，其产品性能优越、附加值高、用途广，是高端服装、家纺产品的重要原料，也是产业用高技术领域的重要基础材料。综观近年来世界经编行业的发展，可以清晰地看到，随着经济的发展和国际竞争的加剧，发达国家的经编产业受到很大冲击，为了巩固其在经编行业的地位，发达国家正在加速完成经编产业的战略转移和产业升级，将技术含量低、劳动密集型的传统经编工业基本上转移到了发展中国家，而集中精力开发高附加值、高技术含量的新型经编产品，并实施品牌战略，以保持对发展中国家的技术优势。而广大发展中国家为了发展经济，吸引外国投资，充分发挥劳动力和原材料成本低的优势，大力发展低价格的经编产品，并借助当前的经济全球化浪潮和贸易关税壁垒逐步取消的发展趋势，迅速扩大了在整个经编市场中的份额。

随着我国国民经济的快速发展和纺织产业结构的调整，经编产业得到重视并迅猛发展，一些重要研究领域也取得了一系列成果，部分成果实现了产业化，结构逐步趋于合理，服装用、装饰用、产业用三大类产品协调发展，产品应用领域不断拓宽，适应不同消费需求的各种档次产品的竞争力稳步增强，产品种类丰富多彩。

(一)经编装备技术进展

经编机因其高速、精密、机构复杂等特点，市场一直被德国等制造业发达国家垄断。国外经编装备总体技术水平高，装备的材质好，加工精度高，型号规格多样，产品适应性广，电子技术和自动化水平高。国内经编机械制造行业基础较薄弱，在材质、加工精度、装配水平、数字化控制、系统集成等方面还落后于发达国家。然而，随着我国经编生产规模的逐步扩大，对生产设备、特别是先进设备的需求量不断增加，从而加快了我国对经编装备技术的研发，推动了我国经编装备技术的快速发展，出现了一批在市场比较有影响的企业。现代经编机正不断地朝着生产高速化、控制智能化、功能多样化、操作简便化、设计电脑化等方向发展。由江南大学、常州市润源经编机械有限公司、东华大学等完成的“数字化经编装备的关键技术研究与应用”项目荣获 2010 年度国家科技进步奖二等奖。据统计，常州润源和常州八纺机在 1 年时间制造了 80 多台多轴向经编机，这一数字是近 30 年来我国引进国外多轴向经编机数量的总和。国内现有国产和进口多轴向经编机约

150 台，年底可望达到 200 台，中国多轴向经编机拥有量占世界的 60%～70%。

1. 经编高速技术

经编机是整个纺织领域内生产效率较高的机型之一。近年来，碳纤维增强材料(CFRP)在经编机上应用越来越广泛，CFRP 与树脂的复合材料在任何气候环境下都具有质轻、结构刚硬和稳定的特点，将 CFRP 用作梳栉、针床和沉降片床等，可以使梳栉质量减轻 25%，刚性得到提高，从而使经编机转速上了新台阶。2010 年，国外采用 CFRP 材料设计推出的 HKS2-3E 型高速特里科经编机(机号 E36、幅宽 4724 mm)能以高达 3600 r/min的转速正常运转，RSE4-1 型高速拉舍尔经编机(机号 E32、幅宽 4318 mm)也以高达 2600 r/min 的转速运转，并能确保织物质量。在国内，多台经编机上也应用了这种新型材料。

此外，新型机械设计工艺在经编机上的不断应用，也使经编机转速大幅提高。E2528 型高速特里科经编机和 E2178 型高速拉舍尔经编机均采用了新型的压力油润滑曲轴式连杆机构传动成圈机件，并用轻质高强的空心镁合金材料作针床等长向件，机件运动惯量小、刚度高，提高了经编机运行平稳性，机器速度均可达到 2200 r/min，其技术水平属国内领先，并达到了国际先进水平；GE298 型床垫材料双针床经编机的针床采用新型五连杆传动机构，针床传动更加平稳，织针成圈曲线更为合理，整机的运转性能得到显著的提高。

2. 伺服控制技术

随着伺服控制技术的发展，在经编装备各机构控制中已得到进一步推广，如经编电子送经、电子梳栉横移、电子牵拉卷取、电子铺纬等。在 ITMA ASIA + CITME 2010 展会上参展的所有经编设备，其经纱送经、织物牵拉等均已实现了电子控制，且多梳经编机均采用电子梳栉横移控制。虽然电子控制和伺服技术在经编机的应用中有些尚未完全成熟，还需要进行不断地深入研究，但是这些成果不但提高了经编机的工艺性能，也大大简化了操作。如 JL59/lB 型全电脑多梳贾卡经编机的地梳、贾卡梳和花梳横移系统全部采用了交流伺服系统控制各梳栉导纱系统，使得花型范围更宽、变换花型更加简便，由于采用了轻质钢丝花梳结构，也使机器的转速达到 850 r/min；RS4-EL 型高速拉舍尔经编机采用交流伺服系统控制机器的电子送经、电子梳栉横移和电子牵拉，实现了经编机的全电脑控制，方便了产品品种更换，使得高速经编机也可编织高档经编提花面料；GE210 型高精度伺服拷贝高速整经机和 GE319 型立式氨纶整经机等多种整经机采用大功率伺服对经纱张力和经轴参数等进行过程控制，保证了同组盘头整经参数一致性，有利于提高整经及编织的产品质量。

3. 压电陶瓷提花技术

近来贾卡经编技术发展迅速，从机械式贾卡装置发展到电磁式控制的贾卡装置，再到现在的压电陶瓷式(Piezo)电子贾卡系统。随着 Piezo 电子贾卡技术的不断发展，该技术也取得了进步。采用这一技术，不但能控制贾卡导纱针针背、针前的偏移，而且能控制贾卡纱线进入和退出工作。Piezo 电子贾卡系统不但广泛应用于普通贾卡经编机、多梳贾卡经编机，而且还可用于双针床贾卡经编机和浮纹型贾卡经编机等。现在 Piezo 电子贾卡装置已作为一种通用装置全面推广应用于各种类型的经编机上。

4. 经编无缝技术

双针床经编无缝成形编织技术在编织门幅的可变性、组织结构的多样化和防脱散性以及生产高效等方面具有优越性，其产品已在服用、产业用等领域得到广泛应用。带有贾卡提花花纹的经编无缝成形产品得到越来越多的消费者欢迎，特别是在服用方面如无缝紧身提花内衣、连裤袜、手套、背心等。双针床经编无缝成形服装的流行也推动了双针床经编无缝成形编织机向高速度、细机号的方向发展，使得产品质地更轻薄、花色更精细、加工更快速。2010 年，DJ4/2EL 型无缝成形编织机转速达 750 r/min、机号高达 E32；SWD6/2J 型无缝成形编织机的机号达到 E28，速度也达 600 r/min。目前，国内使用的这类设备大部分依靠进口，国产设备的研发起步较晚，整体水平不高，但在积极追赶，并取得了一定的成绩。如，常州市武进五洋纺织机械有限公司研发的 GE296D-EL/J 型全自动无缝内衣经编机获得了 2009 年度中国纺织工业协会科学技术进步奖二等奖。该设备采用了已申请发明专利的新型贾卡针、新型电子梳栉横移系统及配套织物花型设计软件、四连杆成圈机构、激光断纱自停技术，在产品质量和性能方面都达到了国际先进水平，具有较高的性价比，可替代进口产品。

5. 全幅铺纬技术

全幅铺纬技术能在整个机器宽度范围内衬入纱线，用于拉舍尔经编机、特里科经编机、缝编机。通常可分为 MSUS 多头全幅铺纬技术和 EMS 单头全幅铺纬技术。与 MSUS 相比，EMS 单头全幅铺纬技术的纱线浪费减少 60%。利用全幅铺纬技术，可在缝编机上实现交叉铺纬，交叉铺纬的偏离角度约为 3%。

全幅铺纬技术也常用于轴向经编设备，如新型的 Malitronic 多轴向经编机、Copcentra MAX 3 CNC 和 Copcentra MAX 5 CNC Carbon 多轴向经编机、常州润源自主研发的第一台国产智能化控制的 RCD-1 型多轴向经编机（荣获 2009 年度中国纺织工业协会科学技术进步奖二等奖）以及 GE2M-2 多轴向经编机（荣获 2010 年度中国纺织工业协会科学技术进步奖二等奖）等均采用了全幅铺纬技术，在多轴向经编机上可配置 3～7 个这样的纬纱衬入系统，所有的纱线层均可通过程序设计在一定角度之间变化。GE2M-2 多轴向经编机集光、机、电、伺服控制、计算机应用技术于一体，采用短动程曲轴连杆机构、十三轴联动实时双总线控制系统等创新技术，具有自主知识产权（已申请 3 项发明专利、7 项实用新型专利），整机性能达到国际先进水平。

在 ITMA ASIA + CITME 2010 展会上，我国展出了采用全幅铺纬技术的 RSM2/1 型双轴向经编机、GE2S-2 型双轴向经编机（可配备短切毡装置）等。这些机器功能全面、性能良好、成本较低，很好地满足了市场需求。

6. 宽幅整经技术

随着国内劳动力不足和成本逐步上升，广大经编生产企业力求压缩一线工作人员数量，生产过程的自动化、卷装容量的增大化是一个发展趋势。宽幅盘头容量（1016 mm×1067 mm）约是普通型盘头容量（762 mm×533 mm）的 2 倍，使用后不但可大大减少换盘头次数，而且整经机台耗少，成为经编企业减少劳动力成本的有效途径之一。

根据市场发展的需要，常州八纺机已经研制出适合宽幅盘头（规格为 1016 mm×

1067 mm、762 mm×1067 mm 等)的 GE318 型大经轴高精度整经机,整经速度与盘头质量控制均可与普通的 533 mm 整经机一致。

7. 经编 CAD 技术

经编 CAD 技术为经编产业产品和工艺的快速设计和开发创造了条件,使经编产品的种类和花色以及开发效率得到极大提高。经编 CAD 具有对市场的快速反应能力,能够适应多品种、小批量、短周期、高质量的生产要求,已成为经编企业面对市场竞争的有效工具。目前,国内常用的 CAD 软件有德国 EAT 纺织电气公司和 ALC 计算机公司联合开发的 PROCAD 系统以及江南大学自主研发的 WKCAD 4.0 系统。PROCAD 系统可以完成对多梳贾卡经编针织物、贾卡经编针织物、毛绒经编针织物花型的设计,可以对多梳贾卡花边、贾卡花型进行仿真,并可使用 PROCAD manager 接口系统完成计算机与机器之间的数据转移。WKCAD 4.0 系统具有良好的使用性能,人机界面友好,操作方便,可以直观、快速、准确地设计各类经编织物。利用该系统可以实现多梳织物设计与仿真、贾卡织物设计与仿真、少梳织物设计与仿真,兼具多样的文件输出功能以及新颖逼真的三维仿真和三维展示功能,是国内外唯一适用于各类织物设计的 CAD 软件,与国外同类软件相比,性价比高,能更好地满足经编企业的要求。

(二)经编工艺与产品开发

1. 产业用经编产品

产业用纺织品已经进入国民经济的各个领域,潜在市场很大,而经编针织物以其灵活的结构及优良的力学性能在产业用纺织品中的份额更是与日俱增,发展态势迅猛。其中最具特色和发展前景的是轴向经编织物、经编网眼织物和经编间隔织物三大类产品。

轴向经编织物主要包括单轴向、双轴向和多轴向经编织物,它们以良好的抗拉伸强力、抗剪切性能、抗撕裂性能、抗弯能力、抗冲击能力、弹性模量、悬垂性等力学性能广泛应用于风力发电、车船制造、建筑工程、体育用品等领域,具有代表性的产品包括风力发电叶片、汽车、游艇、土工格栅、灯箱布等。一台国产多轴向经编机一天能生产 10 t 多轴向织物,毛利润可达 5 万元。在如此可观的经济效益驱动下以及产品应用领域不断扩展的形式推动下,国内许多企业对该类产品展开了研发。这类产品的生产主要集中在江苏、浙江、河北、山东、重庆、北京等地。近两年,国家加大了对风力发电的投入,这一市场的发展也为经编产业用产品带来了契机。据介绍,风力发电叶片是空心结构,每个叶片可达 30 m,质量在 6 t 以上,大约有 2 t 是纤维,这部分纤维中,绝大多数采用了经编轴向织物,目前国内已有很多厂家涉及风力发电叶片这一领域。常州市宏发纵横新材料科技有限公司生产的"2～5MW 风电叶片用玻纤多轴向经编增强材料"获 2010 年度桑麻基金会纺织科技二等奖,该产品是风力发电叶片的骨架卷绕材料,是保证叶片的韧性、刚性、耐腐蚀性的关键。随着我国风力发电装机容量的快速增长,该类产品的市场需求空间较大。

经编网眼织物在所有的网眼织物中具有无法比拟的优势,其结构形式多样,网孔大小和形状可设计,织物种类包括从薄到厚各种类型;织物形状稳定而且防滑,力学性能优异,在农业、渔业、体育、医疗、建筑、交通等领域都有着广泛的应用空间。这类产品的生产主

要集中在山东、浙江、江苏、辽宁等地。

经编间隔织物在双针床拉舍尔经编机上生产，拥有独特的三维立体结构，具有优良的抗压性、湿热调节能力、设计灵活性、功能可塑性、结构整体性及可成型性等，作为一种功能性的技术纺织品在很多领域得到了应用，常作为衬垫材料、装饰材料及增强材料使用，具体的应用领域包括土木建筑、水利工程、车船制造、医疗用品及航天航空等高科技领域。

2. 经编服用面料的品质和设计

近年来，广大经编企业利用经编工艺独具的花色丰富、成型性好、编织高效等优点，开发了一些高档经编服用面料和产品，如高档拉舍尔花边和面料、高档塑身面料、高档经编无缝内衣等，同时加强了差别化纤维、功能化纤维等新型原料在高档经编面料中的应用。高档面料设计与潮流和时尚紧密结合，除了美观、舒适外，还附加塑身、抗菌、抗紫外线、除味、防污等特殊功能，可利用高科技含量来提升产品的附加值。此外，传统天然纤维中的桑蚕丝经编面料由于它具有较好的尺寸稳定性和悬垂性，质地饱满，手感弹性好，立体感强，花纹成形方便，且可以采用多梳或不同原料生产，产品变化多样，新颖别致，着装后既可内穿，又可外穿，深受消费者欢迎，表现出巨大的市场前景。

随着人们穿着品味及要求的提升，在内衣用料方面，过去纬编针织物一统天下的局面正在被打破，经编针织物也已开始平分秋色，尤其是拉舍尔花边、弹力经编面料、塑身经编面料、一次成型的经编无缝内衣等，在国内得到大力发展。拉舍尔花边花型精美，手感柔软，在内衣文胸上的市场份额占到50%；弹力经编面料具有均匀的双向弹力，用于高档内衣、泳装；塑身经编面料结合了人体工程学原理，是科技含量高的高档产品；而经编无缝内衣已经逐步开始冲击原有纬编垄断无缝市场的局面，经编无缝内衣具有丰富的结构和完美的风格，研究经编成型技术，开发高档经编无缝产品，将给中国无缝内衣市场和时尚界带来一场革新。

3. 经编产品在装饰领域中的应用

在装饰用方面，经编针织物的风格既可以粗犷，也可以细腻。主要应用有窗纱、窗帘、帷幔、缨穗、床罩、沙发布、台布、地毯、墙布以及其他家居装饰用布、枕巾、床单、蚊帐、浴巾、毛巾等。透明、半透明或遮光窗帘是经编产品在装饰领域中的重要品种。随着贾卡经编机的国产化，贾卡提花型窗帘帷幕占据了该类织物的大部分市场。同时，多梳机上生产的花边窗帘以能够呈现多种不同的外观效应，成为家居装饰中的时髦产品。不同的花纹体现着不同的特点和风格，将经编网眼窗帘织物用于家居装饰，给人以美的享受。

开发出的一些贾卡与多梳提花经编窗帘新产品，如创新窗帘花型、门帘类制品，短窗帘和沙发靠背兼用织物，可进行印花、机绣、阻燃整理等。此外，也可以经编织物为原料，做出拼、镶、嵌、绣的价格较高的窗帘、挂毡，桌布、沙发靠垫、床上用品等家用产品。同时，企业可根据用户个性需求，如建筑风格、家居布置风格等，生产与之匹配的窗帘。今后，经编网眼窗帘必将变得更为精细，更具个性化。

近年来2～3梳的经编印花织物发展较快，主要用作席梦思床垫面料，沙发面料，窗帘布等，这类产品光滑平整，尺寸稳定，图案丰富，易于包覆，生产效率极高。目前，在广东、浙江等地区市场需求量巨大，大量出口。

经编毛巾布具有毛圈长、质地柔软、手感好、强度牢、门幅宽、不勾丝拉毛等特点。主要集中在山东、浙江、江苏等地生产。由于超细纤维、竹纤维、棉纤维的应用，产品广泛用于浴衣、浴巾、沙滩巾、床单、毛巾被、拖鞋、抹布、干发帽、干发巾、方巾、清洁抹布、针织服装、童装等。该类产品特色鲜明，它的应用还有待进一步的开发。

五、结束语

针织行业规模的逐步扩大以及纺织工业调整和振兴规划的出台，促使我国不断引进国际先进针织生产设备与技术，逐步提高自我研发能力，加速技术改造，淘汰落后产能，全行业的技术装备和生产水平在较短的时间内得到了快速提升。同时，随着生活质量的不断提高以及与国际接轨的不断深入，国内针织产品市场需求日益增加，对针织产品的生产和使用也提出了更多更高的要求。然而，由于我国针织机械生产技术研究起步较晚，国内生产厂家从资金到技术研发上都还有差距，这使得我国针织装备技术在国际上的地位以及在国内市场上的份额都不及国外。国内针织企业要想赶上或接近世界先进水平还需不断加大研发投入力度，注重精密机械制造和检测技术的研究和应用，进一步提升产品档次，积极调整结构，着力自主创新，加快转型提升。企业需重视强化科技创新，由复制模仿向自主创新转变；强化品牌创新，由跟着市场走向领着市场走转变；强化产业创新，由块状经济向产业集群转变；强化模式创新，由粗放式增长向集约式增长转变；强化市场创新，由传统市场为主向内外联动的多元市场转变；强化管理创新，由传统管理向现代管理转变。

展望未来，我国针织行业面临挑战，更是机遇。针织工业作为纺织工业的重要组成部分，必须坚定信心，坚持技术进步，坚持品牌战略，加大产业配套力度，强化科学管理，推进设计创新，探索新型营销模式，加快产业结构优化和产业升级，为我国由纺织大国向纺织强国转变作出贡献。

参考文献

[1] 汤文宏. 第十四届上海国际纺织工业展览会针织机械述评：圆纬机[J]. 针织工业，2009(8)：1-3.

[2] 汤文宏，宋广礼，尹季盛. 2010 中国国际纺织机械展览会暨 ITMA 亚洲展览会针织机械述评[J]. 针织工业，2010(8)：1-4.

[3] 赵永霞，李波，董奎勇，等. 后危机时代的纺机力量：从 ITMA ASIA + CITME 2010 探寻产业升级之路[J]. 纺织导报，2010(7)：54-55.

[4] 蔡立明. 竹纤维针织柔姿面料的开发[J]. 针织工业，2009(11)：21-22.

[5] 匡丽赟. 无缝针织内衣产品的开发实践[J]. 天津工业大学学报，2009，28(10)：42-45.

[6] 宋广礼. 横机[J]. 针织工业，2009(8)：9-16.

[7] 王学友，吴兴建，张永万. 莫代尔竹炭纤维针织内衣面料的开发[J]. 针织工业，2010(2)：8-9.

[8] 徐先林，黄故，齐利霞. 牛奶蛋白纤维混纺针织物热湿舒适性能[J]. 纺织学报，2009(4)：41-49.

[9] 张复全. 针织弹力面料的开发及应用[J]. 针织工业，2009(12)：13-15.

[10] 董奎勇. SpinExpo：一如既往的风尚空间[J]. 纺织导报，2009(4)：108-109.

[11] 李华,张伍.横机纬平针锯齿与波浪边的编织[J].纺织导报,2009(8):58-62.

[12] 蒋高明,顾璐英.国内外经编技术的最新进展[J].针织工业,2010(8):1-3.

[13] 王道兴,储国平.压电陶瓷筒形提花经编新技术[J].上海纺织科技,2009,37(5):29-32.

[14] 夏风林.第十四届上海国际纺织工业展览会针织机械述评:续一:四:经编设备[J].针织工业,2009(9):1-6.

[15] 中国纺织工业协会.2009年度中国纺织工业协会科学技术奖[R].北京:中国纺织工业协会,2009.

[16] 蒋高明,顾璐英.多轴向经编技术的现状与发展[J].纺织导报,2009(8):53-56.

[17] 中国纺织工业协会.2010年度中国纺织工业协会科学技术奖[R].北京:中国纺织工业协会,2010.

[18] 顾璐英,蒋高明.多轴向经编织物编织工艺探讨[J].玻璃钢/复合材料,2010(3):76-80.

[19] 祝士清,夏风林.经编无缝成形产品的生产工艺研究[J].针织工业,2009(4):16-18.

撰稿人:蒋高明　刘　军

纺织化学与染整工程学科发展研究

一、引　言

面对国际金融危机等不利因素，在国家有关政策措施的支持之下，纺织行业以技术改造为抓手，采用先进适用技术改造传统产业，提高生产效率，改善产品结构，提高产品附加价值。整个行业已从 2009 年的谷底开始逐步回升，并且向好的发展势头不断得到巩固。在此过程中，行业积极推进产品和技术创新工作发挥了重要作用。

2009 年 2 月，国务院通过了《纺织工业调整和振兴规划》，在将结构调整放在突出位置的同时，特别强调了科技创新对纺织工业可持续发展至关重要的作用。在产业调整和振兴的主要任务中要求“以技术改造为抓手，采用先进适用技术改造传统产业，提高纺织行业生产效率，改善产品结构，增强市场有效供给能力”。

印染加工是纺织产业承前启后的关键环节，也是整个纺织产业转型升级的关键所在。近年来，技术创新、节能减排、技术改造成为印染行业发展的主题。有关政府部门和行业协会的组织和推动下，相关的研究开发工作取得了较好的成果，推动行业的科技进步，促使企业加快产业升级，使我国的印染加工技术上了一个新台阶。一批中国印染行业协会推荐的“印染行业节能减排先进技术”已在应用中取得明显成效。印染行业技术研究方向是提高自主创新的能力，逐步淘汰高能耗、高水耗、技术水平低的印染产能，引入信息技术、生物技术、自动化技术等高新技术，开发和推广高效短流程、无水或少水印染技术。解决印染行业自动化程度低、能耗和水耗高、环境污染严重等问题，增加功能性新产品和高附加值产品的开发和生产。

二、我国本学科的发展

(一)纺织化学品的发展

1. 染料的发展

近两年，染料加工领域的技术发展与清洁生产、节能减排紧密相关，在国家加快科技创新，实施节能减排发展方针的指导下，染料生产企业在染料清洁生产工艺开发、降低“三废”排放量方面开展了大量工作，并取得了卓有成效的成果。2009 年在中国染料协会的大力推动下，染料合成工艺废水减排清洁生产技术、染颜料中间体加氢还原清洁生产技术、染颜料中间体乙酰类芳胺清洁生产技术等在行业内得到了广泛的推广应用。仅染料合成工艺废水减排清洁生产技术的推广应用，就实现了活性染料、酸性染料、直接染料、增白剂等产品应用膜过滤和原浆喷雾技术，染料不再需要经过压滤机水洗，可以直接将合成浆状染料干燥成商品。由于实施了清洁生产工艺，活性、分散、还原类别染料等，都不再列为“两高”产品，同时不再受环境经济政策的制约。这些技术的开发应用，为染料行业的可持续发展创造了有利条件。染料行业的另一项工作是积极应对贸易壁垒：①加强染料产品安全检测认证，保证产品安全可靠，提高人们对中国染料产品的使用安全感；②积极参与欧盟 REACH 法规注册工作。

新型染料的开发主要环绕印染行业节能减排和清洁生产的染整工艺来进行，如适合低温染色的染料、适合一次成功染色的新型染料、适合多组分纤维一浴染色的新染料、高色牢度的新染料、适合小浴比吸尽染色的新染料、高固着率的新染料、适用于电化学还原染色技术的 E 型还原染料、适用于气流染色方法的新型分散染料、取代铬媒染染料的新型酸性染料等等。新型染料除了具有明显的节能减排效果外，还遵循有关生态纺织品法规和技术标准。

染料新品种方面，Lonsperse EE 系列节能环保型快速染色染料具有良好的染深性和同系列染料之间的配伍性，对染色参数变化不敏感，有很好的重现性，大大提高了染色的一次成功率。因为上染率很高且不需染后还原清洗，能大幅度降低成本和有利于印染废水的处理，是一类高效、速染、节能、减排型分散染料。该组染料获得瑞士纺织检定中心颁发的《Eco-Passport》认证。

浙江龙盛企业在“COLOUR INDEX”中国委员沈永嘉教授的帮助下，为公司的一只新化学结构的分散染料申请到一个新的染料索引号。这个新染料的商品名是分散蓝 BH，英文商品名 Lonsperse Disperse Blue BH，其染料索引号是 C. I. Disperse Blue 381。这是中国生产的分散染料第 1 次获得染料索引号。

日本推出了涂料染色用水性阳离子颜料 EMACOL CT COLOR 系列产品，采用阳离子型的 EMACOL CT COLOR 进行涂料染色，无需阳离子预处理即可一次性完成涂料染色，涂料套色时工艺简便易操作，优良的染色重现性，批差少，品质稳定，并可用于筒子纱的涂料染色。同时推出环保型黏合剂 EMACOL CT ECOBIND H901，在涂料染色处理过程中不需进行干燥即可进入生化处理工序，简化加工工序，节省了能源。该涂料染色工艺及其新型环保助剂入选 2009 年中国印染行业节能减排选进技术目录。

亨斯迈纺织染化推出用于毛织品的无铬染料 LANASOL Blacks 系列，能够产生与铬染料相同甚至更深的黑色色调。不仅比含铬染料更环保，并大大缩短了工艺过程，更经济。

2. 助剂的发展

近年来纺织印染助剂的研发主要集中在有利于安全、健康、节能、减排、经济和方便性等的品种创新上，新的助剂品种主要是节能减排环保型助剂，它们必须遵循市场上有关生态纺织品的法规和技术标准。产品主要包括以下几方面：①节约型高性能助剂，如双氧水低温漂白活化剂、低温染色助剂、低温皂洗剂、采用催化技术和复配增效技术等高新技术开发的各种多功能助剂等；②环保型专用性助剂，典型产品是染整加工用生物酶，由于具有专一性、高效性，适合低能耗、低污染的要求，已扩展到几乎所有的纺织湿加工领域，新品种不断被开发；③适应节能减排型新染整工艺的助剂，如用于冷轧堆漂白、冷轧堆染色、湿短蒸轧染、高固着率染色、小浴比染色、低温染色、混纺织物一浴一步法染色、一浴前处理和染色、涂料染色、棉织物和涤/棉混纺织物热转移印花、冷转移数码印花等助剂；④功能性整理助剂，主要有符合生态纺织品和环保要求的多功能性整理剂、特种功能的整理剂。

(1) 前处理助剂

康地恩生物集团的青岛康地恩生物科技有限公司"碱性果胶酶制剂的研制与产业化开发"项目在酶的过氧化氢耐受性方面取得了突破，以碱性果胶酶为主要组分开发了麻类脱胶酶、精练酶、退煮酶等高效纺织酶制剂。项目研究成果获得"纺织之光"2010 年度中国纺织工业协会科学技术奖。该项目年产 5000t 碱性果胶酶高技术产业化示范工程还被列入国家微生物制造高技术产业化专项。齐齐哈尔大学研究了以纤维素酶和蛋白酶共同对羊毛纤维进行前处理，可彻底去除植物性杂质，提高织物白度，对羊毛单纤维的强力损伤很小，处理后纤维有利于后续纺纱织造工艺的进行，可以生产出高支羊毛纱。江南大学生态纺织教育部重点实验室研究了反胶束体系中蛋白酶对羊毛的作用，结果表明反胶束体系中酶解反应可能主要发生在纤维鳞片层，反胶束体系中处理的羊毛与水相条件下相比，其试样鳞片去除效果相近，但羊毛纤维损伤略低。

新型结构表面活性剂和基础原料的开发及作为印染助剂的应用研究也是前处理助剂的一个方向，苏州大学合成了不同结构 Gemini 表面活性剂，开发了新型的真丝织物精练剂和涤纶碱减量促进剂。

(2) 染色印花助剂

广东德美企业推出了色媒体无盐无碱活性染料染色技术。采用新开发的染色助剂色媒体直接对未经煮漂的棉针织坯布进行预处理，在棉纤维上引入正电荷和反应性功能团，再用活性染料在无盐、无碱的条件下进行染色的工艺方法，实现棉针织坯布的无盐、无碱活性染料染色。该工艺与传统染色工艺相比具有失重率小、手感柔软、工艺时间短、生产成本低、对环境的污染小等优点。该技术入选 2009 年中国印染行业节能减排选进技术目录。浙江理工大学根据活性染料固色原理和真丝绸冷轧堆染色工艺要求开发了一种新型的固色碱体系，并应用于真丝绸冷轧堆染色。该固色碱体系可以代替传统的泡花碱体系，且用量少，约为泡花碱体系的 1/3～1/2，固色牢度好，不粘轧辊。

伟格仕企业(江门)开发了新型防沾皂洗剂 Dolecol CLY1973，适用于活性印花、牛仔、色织物的防沾污皂洗。该助剂在高温下可发生溶胀，其分子中的极性基团可与染料形成氢键而吸附染料，从而达到防沾目的。活性印花织物经 Dolecol CLY1973 皂洗后，色牢度良好，花型清晰，手感柔软，无白地沾污。美国化工企业开发了新型分散剂 UNIVADINE@DFN 可用于涤纶及其混纺织物的染色，能大大提高染料迁移和同色调染色的提升性，不但加速染色进程，节约成本、时间和能源，而且染色织物可完全匀染，重现性理想。

四川省纺织科学研究院研发了无甲醛涂料印花遮盖白浆。该技术在合成了一种无甲醛高性能的聚丙烯酸酯黏合剂的基础上，然后将黏合剂与钛白粉、有机络合剂、高效乳化剂、保湿剂及增白剂等经高效乳化并研磨而成产品。产品具有遮盖力强、色牢度好、不堵网、不用对环境有污染的火油增稠剂等特点。该技术获"纺织之光"2010 年度中国纺织工业协会科学技术奖。瑞士研制推出了新一代糊料 ALCOPR1NT RT-BC，它可改善印花精细度和色匀度，而且色艳度好，改善染料染深性，同样色深可节省染料10%～15%。

(3) 后整理助剂

张家港市化工企业研发了聚酯聚醚有机硅三元共聚型多功能高效涤纶整理剂。该助剂含聚酯聚醚链段有机硅三元共聚化合物，其分子中存在聚醚链段、聚酯链段、有机硅链段，其中聚醚链段具有良好的亲水性能，聚酯链段与涤纶有相似结构，根据相似相亲原则，在受热过程中可与涤纶发生共熔、共结晶作用，使亲水性的聚醚和改善手感的有机硅被锚固在聚酯纤维的表面，具有优异的亲水性和柔软性，并具有良好的耐洗性。它对聚酯纤维改性，完成耐久的亲水性；同时，也实现聚酯纤维耐久性的优异柔软、舒适的手感，解决了普通氨基硅油整理柔软和亲水矛盾，同时也解决了水溶性聚醚改性硅油不耐洗的问题。该技术获“纺织之光”2010年度中国纺织工业协会科学技术奖。

武汉纺织大学开发了一种结晶交联型、温控型聚氨酯织物防水透湿整理剂，通过对聚合单体及其配比的选择和聚合工艺、涂层工艺的优化等措施控制聚氨酯防水透湿涂层剂化学结构，使之具有适宜的临界相转变温度，利用了聚氨酯在其临界相转变温度上下具有完全不同的防水透湿能力的特性，开发能够对环境温变做出自主响应的“智能化”的防水透湿功能型纺织品。该成果获得“纺织之光”2009年度中国纺织工业协会科学技术奖。

在基础研究方面，东华大学以聚氨酯为壁材，防蚊剂HLQZ为芯材，采用界面聚合法制备了防蚊微胶囊整理剂。该防蚊微胶囊整理剂应用到蚊帐上，蚊帐具有明显的驱杀蚊效果，且耐久性良好。东华大学利用壳聚糖和双氰胺合成了一种壳聚糖双胍盐酸盐(CGH)，采用整理剂CGH，柠檬酸和次亚磷酸钠整理羊毛织物，获得良好的抗菌性能和耐洗涤性能。青岛大学以自制的聚酰胺－胺树枝状大分子(PAMAM)和氯乙酸为原料，合成了端羧基PAMAM无甲醛抗皱整理剂，用于棉织物的抗皱整理，折皱回复角可提高50%，且耐洗性好。五邑大学和东华大学以角鲨烷为芯材、聚氨酯为壁材，通过界面聚合方法制备了角鲨烷微胶囊，用于织物的后整理，可对人体皮肤起到滋润保湿的功效。陕西科技大学以甲基丙烯酸甲酯、全氟烷基乙基丙烯酸酯、丙烯酸十八酯、丙烯酸丁酯、甲基丙烯酸二甲氨基乙酯、丙烯酸羟乙酯为原料，以偶氮二异丁腈为引发剂，制备了水性阳离子全氟丙烯酸酯防水防油整理剂，产品用于纺织品整理具有优异的防水防油性能。还采用聚氨酯引入亲水链段，对氟代聚丙烯酸酯进行改性，制备出一种新型有效的易去污整理剂。

(二)染整加工技术

1. 前处理技术发展

印染加工的前处理工序对稳定和提高后道工序的产品质量，满足客户各种不同的要求，起着重要的作用。由于前处理工序的能耗在总能耗中占有较大比例，同时该工序产生的污水对环境污染的影响很大，因此，近年来前处理工序的技术开发主要集中在高效低耗的短流程前处理清洁生产工艺，包括高效环保的前处理剂、精密自动的测控仪器、高效洗涤设备和清洁生产新工艺等的开发。

由东华大学、江苏澳洋纺织实业有限公司、上海德桑精细化工有限公司共同承担完成的“毛织物洗呢生态加工关键技术研究”项目，针对毛织物湿处理加工(主要是洗呢工序)中，普遍存在着净洗剂用量大、水耗能耗高、废水量大、有机污染严重等问题，从全过程控制的角度出发，采用矿物黏土类生态型洗涤剂对毛织物进行洗呢，洗净效果良好。开发的矿物黏土类净洗剂对各类毛织物具有很好的洗呢效果，各项牢度指标符合要求；与工厂现有洗呢工艺用净洗剂相比，矿物黏土类净洗剂具有很好的适用性和通用性，能有效减少使用助剂的种类和用量，大大降低排放负荷，其废水的 COD 值仅为工厂常规工艺的1/2～1/3，减排作用显著。该技术获“纺织之光”2009 年度中国纺织工业协会科学技术奖。

双氧水漂白活化剂的应用技术是近年来前处理工艺开发的热点。浙江理工大学、东华大学等单位分别研究了双氧水漂白体系中加入活化剂壬酰氧基苯磺酸钠（NOBS）的低温漂白工艺，获得了最优的工艺条件，形成 H_2O_2/NOBS 低温活化漂白系统。该活化漂白工艺提高了棉纱漂白品质，纤维强力损伤降低，并减少耗碱量，降低漂白温度，具有生态环保和高效节能的优势。浙江理工大学还将该工艺用于棉/多组分织物前处理加工中，解决了多元纤维面料各组分纤维漂白适应条件的冲突造成某组分纤维的严重损伤或另一组分纤维的漂白不足的难题，具有明显的节能节水降耗的效果。北京服装学院研究了活化剂壬酰基氧苯磺酸钠/四乙酰苷脲/双氧水体系对棉织物进行冷轧堆前处理工艺，采用该工艺，冷堆工作液中无需使用烧碱和稳定剂，冷堆时间缩至 4 h，织物白度和毛效均较好，强力损失降低，且节能减排。

生物酶制剂在前处理中的应用技术仍然十分活跃。天津工业大学研究了先用生物酶制剂对织物进行预处理，再进行氧漂处理的纯棉机织物连续生化前处理工艺，该工艺所得的织物白度、毛效、退浆率和强力等均优于常规工艺，且较常规工艺减少一次高温汽蒸工序，符合节能减排要求。青岛大学在分析棉织物上存在的各种杂质和烧碱及酶制剂对这些杂质作用的基础上，采用生物技术与化学技术相结合开发无烧碱前处理工艺。该棉织物前处理工艺流程短，能耗、水耗和废水的 COD 值大大降低，不仅可以实现前处理工艺的高效短流程，而且具有显著的节能环保效益。湖南农业大学研究了苎麻酶一化学联合脱胶工艺，获得了最佳工艺条件，工艺可减轻苎麻化学脱胶造成的环境污染，提高苎麻纤维可纺性能。西南大学研究了蚕丝木瓜蛋白酶脱胶工艺，确定生丝木瓜蛋白酶脱胶的 2 个较好工艺。

2. 染色技术发展

（1）活性染料染色技术

在染色加工技术的研究开发中，活性染料的染色工艺研究最为活跃，主要包括以下几方面：活性染料轧染湿短蒸染色、活性染料浸染短流程、活性染料低温和冷轧堆染色、应用中性固色剂染色、活性染料低盐和无盐染色、应用“代用盐”活性染料低盐染色、活性染料低碱和中性染色。

华纺股份有限公司承担完成了“十一五”国家科技支撑计划课题“棉冷轧堆染色新技术及关键装置的研究开发”，该技术对棉冷轧堆染色工艺进行了技术集成，较好地解决了碱剂混合比例、布面温度一致性、接头印的技术难题，提高了冷轧堆染色一次成功率，实现了产业化；解决了丝绸手感差、硅垢沾辊等技术难点，实现真丝及含丝面料冷轧堆染色的突破。并自行研制了新型无喷芯喷射器以及基于封闭式旋转过滤和反冲过滤相结合的新型高效过滤系统，开发了平幅液雾喷射染色设备。采用自动控制系统提高了设备的实用化水平。该技术提高了冷轧堆染色技术的水平。该成果获得“纺织之光”2010 年度中国纺织工业协会科学技术奖一等奖。

常州市君虹染整有限公司联合东华大学进行了“纯棉纱线冷轧堆染色技术与装备”的研究。在研发设备的基础上，研究了纱线冷轧堆染色的关键技术，突破了传统的筒子纱、绞纱间歇式浸染方式，实现了纱线冷轧堆半连续染色流程，该技术的开发可极大地推动纱线染色向高效率、低污染、低能耗、自动化、清洁环保的方向发展。该成果获得“纺织之光”2010年度中国纺织工业协会科学技术奖。

滨州职业学院等单位选用SNE活性染料，开发了竹/毛/棉针织物冷轧堆染色工艺，染后织物颜色浓艳、均匀，干摩擦牢度4～5级，湿摩擦牢度3～4级。解决了生产过程中常见的手感较硬、缝头印和头尾色差等问题。

东华大学研究了安诺其ECO活性染料对纯棉平绒织物的湿蒸短流程和染色工艺，获得了最优工艺条件。使用该工艺缩短了工艺流程，使染料具有较好的提升性，湿蒸短流程染色工艺无需食盐，节约了染化料，降低了废水处理的难度。

四川省纺织科学研究院开发了棉纤维无碱改性无盐活性染料染色技术，利用自主合成的含多活性基团的无碱阳离子改性剂STGX－2，对棉织物在无碱条件下先进行阳离子改性，再用活性染料在无盐条件下染色。该技术的应用不仅节约染料，降低印染废水的色度和生物耗氧量，而且由于采用了冷堆阳离子化改性技术和冷堆无盐染色技术，还起到节能、降耗、减排的作用。

(2) 天然染料染色技术

合成染料的高化学稳定性和低生物可降解性使印染废水对生态环境造成的污染日益加重，一些合成染料对人体的危害日益凸现，自从各国相关生态纺织品标准发布以来，人们对纺织品上有害物质的限制越来越严格。由此，天然染料在纺织品染色中的应用成为人们研究的热点。研究内容主要包括新的天然染料的提取及其作为不同纤维纺织品的染色性能、新型媒染剂的选择、提高天然染料染色牢度特别是日晒牢度的方法、天然染料染色织物的功能性研究。

东华大学、苏州大学、浙江理工大学、天津工业大学、大连工业大学等均对天然染料在纺织品染色中的应用进行了研究。除传统的天然染料外，黄色牡丹花色素、灵菌红素、橘子皮色素、高粱壳色素、板栗壳色素、白棉棉籽壳色素、指甲花色素等均被用于纺织品染色的研究，纤维涉及真丝、羊毛、亚麻、棉、PTT纤维、聚乳酸纤维等等，纤维改性技术、生物酶技术、超声波技术等被用于天然染料染色的研究中。

东华大学等单位承担的国家“863”高新技术项目“天然染料制备及其在生态纺织品开发与羊毛清洁生产中的应用技术”通过国家科技部的验收和江苏省科技厅的鉴定。项目建立了1项植物染料的数据库，完成了306种色卡，开发了纯毛开司米、纯毛精纺面料、纯毛针织T恤等3大类多种生态毛纺织品。

苏州大学等单位的“天然染料一浴拼色染色与固色成套技术及产业化”项目从桑蚕副产品、高粱壳等天然副产物中提取色素用于纺织品染色的加工技术，扩展了天然染料的种类；系统研究了不同结构种类天然染料的染色规律，寻找各种天然染料染色普遍适用的工艺条件，构建适合不同纤维的天然染料基础三原色，建立了天然染料纺织品染色的颜色体系，可准确地实现天然染料一浴拼色染色，丰富天然染料染色的色谱，提高染色的重现性和产品质量；从色素的光稳定性机理和生态纺织品的要求出发，发明了2种采用天然有机羧酸对天然染料染色织物进行固色处理，封闭天然染料分子中容易引起光敏作用的羟基等基团，提高天然染料对光的稳定性，在不影响天然染料天然特性和生态性能的前提下，有效提高天然染料染色织物的日晒牢度；解决了天然染料染色产业化过程中的技术难题，并形成规模化生产。该成果获得了“纺织之光”2010年度中国纺织工业协会科学技术奖。

大连工业大学在研究一系列天然染料染色性能的基础上，用天然染料开发生态、安全型婴幼儿面料，实现产业化生产，成果获得2009年辽宁省科技进步奖。

在改变天然染料传统染色方法方面，苏州大学系统研究了不同金属离子对薯莨提取液染色真丝色泽的影响。发明了薯莨提取液对真丝绸的染色方法，可以得到多种色泽的莨纱绸，所得产品色牢度高，染色均匀，同时具有柔软、抗菌、紫外屏蔽功能。解决了传统薯莨染色绸色泽单一、工序复杂的缺陷，实现了工业化生产。

南京工业大学研究了用胃蛋白酶对真丝织物进行预处理，然后用天然茜草染料对其进行染色，得出酶处理最佳工艺。该方法可明显提高真丝织物的得色量，提高染色织物湿摩擦牢度和皂洗牢度。

(3) 其他染色加工技术

东华大学等单位承担完成了聚酯纤维纺织品微胶囊分散染料染色新技术项目。该课题创新地将微胶囊技术应用于分散染料的染色，研制了专用的分散染料微胶囊和萃取设备，形成一种环境友好无助剂免水洗染色新工艺，染色产品匀染性、色牢度良好。采用该技术可明显降低染色废水的COD、BOD和色度，染色废液静置沉淀即可回用。该技术缩短了工艺流程，节水节能减排效果显著。该技术拥有自主知识产权，在技术研发过程中申报了11项中国发明专利，已授权10项。鉴定委员会一致同意通过科技成果鉴定。该课题已建立了2条生产线，技术路线合理，工艺可行。

西安工程大学开发的蛋白质微悬浮体染色技术已经投入实际运行。该技术的核心是在染色过程中采用自行研制的微悬浮体化助剂，使微悬浮体化后的染料颗粒对纤维的吸附能力显著加强，使染色时间大大缩短且废弃染料数量明显减少，从而达到节能环保的目的。蛋白质纤维微悬浮体节能环保染色技术适用于毛活性染料、酸性染料、中性染料及酸性络合染料对蛋白质纤维(包括羊毛、山羊绒、蚕丝、大豆蛋白纤维和牦牛绒等)的染色加工。采用微悬浮体节能环保染色技术对蛋白质纤维进行工业化染色生产，可以使染色时间缩短1/3～1/2以上，具有显著的节能效果。同时，染料的固色百分率提高10%～30%，在染制同样色深度时，可以减少10%左右的染料用量。该技术已经为使用企业带来了显著的经济效益和社会效益。

近年来，气流染色技术得到推广应用，气流染色方法是使用雾化的染液气流推动织物循环进行染色，加工浴比小，大大提高了染料的直接性，减少了助剂用量因而具有节能减排的特点。气流染色机自动化程度高，操控性好，染色一次成功率高。除染色之外，利用气流染色机具有织物与染液交换频率高、织物运行张力小、揉搓性强和汽水渗透作用大等特点，在高效前处理、生物酶抛光处理、Lyocell纤维原纤化处理、海岛型超细纤维碱溶开纤加工处理、蓬松整理和柔软整理等方面的应用技术被开发应用。染色设备方面也有不断的改进。

3. 印花加工技术

近年来，纺织品印花技术有了较快的发展，在传统印花工艺的技术改进方面，印花CAD系统、激光照排机、平网、圆网的喷墨、喷蜡制网机等数字化技术得到广泛的应用。如西安工程大学研制了平网印花机现场总线控制系统，解决了传统平网印花机控制系统存在的问题，实现了整机的数字化功能和企业的信息化生产与管理。成果获得"纺织之光"2009年度中国纺织工业协会科学技术奖。数码喷墨印花、转移印花等新型印花技术正成为印花技术研究开发的热点，这方面的技术进步令人注目。

（1）数码喷墨印花技术

虽然目前全球的数码印花技术在纺织品中的应用中仅仅占到总量的1%，但近两年数码印花纺织品在品牌时装、家纺产品中的应用有了快速发展之势。与传统的印花技术相比，数码印花具有无需制网、调浆、无套色限制、无起印量限制等优点，同时还具有绿色环保、省时间、省水等特点。数码喷墨印花技术的开发涉及CAD技术、网络通信技术、精密机械加工技术及精细化工技术等前沿科技，是信息技术与机械、纺织和化工等传统技术融合的科技产物。近年来，新的印花设备和材料越来越多，性能越来越完善，在数码直喷设备、数码打印设备、热转印设备、数码印花用墨水、织物处理剂固色剂、转印膜等各个方面具有较大的进步，一些之前无法突破的技术壁垒也得到了解决。杭州宏华公司开发的VEGA数码印花系统可以实现140 m^2/h的喷印速度，1080 dpi的喷印精度。同时支持多种专业墨水和面料，甚至可以通过软件和硬件控制技术来控制墨滴的大小和速度，实现最佳的印染效果。与传统印花技术相比，采用该技术耗电量下降50%，耗水量下降30%，染料用量下降60%，污染程度仅为传统技术的1/25。2009年杭州宏华公司成立了国家数码喷印工程技术中心。

此外，数码印花的应用范围也在不断地扩大，北京服装学院与北京丰彩数码纺织产品有限公司，研究了芳纶1313织物的数码印花工艺，得到了适合芳纶织物数码印花的浆料配方，印花样品具有较好的鲜艳度和深度。浙江理工大学等单位合作开发了适合真丝绸热转移数码印花的专用墨水、前处理剂以及相应的生产工艺流程。

（2）转移印花技术

转移印花工艺从20世纪90年代开始在中国大陆兴起后，以其灵活的花回尺寸和逼真的印制效果，尤其是它几乎不产生污水，在环境保护方面的优势，迅速占领了许多传统的直接印花工艺市场份额。近年来，转移印花工艺在颜色的深浓度、鲜艳度、色牢度等方面都有了很大的进步。北京一些企业开发的纯棉及涤棉热转移印花新技术将印花坯布采用专用整理剂通过浸轧一烘干处理，实现了纯棉及涤棉热转移印花，将热转移印花扩大到纤维素纤维织物。减少印花废水的排放和处理费用达到80%以上，节省能源50%左右。该技术被列为2009年中国印染行业节能减排先进技术推荐目录。江苏雪豹企业也攻克了分散染料的全棉等天然纤维织物热升华转移印花技术难题，适用于大批量生产。

最近纤维素纤维织物冷转移印花技术得到快速发展，已成为棉织物可持续性染整加工技术之一。上海一些企业开发了纤维素纤维冷转移印花技术。该项目是冷转移数码喷墨技术与冷转印花技术的结合。直接喷墨在冷转移喷墨介质上，再转移图案到布面上。解决了数码印花喷头在提花织物、织物组织凹凸感风格强烈等面料因纤维毛絮及浆料粉沫易堵塞的问题、避免喷墨时布面张力问题及数码印花需要布面平整的上浆、烘干及喷墨印花蒸化的流程。冷转移喷墨墨水技术及冷转移喷墨纸技术扩大了数码印花活性墨水耐碱储存性的问题,染料品种及喷嘴材质的选择更大;冷转移喷墨介质图案在喷墨中承墨载体密度大于面料百倍,可得到高于直接喷印面料及更精确的色彩墨点,在面料受压瞬间接触转印图案到布面过程中,纤维在转印当中受挤压呈扁平状时其布面的平面密度加大,可得到更高的色彩分布及图案精度。冷转移印花技术优化上色技术达到染料利用最大化、不残留不造成污染的效果,以高转移、高固色率使染料用量节省 40%及可降解的环保原辅料,可以节省 2/3 的用水量,排放水回收使用率也可达 90%,达到生产过程清洁、环保化。成果获得"纺织之光"2009 年度中国纺织工业协会科学技术奖,并入选 2009 年中国印染行业节能减排先进技术推荐目录。

4. 后整理加工技术

在后整理技术的开发与后整理助剂的开发十分不开的,由于我国在高档后整理助剂的开发方面相对较弱,因此后整理技术的发展相对较弱。主要成果还处于基础研究状态,投入产业化的较少。

江南大学生态纺织教育部重点实验室在新型生物交联剂微生物谷氨酰胺转氨酶(MTG 酶)的应用方面取得了一些较好的成果:①利用谷氨酰胺转氨酶(MTG 酶)将具有抗菌作用的 e-聚赖氨酸催化交联的方式接枝到羊毛上,接枝后羊毛具有较好的抗菌性能;②利用 MTG 酶将具有抗菌作用的乳铁蛋白通过生物催化交联的方式固定到羊毛织物上,整理后的羊毛织物对金黄色葡萄球菌具有抑菌作用;③利用转谷氨酰胺酶 MTG 的催化作用将一类含有伯氨基和大量磷元素的化合物接枝到羊毛上,以提高羊毛阻燃性,通过此发明工艺所处理的羊毛纱线和织物,不仅使阻燃性能得到改善,而且羊毛纱线和织物的强力均得到提高。

东华大学研究了羊毛针织物的全酶法改性整理技术,经脂肪酶、蛋白酶两步处理羊毛织物,再结合 TG 酶整理工艺,面积毡缩率、顶破强力、白度等性能均能接近或达到应用要求。

安徽农业大学采用芦荟蒽醌和多元羧酸对棉织物的复合整理,通过多元羧酸的桥联作用,使蒽醌提取物与棉纤维大分子发生较为牢固的化学结合,从而使棉织物获得耐久的抗皱、抗紫外线性能。

浙江理工大学通过乳液原位聚合法制备了 TiO_2 粒子表面接枝聚丙烯酸丁酯的(PBA)/TiO_2 接枝复合胶乳,用浸轧方式对棉织物进行抗紫外线整理。PBA 接枝聚合物的存在,提高 TiO_2 粒子与纤维聚合物的相容性和结合牢度,经其整理的棉织物具有更强更耐久的抗紫外线防护性能。

苏州大学将负离子材料电气石制作成纳米级微粒,采用搅拌、超声波分散与添加有机分散剂相结合的方法使纳米微粒均匀分散形成水溶液,采用轧—烘—焙工艺使纳米电气石微粒均匀分散并牢固结合在织物上,得到纳米负离子汽车内饰面料,再用相应的整理剂整理,使内饰面料具有优异的抗振稳定性,并能释放出高浓度的空气负离子。

5. 特定纤维与织物的染整加工技术

近年来在各种纤维特别是新型纤维的染整加工技术方面也有较多的研究,取得了较好的成果。东华大学和江苏紫荆花纺织股份有限公司完成的“黄麻纤维精细化与纺织染整关键技术研发及产业化”项目，在精细黄麻纤维关键加工技术取得重大突破，尤其是在可控精细脱胶技术、协同脱色技术、柔性细化技术和高性能生化处理技术等方面形成了自主知识产权，使黄麻纤维高品质、大批量应用成为可能。已经成功开发出55%黄麻45%棉的16英支纱线、30%黄麻70%棉的32英支纱线，并开发出黄麻棉牛仔布、纱卡、帆布、平布等面料，同时也将黄麻纤维用于开发不同类型的混纺地毯、装饰、家具用织物和轻软箱包用织物。项目研究成果获得“纺织之光”2009年度中国纺织工业协会科学技术奖一等奖、2010年国家技术发明二等奖。

吴江市恒生企业完成了“十一五”国家科技支撑计划“新型非棉纤维素纤维加工关键技术”项目“竹浆纤维纺织印染加工关键技术”课题。项目针对竹浆纤维的特点，并结合最终产品的要求，系统地进行了针织物及机织物的开发，并进行了织物适用性的分析与研究；优选了低温活化氧漂工艺，改善了竹浆纤维漂白产品白度，降低了强力损失；优选了相容性好的活性染料和相应的染色工艺，提高了染色质量；开发了新型阻燃剂、紫外线吸收剂、无甲醛抗皱整理剂及相关的整理技术，提高了功能性产品的附加值。

华纺股份有限公司对COOLMAX纤维/棉混纺吸湿排汗面料的染整生产进行研究，通过烧毛温度、退煮工艺、丝光工艺、染前热定形温度等的优化，以尽可能减小染整生产对面料性能和强力的影响。加之选用日晒牢度和汗渍牢度优良的染料，采用亲水性柔软剂进行柔软亲水后整理，获得穿着柔软舒适、吸湿排汗透气性能优良的产品。

浙江理工大学在优化芳纶织物分散染料高温高压染色工艺的基础上，选择一种环保型载体进行载体染色，芳纶织物的上染率及染色牢度明显提高；在染色温度为130℃时，使染色织物的上染率达到77%以上，同时具有较高色牢度。北京服装学院研究了分散染料对聚醚砜纤维的载体染色技术，明显提高聚醚砜纤维的可染性，降低了强力损伤，达到较好的染色效果，获得良好的耐洗和耐摩擦牢度。青岛大学研究了阳离子染料对牛奶蛋白纤维的染色技术，讨论了染浴pH值、温度、时间以及电解质对阳离子染料上染牛奶蛋白纤维的影响，获得优化的工艺。浙江纺织服装职业技术学院研究了棉、牛奶蛋白纤维混纺纱线同浴染色技术，通过染料、防染剂、pH值、染色温度和保温时间等工艺因素的优化，能得到良好的同色性及较高的上染率。

富丽达等单位完成的“天然彩棉织物高档化优质化关键技术及产品开发研究”基于天然彩色棉织物高档化的目标，在开发不同产品和织造技术的同时，研发了非精练条件下彩棉的加深增艳技术和升温渗透浸轧的生态免烫技术，实现了天然彩色棉机织产品的全程绿色生态加工。成果获得中国纺织工业协会科学技术奖。

鑫缘公司和苏州大学等单位完成了国家“十一五”高科技支撑项目课题“家蚕天然彩色茧深加工关键技术研究及产业化开发”，在深加工技术方面，研究了影响天然彩丝色素结构、色素稳定性和服用性能的因素，发明了2种提高天然彩色茧丝色彩浓度的方法：采用色素转移技术对天然彩色茧丝织物进行处理，提高天然彩色茧丝丝素中的色素含量；采用微波接枝固色方法，利用微波诱导催化酯化反应，使天然有色茧丝的色素分子失去水溶性，提高了丝素中色素浓度。同时，开发了新型的真丝环保精练剂，确立适合天然彩丝的精练工艺技术，显著提高了精练后产品的色素浓度和色牢度。成果解决天然彩色茧丝在加工过程中产生色素流失、色牢度差的问题，实现了天然彩丝的产业化，生产出了色度均匀、质地柔软、色牢度好的天然彩丝产品。

此外，无锡市企业开发了高档棉织物环保免浆料织造和染整技术，山东企业开发了天然竹炭、壳聚糖纤维抗菌毛巾的染整加工技术，辽宁企业等单位开发了差别化纤维面料精细化印花技术及其产品，浙江理工大学等单位开发新颖含丝复合纤维面料环保染色技术，浙江理工大学等单位开发了甲壳胺纤维与棉混纺纱染色技术开发，江苏企业开发了针织氨纶牛仔面料匹染加工技术，愉悦家纺开发了 X - Static 抗菌银、棉混纺纤维高档家纺面料染色工艺，四川企业开发了高品质细旦黏胶长丝染色技术，这些技术成果均获得"纺织之光"2009—2010 年度中国纺织工业协会科学技术奖。

在散纤维染色方面，各类新型纤维如改性涤纶纤维、大豆蛋白纤维、聚乳酸纤维、牛奶蛋白纤维、有机棉等的散纤维技术被开发应用。无锡企业开发了棉散纤维精练酶 CBS 前处理工艺，该工艺条件温和，对棉纤维损伤小，毛效高，染色得色量高，染色后的纤维手感柔软，具有更好的可纺性。西安工程大学开发了毛/腈散纤维微悬浮体染色新技术，该技术能显著缩短 Lanasol 系列和 Maxilon 系列染料染色时间，减少阳离子染料对羊毛的沾色，消除由于染料电性不同导致的染料沉淀，提高染料利用率，减少纤维在染色过程中所受的损伤，减轻污水处理负担，赋予染色纤维鲜艳的色泽，提升染色纤维的质量品质。

6. 高新技术在印染加工中的应用

采用高新技术改造印染加工的自动化水平，提高加工效率，节约能源消耗也是印染行业科技发展的一个方向。

(1) 数字化控制技术

数字化处理技术在印染加工中的应用不仅在产品质量控制方面发挥了巨大的作用，而且在提高加工效率、减少资源消耗、提高印染加工清洁生产水平方面发挥作用。近年来，印染加工数字化控制技术发展很快。

江苏常州宏大公司推出的"印染数字化系统"方案，被列入中国印染行业协会节能减排先进技术推荐目录。该技术在对现有生产过程的关键点工艺参数实现在线检测和自动控制，主要是实现某种加工工艺的单个关键点或者几个关键工艺参数的自动化控制；实现单机台的自动化控制和数字化管理，通过对单机台的工艺参数进行量化控制，克服人为因素而造成的误差，并通过记忆和存储工艺菜单很好地实现重现性，大大提高一次性成功率；实现生产过程的数字化控制和数字化管理，主要是印染生产过程中各种工艺的连续化检测控制和网络数字化管理，实现印染的数控。并成功研发了 MAX - 300 碱浓度在线检测及控制系统、MSC - U 织物含潮率在线检测及控制系统、气氛湿度在线检测及控制系统、PH - 500 型 pH 值在线检测控制系统、HD 门幅在线检测及控制系统等印染工艺设备在线检测系统及印染专家管理系统，实现了各种印染生产工艺的连续化检测控制、网络数字化管理和生产过程的水电气能耗、产量、成品率的有效管理。同时推出了一系列印染装备数字化解决方案。相关技术获得"纺织之光"2009 年度中国纺织工业协会科学技术奖，江苏省科学技术厅认定为高新技术产品。

杭州开源电脑技术有限公司开发出了拥有自主知识产权的印染在线采集系统，运用 PLC 系统、工业仪表传感器、现场测量仪器，结合开源的软件操控平台，对纺织印染企业生产过程中制造设备运行和工况的水、电、气、含潮率、张力、压力、温度、碱浓度等参数进行实时检测监控，动态发布指令并有效调控；系统在此基础上生成丰富的生产分析报表，为企业提供精确的生产经营决策，作到有效控制能耗，降低生产成本，提高产品质量。被列入2009年中国印染行业协会节能减排先进技术推荐目录。

厦门企业开发了CIMATEK CG100半自动液体称量控制系统，采用一种高精度半自动称量系统，经由计算机连接高精度电子天平，通过控制助剂质量的方式获得所需助剂。在称量过程中可把助剂计量精确到一定范围，并能详细记录称量结果，提供完善的统计报表，改善工作环境，减少人力消耗，杜绝人为误差，减少浪费与异常，可节约助剂约5%～15%。

绍兴中纺院江南分院有限公司承担完成了浙江省重大科技攻关计划项目“涤纶纤维筒子染色质量控制体系研究”项目，针对涤纶纤维筒子染色大量白色粉末析出、色纱含杂严重等长期困扰行业的共性技术难题，提出了涤纶纤维筒子染色表面杂质的成因机理，从控制色纱含杂的工艺技术入手，开发了优化染色工艺软件，建立了简捷、快速、实用的相关检测方法和原料分级标准。研究成果获得“纺织之光”2010年度中国纺织工业协会科学技术奖。

(2) 超临界CO_2流体染色技术

近两年来，由于国内对纺织印染企业的用水及排污控制越来越严，也促进了超临界CO_2流体无水染整技术的研究发展。目前国内部分高校、研究机构、企业已由前几年的超临界流体小试染色装置，发展到目前较大规模的中试及中试以上规模的装备系统。其中现代丝绸国家工程实验室(苏州大学)设计研制的SD系列超临界流体染色机，其在加工容量、装备系统的自动化程度、织物的运转方式等方面都远领先于国内同类装置系统，设备可实现整机电脑程序控制，并达到中试以上规模水平。东华大学研制可用于筒子纱染色的超临界流体中试装置系统。

由大连工业大学和光明化工研究设计院共同完成的“超临界CO_2无水染色技术与工程化设备”和“散纤维及成衣制品无水染色”项目已经通过鉴定。合作双方研制了具备中试生产规模的工程化设备，在散纤维和成衣艺术染色方面具备了产业化条件。研制开发的超临界CO_2染色工业化示范装置，采用了大流量内循环系统，染色釜具有内染和外染的功能，染色系统具有快开联锁安全保护功能，采用了PLC控制，能满足多种纺织品的染色需要，具有上染率高、色牢度好、工艺流程短、占地面积小、染料和CO_2可循环使用的特点，提供了工程化生产放大的依据；同时，将扎染技术与超临界CO_2染色技术相结合，实现了成衣制品艺术染色，研发了天然色素萃取染色一步法新工艺，可满足小批量、多品种的生产要求。

在工艺应用方面的研究也由原来单纯用于纺织品染色，发展到纺织品退浆前处理及功能性后整理方面的研究和试验。在适用纤维方面，也由单一合成纤维加工，发展到天然棉、真丝、毛等纤维品种。东华大学进行了超临界CO_2介质染色的分散染料拼色性能研究，研究表明，分散染料三原色在超临界CO_2流体介质中的上染速率与水浴染色基本一致，提升力与水浴染色相似，具有良好的配伍性。中国农业科学院对在超临界CO_2介质中对苎麻酶脱胶的探索研究，结果证明超临界CO_2条件有利于加速酶催化苎麻脱胶反应进程，使脱胶效果提高60%～100%。北京服装学院研究了分散染料以超临界CO_2为介质对人造麂皮的上染性能。

(3) 等离子体技术

近年来，等离子体技术的开发已从基础研究转向实际应用阶段。中科院微电子所和中国纺织科学研究院江南分院联合研制的常压等离子体共性技术设备通过中国纺织工业协会鉴定，工业用常压等离子技术处理设备的成功研制，是推动等离子技术在纺织印染工业生产领域广泛使用的一大突破。常压等离子体示范实验基地已在位于绍兴的中纺院江南分院建成，并实现连续稳定运行。应用常压等离子技术处理后，棉布在轧染的前处理过程可省略或缩短退浆煮练等过程，降低生产成本，减少水资源浪费和化学污染物排放，可节能减排约 30%。同时，该技术对于改善纤维染色印花性能、提高色牢度、提高羊毛防毡缩性能、改善织物手感风格、去除甲醛及过敏性气体等也有明显效果。

东华大学国家生态纺织实验室采用空气等离子体低压辉光放电处理，对芳纶纤维表面进行改性，然后进行涂料印花。等离子体处理后芳纶纱线的拉伸强力略有增加，对亚甲基蓝阳离子染料的吸附量增加。芳纶织物经涂料印花后，干、湿摩擦牢度及耐刷洗牢度均有提高。东华大学研究了氟碳化合物等离子体处理对纯棉织物表面性质的影响，以六氟丙烯、全氟庚烷、八氟环丁烷、1,1,1,3,3,3-六氟-2-丙醇和 2,2,2-三氟乙醇等氟碳化合物为气氛对纯棉织物进行等离子体处理，处理后的纯棉织物具有一定的拒水拒油性能，为新型防水整理技术的开发提供依据。

北京服装学院研究了常压等离子体处理对麻棉织物短流程前处理的影响。通过在短流程前处理工艺之前增加一道等离子体预处理工艺，可达到既节约成本又节能减排的目的。实验结果表明：较常规短流程工艺，等离子体预处理不仅实现了无碱前处理，而且双氧水用量节省了 30%，汽蒸时间也缩短了 30%。

此外，江南大学研究了常压等离子体处理对羊毛纤维表面性能的影响，结果表明经常压等离子体处理后，羊毛纤维表面发生了刻蚀作用，纤维的润湿性得到改善；随着处理时间的延长，刻蚀作用逐渐加强，纤维的润湿性显著提高。西安工程大学研究了等离子体处理对精纺毛织物拒水拒油性能的影响，结果表明等离子体对精纺毛织物表面进行预处理，可以提高有机氟拒水拒油整理剂整理织物的拒水拒油性能和透气性能。上海工程技术大学研究了低温等离子体处理对芳砜纶性能的影响，结果表明经常压低温等离子体处理后，芳砜纶纤维的摩擦因数和回潮率有一定的提高，阻燃性能变化不大，纤维拉伸强力、拉伸初始模量有所下降。四川大学研究了壳聚糖一氧气等离子体对棉织物的整理，经氧气等离子体处理后，能提高棉织物的拉伸断裂强力，明显改善织物的吸湿性，提高服用舒适性，并且织物整理的耐久性较好。

(4) 超声波技术

超声波技术在印染加工中的应用研究也取得实质性的进展，江南大学、无锡南方声学工程有限公司完成了“多频超声节能印染加工关键技术及产业化研究”项目，解决了多频大功率超声源的可靠性、智能性和多频超声换能器的水密性、稳定性等技术难题，根据纺织品加工特点研制开发出了具有多种辐射频率的多频超声水洗装置，已对印染企业的多条水洗生产线进行了改造，在前处理加工水洗、染色加工水洗、印花加工水洗等各个印染加工水洗工序进行了试验和应用，设备具有噪声小、可靠性优良等特点，可以达到与目前高温水洗生产相同的质量要求，同时节能、节水、减排的效果显著。研究成果获得了中国纺织工业协会科学技术奖。

此外，苏州大学研究了超声波条件下天然染料大黄素、大黄酚对PTT和PLA纤维的染色性能。浙江理工大学研究了超声波技术在真丝印花织物退浆中的应用技术，超声波退浆水洗效果明显优于常规水洗，而且节能减耗。大连工业大学研究了超声波对茜草植物染料进行萃取和棉针织物的染色的效果，超声波可提高茜草染料的萃取率和织物的上染率，同时改善染色匀染性，提高染色牢度。五邑大学研究了超声波用于植物靛蓝染料染棉织物的最佳染色工艺，可使染色样品的耐摩擦色牢度和耐皂洗色牢度有所提高，而且可缩短染色时间，提高上染率，降低染色温度。

(5)纳米技术

纳米技术在纺织品加工中的应用研究仍然是近年来研究开发的热点主题，研究成果已广泛用于工业化生产和应用。辽宁企业开发了纳米复合型涂料印花黏合技术，上海企业开发了纳米级银粒子生态抗菌面料加工方法。苏州大学发明了丝织物原位纳米生态染色及功能整理技术，可在真丝上原位形成有色纳米粒子，使真丝织物着色，并赋予真丝织物抗菌、防紫外、阻燃等多种功能。综合多项专利技术开发的纳米抗菌系列整理剂及应用技术，已投入工业化生产。

此外，东华大学采用金属醇盐溶胶一凝胶法制备均匀稳定的纳米ZnO溶胶，利用浸轧法将溶胶处理到涤纶织物上，获得良好的抗紫外和抗静电性能。用自制的TiO_2-SiO_2复合溶胶整理芳砜纶织物，使纳米TiO_2原位生长于芳砜纶纤维上，有效地提高芳砜纶织物的紫外光老化。陕西科技大学采用TiO_2溶胶处理棉织物，然后分别使用硬脂酸、全氟十二烷基三氯硅烷以及两者联合对织物表面进行低表面能处理，制备出超疏水棉织物，并使织物具有良好的紫外线屏蔽性能。西安工程大学选用经硅烷偶联剂KH550和KH560改性后的Si_3N_4纳米粉体对棉织物进行抗紫外线整理，不仅增强织物抗紫外线性能，而且提高活性染料对棉织物的上染性能。上海工程技术大学在自制的改性纳米光触媒水溶胶上引入硅氧基等保护基团，制成具有反应性基团的纳米有机化合物，采用接枝或交联方法，优化纳米TiO_2在织物上的分散均匀性及其与纤维结合的坚牢度，使纺织品获得耐久性光催化降解性能，可通过光催化降解织物释放的甲醛。苏州大学以多羟基为桥基增强硅烷偶联剂对纳米TiO_2的改性效果，得到了分散性好的高浓度纳米TiO_2水性分散浆，用于真丝织物后的紫外防护整理。安徽工程科技学院将以封端异氰酸酯制备的聚氨酯对纳米TiO_2进行改性，得到分散性较好的纳米TiO_2整理液，用于棉织物的整理，获得耐久的紫外屏蔽效果。

(三)印染废水处理及回用技术

随着社会经济的不断发展和人们环境意识的提高，我国加大了对印染污水的治理。近年来，国家增加了印染废水排放指标的限定。目前，印染废水的处理技术开发研究主要集中在高新技术的应用上面。主要途径有：①光催化氧化技术，能有效地破坏许多结构稳定的生物难降解的有机污染物，具有节能高效、污染物降解彻底等优点，研究内容主要集中在对光催化剂的研究上；②膜分离技术，膜分离技术处理印染废水是通过对废水中的污染物的分离、浓缩、回收而达到废水处理目的。现在膜处理技术主要有超滤膜、纳米滤膜和反渗透膜。研究内容主要集中在与其他处理技术的结合方面，形成了废水深度处理及回收利用极有前途的物理化学处理新技术。在处理工艺上，清浊分流分质处理、多种技术综合处理等工艺思路已被广泛采用，大大提高了印染废水处理的效果，使中水回用比例得到提高。近两年通过印染企业、环保部门以及水处理行业的共同努力，我国印染企业的水处理水平有了大幅度的提高，特别是中水回用率有了很大的提高。

武汉纺织大学的“纺织印染废水微波无极紫外光催化氧化分质处理回用技术”项目荣获2009年度国家技术发明二等奖。该项目从微波等离子体发光原理研究入手，研制了可工业化的大功率、短波长微波无极紫外光源，解决了光催化氧化技术工业化应用中的光源功率低、寿命短、光催化剂催化效率低等瓶颈问题，研制了固定化钛系催化剂和均质铁系催化剂，解决了光催化剂在液相体系反应中易流失、催化效率低等问题；研制了光化学反应器，解决了印染废水的高效脱色和回用时的残余氧化剂问题；发明了微波无极紫外光催化氧化技术，在纺织印染行业实现了高温染色水洗等印染工序废水的分质处理回用的工业化。针对印染终端废水，发明了微波等离子体协同无极紫外光催化氧化技术，水力驱动载体循环生物处理技术和无机生物填料；并形成了印染终端废水生化—物化处理新工艺，实现了印染终端废水深度处理及部分回用。

青岛凤凰印染有限公司开发的蜡染行业资源循环利用集成技术与装置，针对蜡染行业的特点，开展技术创新和新技术应用，将蜡染节能减排新技术应用于生产全过程，形成了一套蜡染废水分质处理及回用的综合治理新方法，采用生产工序分质处理回用及终端处理回用的思路对蜡染废水进行了处理，进行节能减排综合治理，实现退蜡废水在线处理回用并回收了松香，对印花后水洗废水进行在线处理回用并回收了热能，从而减轻了终端废水处理设施的压力，实现了终端废水的达标排放及深度处理后的部分回用，既节约了自然资源，又减少了对环境的污染，保护生态环境。研究成果获得“纺织之光”2010年度中国纺织工业协会科学技术奖一等奖。

杭州水处理技术研究开发中心开发的3000 m^3/d染整废水深度处理回用系统采用了自反洗滤器的预处理技术与膜处理的软化除盐处理技术相结合的组合工艺。该方案处理工艺成熟，可确保回用水水质稳定达标，实现中水资源化利用。该回用系统设备自动化程度高，维护简单，无二次污染，较好地实现了染整中水的资源化。水回用成本仅为2.3元/t。日前获得AQUATECH CHINA国际水展“MARKET'S CHOICE”最佳污水处理解决方案优胜奖。

苏州大学与嘉兴市新大众印染有限公司共同完成了浙江省重大科技专项优先主题工业项目“印染废水高效絮凝剂开发及废水回用技术”，项目从高效絮凝剂的开发、适用于中水回用的印染加工专用助剂的研制、印染废水深度处理和回用的自动控制系统等建立等几方面入手，实现印染废水的高比例回用。研究成果获得“纺织之光”2010年度中国纺织工业协会科学技术奖三等奖。

江苏省企业以印染厂高浓度的废碱液作为除尘器的水源，采用钠钙双碱法脱硫的新工艺，将印染废水用于烟气除尘脱硫，使废水在除尘脱硫过程中脱胎换骨，既缓解了污水处理厂的排放压力又使烟气二氧化硫去除率达98%，开辟了印染废水处理的新途径。

有关印染废水处理的研究十分活跃，西安建筑科技大学采用"厌氧序批式反应器－分置式膜生物反应器－反渗透－浓水氧化工艺"组合处理印染废水，既可以实现处理出水回用，又满足了反渗透浓水达标排放要求。中国科学院上海应用物理研究所对厌氧膜生物反应器处理活性染料印染废水进行了研究，该技术是将膜技术与厌氧反应器相结合的一种新的污水处理技术，其主要特点是实现了污泥停留时间和水力停留时间的有效分离，解决了传统厌氧工艺中生物量从生物反应器中流失的技术问题。天津工业大学研究了"混凝沉淀＋水解酸化＋膜生物反应器(MBR)工艺"处理印染废水的技术。该工艺在处理印染废水时可获得连续稳定的处理效果，出水水质完全满足纺织印染整个行业水污染物一级排放标准。厦门理工学院研究了采用微电解 UV/Fenton 法进行了印染废水预处理的方法，使通过预处理的印染废水可生化性能大大提高。南通大学以纳米 SiO_2/Fe_3O_4 为载体，采用溶胶－凝胶法制备了 ZnO 掺杂的磁载纳米 TiO_2 复合粉体，研究了对印染废水进行太阳光催化降解处理的效果。四川省纺织科学研究院探索了臭氧氧化降解染料色素的因素，并研制出了一种复合固相催化剂，提高了臭氧脱色效果。

三、国外本学科的发展

综合近年来国外印染加工技术的发展方向与我国的研究方向基本一致，但国外的研究水平相对较高，特别是在成套技术的开发方面值得我们学习和借鉴。

美国和丹麦的化工企业合作，共同推出了适合纺织品漂白的创新工艺 Gentle Power Bleach。该工艺采用以生物酶为基础的过氧化物漂白系统，可在65℃近中性条件下进行，大大降低了传统漂白工艺的温度和化学药剂用量。利用 Gentle Power Bleach 处理后，织物手感更柔软蓬松，且适合染各种颜色。使用该新工艺，可以减少纺织品加工过程中对环境的污染，具有节能环保优势。

英国利兹大学的教授介绍了一种活性染料改性的新技术。以该技术生产的活性染料可以在完全无盐无碱的条件下染未经表面处理的棉、毛及丝纺织品。该染料具有全新的化学反应机理，上染完全无需盐或碱，染料在染色过程中完全不水解，因此同一染液可以无数次的100％回用，实现无废水排放染色，对环境保护有很大的益处。

日本开发的环保染料 dyestone，是将不溶性色素分解为纳米级粒子，把被分解的高分子通过微胶囊技术加工，把这种特殊处理的染料固化在织物的纤维中。日本研发了一套针对该环保染料的生态后整理固色加工技术 Eco-Finish。应用这种染料与技术所有面料都可以在无黏合剂的情况下直接进行染料固色，由于不需要汽蒸、水洗等传统工序，节省时间与成本，缩短了工期。

澳大利亚 Leopold-Franzens 大学研制出了极具生态优势的阴极再生还原剂来替代还原染料染色中的非再生还原剂，染浴的再生通过超过滤实现。这一技术可以大幅降低染化料的消耗和废水的排放。

以色列推出了一种利用其现有的喷墨技术和自动润湿解决方案在深色纯涤纶织物以及深色涤纶高性能织物上印花。该软件方案应用数码印花技术可实现高品质的深色涤纶个性化印花，该纺织数码水性油墨在低温固化状态下，具有极高的持久性和洗涤牢度，其专有的前处理润湿性解决方案使织物表面形成了一个密封的染色层,防止服装的染料与油墨层混合。英国利兹大学研制出了一种低成本的四色染料型喷墨印花系统,在点染印花中,该系统用红墨和蓝墨代替品红和青色油墨。这一装制利用多项式转化,映射出XYZ 颜色三刺激值和数码 RBYK 值的关系,构造出二次方程,从而实现颜色的设置,平均误差低于 7 个 CIELAB 单位。英国现已开发出一种喷墨型纳米加工技术,可用于纺织品的印花和整理环节,该技术可节约巨大的成本和能源。

四、本学科的发展展望

展望今后几年的发展趋势,印染行业要面对的困难和任务还很多。美欧日等经济体失业率仍然居高不下、欧盟债务危机的爆发、人民币被动升值、对纺织品生态要求的提高等因素将影响中国印染布的出口;原材料成本上涨、技术工人缺乏、劳动力成本上升、环境成本提高,使企业生产成本压力持续增加。此外,根据《纺织工业调整和振兴规划》,要实现到 2011 年年底"淘汰 75 亿 m 高能耗、高水耗、技术水平低的印染能力"的目标,完成"企业单位增加值能耗降低 10%以上,中水回用率达到 35%以上;新型纤维面料、功能整理产品等高档产品比重由目前的 20%提高到 30%左右"的任务。2010 年上半年,国务院发布了《关于进一步加强淘汰落后产能工作的通知》,要求 2011 年年底前,印染行业要淘汰 74 型染整生产线、使用年限超过 15 年的前处理设备、浴比大于 1∶10 的间歇式染色设备,淘汰落后型号的印花机、热熔染色机、热风布铗拉幅机、定形机,淘汰高能耗、高水耗的落后生产工艺设备。

因此,印染行业转变经济发展方式已刻不容缓,印染企业要加快转方式、调结构的步伐,提高经济增长质量和效益,依靠科技进步和科技创新,逐步实现高效、高质、低碳和品牌国际化。具体应从以下几方面入手:①在淘汰落后产能的同时,加快技术改造,用高新技术提升印染加工技术水平,提高资源利用效率,大力推广节能减排、生态环保的加工新技术,重点研究推广棉织物低温漂白、活性染料湿短蒸染色、新型涂料染色、针织物平幅冷轧堆染色、气流染色、低给液率染色及整理、超声波染整加工等技术。研发印染加工生产过程的网络监控系统、高效数字化印花集成技术等印染在线检测及数字化技术,提高生产效率。②加强新型纤维的性能和加工技术研究,从纤维、织造、染整多方面入手进行攻关,开发各种机械和化学后整理技术,特别是成套加工技术,提高产品的功能、档次和附加值;研究开发新型纤维如碳纤维、聚乳酸、大豆、牛奶纤维,差别化、功能性高附加值纤维,以及多组分纤维面料的染整技术和特殊功能整理技术。③加强生态环保染料、助剂的开发,提高印染加工过程的绿色生态性。同时,加紧建立与国际接轨的产品技术标准和法规,克服国外的技术壁垒,增加产品的出口。

参考文献

[1] 田利明. 2009 年中国染料行业生产增长出口下降效益降幅收窄[J]. 江苏纺织,2010(3):14-18.

[2] 章杰. 节能减排环保型棉用染料的新发展和应用[J]. 上海染料,2009,37(5):1-11.

[3] 章杰. 节能减排环保型合纤用染料的新发展和应用:一[J]. 上海染料,2009,37(6):1-4.

[4] 章杰. 节能减排环保型合纤用染料的新发展和应用:二[J]. 上海染料,2010,38(1):1-6.

[5] 高树珍,常江. 纤维素酶和蛋白酶复配处理羊毛纤维[J]. 毛纺科技,2010,38(4):8-11.

[6] 马小云,王平,范雪荣,等. 反胶束体系中的羊毛蛋白酶处理[J]. 纺织学报,2009,30(11):76-80.

[7] 王祥荣. 聚酯纤维织物碱减量处理促进剂:中国,200710040964.9[P]. 2009-06-24.

[8] 王祥荣. 真丝绸精练剂:中国,200810023525.1[P]. 2009-12-30.

[9] 姜建堂,沈一峰,林鹤鸣,等. 真丝绸冷轧堆染色新型固色碱体系的研制[J]. 丝绸,2010(1):12-14.

[10] 王玉娟,葛凤燕,蔡再生,等. 防蚊微胶囊的制备及驱杀蚊研究[J]. 印染助剂,2009,26(11):24-27.

[11] 赵雪,乔真真,何瑾馨,等. 壳聚糖双胍盐酸盐对羊毛织物抗菌性能的影响[J]. 毛纺科技,2009,37(10):23-26.

[12] 王俊华,蔡再生. 角鲨烷微胶囊在织物护肤整理中的应用[J]. 纺织学报,2010,31(1):76-80.

[13] 周文敏,沈一丁,李培枝,等. 水性全氟丙烯酸酯防水防油整理剂的研制[J]. 印染,2009(9):11-14.

[14] 窦蓓蕾,安秋风,马军建,等. 聚氨酯改性氟代聚丙烯酸酯易去污整理剂的合成及应用 [J]. 2010,39(2):189-194.

[15] 徐春松,邵建中,刘今强. 棉纱线的 H_2O_2/NOBS 低温活化漂白工艺[J]. 印染,2009(19):5-8.

[16] 张爱,沈华,施秋萍,等. 棉针织物 H_2O_2/NOBS 活化体系低温练漂工艺[J]. 印染,2009(24):18-28.

[17] 张婧,李宏伟. 活化剂 NOBS/TAGU 在棉冷轧堆前处理中的应用[J]. 印染,2009(20):16-18.

[18] 张莹,姚金波,刘夺奎. 纯棉机织物连续生化前处理[J]. 印染,2010(4):22-25.

[19] 房宽峻. 低碳时代棉织物前处理工艺革新[J]. 印染,2010(8):12-20.

[20] 李立恒,谢达平,揭雨成,等. 苎麻酶一化学联合脱胶工艺优化[J]. 纺织学报,2010,31(2):60-63,68.

[21] 邓一民,张高军,敬凌霄,等. 蚕丝木瓜蛋白酶脱胶工艺条件探讨[J]. 丝绸,2009(9):20-23.

[22] 李连颖,王天靖,陈志华,等. ECO 活性染料湿蒸短流程和轧烘轧蒸染色工艺[J]. 印染助剂,2010,27(2):39-42.

[23] 罗艳辉,韩丽娟,宋绍玲,等. 棉纤维无碱改性无盐活性染料染色技术研究[J]. 纺织科技进展,2009(5):6-9.

[24] 胡少刚,周奥佳,阎克路. 牡丹花天然植物染料对羊毛织物染色性能的研究[J]. 染料与染色,2009,46(1):26-30.

[25] 吕丽华,吴坚,叶方. 天然植物染料橘子皮对毛织物染色性能研究[J]. 毛纺科技,2009,37(10):15-18.

[26] 王嘉伟,王祥荣. 大黄素对 3 种聚酯纤维的染色热力学研究[J]. 印染助剂,2009,26(5):17-19.

[27] 周岚,邵建中,柴丽琴. 阳离子改性剂在棉纤维天然染料染色中的应用[J]. 纺织学报,2009,30(10):95-100,105.

[28] 侯学妮,王祥荣,丁雷,等. 紫胶色素对真丝的染色性能研究[J]. 印染助剂,2009,26(2):16-19.

[29] 陈国强,邢铁玲,关本清,等. 薯莨提取液对真丝绸的染色方法:中国,200710039385.2[P]. 2009-09-16.

[30] 孙戒,徐小军,颜震,等. 蛋白酶在真丝织物茜草染料染色中的应用[J],丝绸,2010(2):15-17.

[31] 刘江坚. 气流染色机对针织物湿处理的功能[J]. 针织工业,2010(4):25-27.

[32] 金雪,甘厚磊,王罗新,等. 纺织品数码喷墨印花墨水的研究进展[J]. 纺织科技进展,2010(1):1-4.

[33] 王建明,刘长庚. 芳纶织物数码印花工艺研究[J]. 纺织导报,2010(3):80-82.

[34] 余圆圆,范雪荣,王强,等. 基于 MTG 酶催化的乳铁蛋白对羊毛织物抗菌整理[J]. 纺织学报,2010,31(1):85-90.

[35] 张华莹,张瑞萍,蔡再生.羊毛针织物的全酶法改性整理[J].针织工业,2009(9):56-59.

[36] 何银地,黄晨,许云辉,等.芦荟蒽醌和多元羧酸对棉织物的复合整理[J].纺织学报,2010,31(2):64-68.

[37] 徐霞,邢铁玲,钟天凯,等.纳米负离子整理剂的研制及其在汽车内装饰面料上的应用[J].印染助剂,2010,27(6):39-42.

[38] 李玉华,王力民,高鹏,等.COOLMAX 面料的染整加工[J].印染,2010(2):20-22.

[39] 梁萍,汪澜.芳纶织物分散染料载体染色工艺研究[J].浙江理工大学学报,2010,27(1):41-45.

[40] 肖佩佩,李宏伟.聚醚砜纤维的载体染色性能研究[J].纺织导报,2009(3):93-96.

[41] 马晶,张建英,张林,等.阳离子染料对牛奶蛋白纤维的染色性能研究[J].印染助剂,2009(4):22-24.

[42] 袁近.棉/牛奶蛋白纤维混纺纱线同浴染色技术[J].纺织学报,2009,30(5):73-77.

[43] 尹寿虎,杭彩云,许正奎.棉散纤维精练酶 CBS 前处理工艺[J].印染,2010(5):18-20.

[44] 杜银芸,邢建伟,徐成书,等.毛/腈散纤维微悬浮体染色新技术[J].毛纺科技,2009,37(7):25-27.

[45] 左津梁,黄钢,邢彦军,等.超临界 CO_2 介质染色的分散染料拼色性能[J].印染,2010(6):10-14.

[46] 杨喜爱,彭源德,唐守伟,等.超临界二氧化碳酶降解苎麻胶质与产物测定[J].纺织学报,2009,30(5):82-87.

[47] 沈丽,戴瑾瑾,陈全伦.氟碳化合物等离子体处理对纯棉织物表面性质的影响[J].纺织学报,2009,30(12):71-75.

[48] 魏峰,李宏伟,池海涛.用常压等离子体实现无碱短流程前处理[J].毛纺科技,2010,38(1):13-16.

[49] 邓炳耀,高卫东,费燕娜.常压等离子体处理对羊毛纤维表面性能的影响[J].毛纺科技,2009,37(12):17-19.

[50] 孙阳光,尉霞,兰振华.等离子体处理对精纺毛织物拒水拒油性能的影响[J].陕西纺织,2010(1):18-20.

[51] 董淼军,林兰天,郑慧琴.低温等离子体处理对芳砜纶性能的影响[J].上海纺织科技,2010,38(1):16-17.

[52] 肖高,尹永志,施亦东,等.壳聚糖—氧气等离子体对棉织物抗皱及透湿整理[J].印染助剂,2010,27(3):19-23.

[53] 蔡英,陈溶.超声波技术在真丝印花织物退浆中的应用[J].浙江理工大学学报,2009,26(6):841-845.

[54] 刘文晶,崔永珠.超声波法对茜草染料棉针织物染色性能的改善[J].针织工业,2009(5):38-41.

[55] 赵其明,张义安.超声波对植物靛蓝染棉织物染色性能的影响[J].纺织学报,2009,30(12):66-70,75.

[56] 周兆懿,赵亚萍,蔡再生.涤纶织物表面纳米 ZnO 微晶的制备[J].印染,2009(21):1-5.

[57] 薛朝华,贾顺田,张静.二氧化钛溶胶—凝胶法制备含氟超疏水棉织物[J].印染,2009(23):1-4.

[58] 郭辉,张辉,王笄.棉织物的改性纳米 Si_3N_4 抗紫外线功能整理[J].天津工业大学学报,2010,29(2):51-55.

[59] 王黎明,沈勇,张惠芳,等.棉织物改性纳米 TiO_2 光触媒整理[J].印染,2009(21):6-9.

[60] 卢红蓉,郑敏.纳米二氧化钛水性分散浆对真丝织物紫外防护整理[J].印染助剂,2010,27(4):20-24.

[61] 刘新华,汪文睿,武志光,等.聚氨酯改性纳米二氧化钛整理剂的制备和应用[J].印染,2009(12):32-34.

[62] 赵新景,梁国明,周保昌.AnMBR 处理活性黑 KN-B 印染废水[J].膜科学与技术,2010,30(2):

79 -85.

[63] 高丽琼,张宇峰,张朝晖,等. 混凝沉淀+水解酸化+MBR 系统处理印染废水[J]. 工业水处理,2010,30(5):54 - 56.

[64] 李元高,刘维,曾孟祥. 微电解-UV/Fenton 法组合预处理印染废水研究[J]. 厦门理工学院学报,2010,18(1):65 - 67.

[65] 鞠剑峰,汪冬庚,缪勤华. 磁载纳米 TiO_2 复合粉体处理印染废水[J]. 印染,2010(4):19 - 21,30.

[66] 陈松,蒲宗耀,吴晋川,等. 印染废水臭氧脱色工艺技术研究[J]. 纺织科技进展,2010(3):6 - 11,53.

[67] Xennia . Technology Ltd. Xennia introduces nano process technology for textile applications[J]. Asian Textile Journal,2010, 19 (5):44.

[68] Zhang Yuqian, Cheung Vien, Stephen Westland, et al. Colour management of a low-cost fourcolour ink-jet printing system on textiles[J]. Coloration Technology, 2009,125: 29 - 35.

[69] Gorjanc M. , Gorenšek M. Cotton functionalization with plasma[J]. Tekstil , 2010,59 (1 - 2) :11 - 19.

[70] El-Zawahry M M. Ecofriendly dyeing of linen fabric with natural dyes using different enzymes complexes[J]. Man-made Textiles in India, 2009(10): 337 - 343.

[71] Esen ÖZDOGAN, et al. Effects of atmospheric plasma on the printability of wool fabrics[J]. TEKSTiL ve KONFEKSiYON, 2009(2):123 - 127.

[72] Haggag K, Kantouch F, Allam O G, et al. Improving printability of wool fabrics using sericin[J]. Journal of Natural Fibers, 2009(6):236 - 247.

[73] Gorjanc M, Mozeti M, Gorenšek M. Low-pressure plasma for pretreatment of cotton fabric for better adhesion of nanosilver[J]. Tekstil, 2009, 52 (10 - 12): 263 - 269.

撰稿人:王祥荣

服装设计与工程发展研究

中国是全球最大的服装生产国，全国具有一定规模的服装生产企业超过 11 万家，服装从业人员 1000 余万人，拥有年产服装 520 亿件的生产能力。2008 年、2009 年是中国服装行业积极应对全球经济危机，与关联产业共同谋求行业发展，同舟共济、开拓进取的两年。虽然规模以下服装企业面临着生存窘境，然而全行业规模以上企业的生产和效益却逆势而涨，共计完成服装产量 237.5 亿件，同比增长 6.94%；行业利润总额、行业利润率、企业平均利润总额以及人均利润分别实现 21.31%、5.93%、26.77%和 19.70%的大幅度增长。服装行业发展能力指标中主营业务收入和利润增速两项指标超过 2008 年，反映了行业发展模式从规模扩张向效益扩张的转变。

然而，值得深思的是，《中国服装协会工作报告》(2009 年度)认为"减员增效成为 2009 年服装经济运行的最大特点"。报告分析了行业目前的科技水平，认为："我国服装工业缝制技术装备水平已经达到国际领先，然而服装科技水平在全球仍然比较低。我国要从服装大国向服装强国转变，首先要成为服装科技领先的强国，要拥有强大的自主研发能力，使我国服装行业始终走在国际前沿。"面对服装产业的期待，学科要密切联系生产实际，加强服装及相关适用技术和前沿技术的研究，大力培养优秀人才，为产业的发展提供技术服务和指导。

一、我国本学科的发展现状

(一)电子量身定制相关研究进展

电子量身定制，即 eMTM，是服装生产快速反应的关键链条之一，也是服装行业发展的必然方向。近几年国内在服务于电子量身定制方面的相关理论、技术及实践研究取得了一些新进展。

1. 三维人体测量技术研究

三维人体测量技术仍然是当前服装设计与工程学科研究的热点，是实现服装数字化设计、三维虚拟试衣、电子量身定制及电子商务等应用目标的必要前提。近两年，国内对于该项技术的研究主要集中在测量系统设计与人体轮廓提取两个主要方面。

杨礼康等设计研制了由摄像装置拍摄人体在确定位置不同角度的图像，然后由计算机提取人体尺寸数据的测量系统样机。经对塑料人体模特的实测验证，可较为快速、准确地提供人体测量数据。张泓宾等针对相位法三维非接触测量中的相位展开，多视点距离图像的对准、集成及人体轮廓曲线特征点的抽取等关键技术问题，进行了深度研究，取得了一定成果。方金通过增加镜面组合系统，提出了一种采用单台相机的三维人体测量方法，同时还提出了采用增强大津法判定最佳阈值分割与形态学运算相结合的人体轮廓提取的新方法。曹之江、卢晨、夏君生等分别探讨了三维人体测量中人体轮廓的提取及数据误差的处理等。

谢琴提出了开发专用软件，借助因特网、电脑、摄像头等常用硬件进行异地在线人体测量的设想。技术人员通过网络视频指导被测者的站姿和位置，采集其正面、侧面、背面图像，系统经过图像导入、人体轮廓提取、图像转换等步骤生成被测者三维模型，然后在该模型上提取所需的人体尺寸。该方法无需特制的硬件设备，且操作简单、快捷。

2. 电子量身定制相关研究

服装业要真正实现数字化定制，除应继续改进人体测量技术外，还需进一步推进数字人体建模、虚拟试衣的研究。近年来这一领域的研究主要有以下成果。

(1) 数字人体建模

李燕使用三维扫描仪获得人体的点云数据平台，然后利用逆向工程软件 Geomagic Studio 实现快速建模，探索出一种在非接触测量技术基础上快速构建个性化三维人体 NURBS 曲面模型的实用方法。本法所建构的人体模型逼真、精美，能够满足服装业对人体模型精度和利用效价的要求。王栋通过对具有不同特征成年女性人体扫描数据的简化处理，建立了具有一致拓扑的人体模型；然后根据不同人体的对应数据点及其特征尺寸，生成各个简化数据点随特征尺寸变化的规律，给出了一种个性化三维人体建模方法，并已取得了较为理想的试验效果。盛光有以一种基于单目视觉测量原理的三维人体扫描装置获得的人体数据为来源，运用三角面片法构建人体表面。

(2) 三维虚拟试衣

刘军等采用特征匹配的方法实现了三维试衣效果的展示。周劼功等采用用网络 UML 建模技术，设计了基于网络的试衣模型体系。试图在计算机上制造一个虚拟环境来模拟顾客试衣的过程。王洪泊将人工生命思想引入服装纹理生成，基于混合虚拟现实技术研究开发了智能三维虚拟试衣模特仿真系统。除了在三维空间中构建消费者的试穿替身，还设计开发了场景屏风功能，便于根据着装场合自由切换服装纹理，让消费者更为直观、自由地观察着装效果。为使三维试衣系统更为智能化，还建立了服装搭配合适度智能评价系统。

张宁宁等提出了一种虚拟服装实时设计方法。先将读取的三维虚拟人体数据，映射到二维平面上形成二维投影轮廓。然后根据用户的个性化服装外形轮廓由系统计算出角点，最后生成三维服装的数据。吴菁研制的网上虚拟试衣原型系统以顾客人体轮廓特征为输入参数，依据试衣规则修改实例数据，进行碰撞检测，通过(着装下)服装三维重建，并赋予相应服装款式纹理，最终实现真实、个性化的网上虚拟试衣。

(3) 数字化服装定制

石秀金研究的 eMTM 系统通过采集人体体形数据，形成一系列三维虚拟人体模板。使用时从与客户体形相匹配的对应模板上提取截面数据，生成客户的三维人体模型，再通过测量，生成符合量身定制要求的服装衣片。该 eMTM 原型系统允许顾客通过三种方式提供个人人体信息文件，其中一种方式只需 2 张照片和几个简单数据即可，满足了 eMTM 应用的多种需求。

(二)服装舒适性相关研究进展

1. 热湿舒适性研究

服装热湿性能及着装舒适性属于舒适性研究的传统领域,该领域的众多成果已经应用于实际生活中。近两年来国内对于热湿传递测试装置正在作进一步的研究与改进,相关研究还有:采用新技术、新方法、新设备进行热湿舒适性能的研究;对织物动态热湿舒适性的评价与预测的进一步探讨;对新型面料的热湿舒适性能研究以及对于试验用假人的研究等。杨凯采用模糊决策理论对暖体假人上使用的一种软质模拟皮肤进行了研究,以改善目前现有硬材料暖体假人与真实人体表面弹性的差异性,提高特殊功能测试的精度。通过在稳定环境条件和变化环境条件两种状态下的暖体假人实验,证明这种模拟皮肤材料在提高暖体假人控制精度、稳定性和环境耐受性方面发挥了良好的效果。

目前,国内的服装热湿舒适性研究主要集中在功能防护服装方面,在热防护服领域,研究者们主要进行服装热防护性能评价与预测的研究。

王秀娟等研究了织物的热防护性能与其面密度、厚度、透气率和密度之间的关系,得出了织物热防护性能 TPP 值与织物的面密度、厚度具有明显正相关,与透气率一定的负相关,与密度相关不明显的结论。建立并验证了 TPP 值与织物相关参数间的回归评价模型。

朱方龙采用自行研制的耐高温模拟皮肤传感器代替铜片热流计,测量通过应急热防护服装面料的热流量,求得人体皮肤表层下 80μm 处的温度值,从而测算出一定条件下人体皮肤达到二级烧伤所需时间,并用其评价织物的热防护性能。经与 Pennes 模型以及铜片热流计法相比较,其测试结果更接近皮肤实际达到二级烧伤的时间,从而为应急救援热防护服装的设计提供了理论依据。朱方龙等还通过建立穿着于模拟人体的应急救援防护织物传热模型,研究模拟火灾环境下的服装传热特征。

2. 压力舒适性研究

服装压力舒适性作为着装舒适性的一个重要因子,其研究对于织物的生产及服装制作具有重要的参考意义。中国针织工业协会提出压力指标即将纳入无缝内衣质量评价体系,可见纺织服装行业对该领域的重视。

近两年国内的相关研究进一步深入。研究对象已从服饰类的牛仔裤、束裤、西装、文胸、鞋、袜衍生到医用绷带、护腕、护膝、束腰、肩带等。研究内容已深入到织物的力学性能与压力舒适性关系研究;动态着装接触压力研究;接触压力对于人体各生理指标的影响以及客观压力舒适模型与系统的构建等。压力采集装备除已有商用设备外,也有大量自行采集搭建的设备与系统。

蔡绍等建立了用于袜模的新型封装服装压力传感器组。陈东生、宋晓霞等分别搭建了自己的服装压力测量装置。张春丽等设计了一种基于嵌入式 ARM 处理器的便携式服装压力及温湿度检测系统。

韩红爽建立了弹性织物围度着装接触压力预测模型。丁雪梅等通过调整型束裤穿着压试验及面料的拉伸弹性试验,分析得出了与臀腹特征部位服装压相关关系显著的面料弹性指标。梁素贞等测量了人体膝部在不同运动状态下穿着不同服装面料时所受压力值,得出其大小范围为 0～14 kPa,并分析了影响膝部压力大小的因素。沈雷等通过问卷调查对不同体型的背背佳着装者进行了主观压力评价,同时运用 LabView 虚拟仪器——服装压力测试系统对背背佳肩部进行了客观压力测试,得出背背佳肩部压力与人体胸围、肩宽、大臂围以及人体姿势的关系。刘红等基于国内外文献分析总结了服装压力对人体生理指标的影响。指出服装压力大小、类型、受压面是影响人体生理指标的主要因素。孟祥令等研究了弹性织物着装接触压力及对人体皮肤血流的影响,并且对采用 GRNN 广义回归神经网络建立的着装接触压力舒适性客观评价体系进行了理论探讨。

目前服装压力与人体生理指标的关系尚在深入研究中,有关压力的动静态预测模型仍处于理论探讨阶段,如何建立有效的服装压力分布预测模型,建立可用于实际生产的着装压力舒适性客观评价模型是今后研究的重点与难点。

(三)服装标准化促进产业技术升级

做好服装标准化工作,对促进服装工业又好又快发展具有十分重要的意义。当今世界,重视标准化立法的国家很多,特别是发达国家,服装标准体系相当完备,其中主要有美国材料与试验协会标准(ASTM)、美国染化工作者协会标准(AATCC)、英国国家标准(BS)、德国国家标准(DIN)、法国国家标准(NF)、俄罗斯国家标准(TOCL)、日本国家标准(JIS)以及日本纺纱检查协会标准(JSIF),在另外一些国家,虽然标准执行是带有自愿性质的,但涉及安全、卫生、环保等方面的标准也以立法形式加以强制实行。目前,我国服装标准的归口管理部门是全国服装标准化技术委员会(机织类领域)和全国纺织品标准化技术委员会针织品分会(针织类领域)。

1. 我国服装标准化工作的发展轨迹

我国服装标准化工作经历了 3 个发展阶段:第 1 阶段,20 世纪 90 年代中后期。当时我国服装行业正处于高速发展期,技术标准水平相对滞后,尤其是行业的基础标准,已不能满足生产、管理及质量监督的需要。全国服装标委会对《服装号型》、《服装术语》等国家标准进行了修订和补充,并参与了强制性国家标准 GB 5296.4《消费品使用说明　纺织品和服装使用说明》的修订工作,为服装产品标准的制修订工作打下了基础。第 2 阶段,20 世纪 90 年代后期至 2001 年。服装标委会研究分析了我国服装市场的消费发展趋势以及在质量监督、消费者投诉中反映出的一些比较突出的质量问题,对服装行业的标准体系进行了补充和完善,增加了对面辅材料、缝制牢度、理化性能指标的技术规定、检验方法及判定规则,使服装产品的质量评定更加科学合理。第 3 阶段,2001 年至今,鉴于应对欧美、日本等发达国家和地区利用技术优势铸造的国际贸易非关税壁垒(生态纺织品服装技术要求以及对进口服装产品实施环保认证)的需要,服装标委会以欧洲的 Oeko-tex Standard 100 生态纺织品标准为基础,结合国情,有选择地将部分环保、安全、健康性指标要求逐步纳入我国的服装标准体系,在新近组织完成制修订的服装标准中增加了甲醛含量、面辅料色牢度、耐磨性能及 pH 值等要求;在羽绒服装标准中,增加了对羽绒微生物状态的要求,使我国服装的质量和技术水平与国际市场的要求相适应。根据服装行业信息化以及功能性服装的发展要求,还专门制订了《服装 CAD 电子数据交换格式》、《防护服》等相关标准。

截至 2009 年 12 月月底，根据《纺织工业标准体系现状分析报告》统计数据，由全国服装标委会归口管理的标准共计 61 项，其中按层级区分国家标准 34 项，行业标准 27 项；按类别区分产品标准 30 项，基础标准 14 项，方法标准 17 项。

2. 国内外标准体系及标准间的差异

总的来说，国内外标准体系在基础标准方面，各种纺织标准是基本相同的。然而在方法标准和产品标准方面相互之间有所差异。在方法标准方面，应用比较普遍的测试项目基本等同，只有微小的差异。但在产品标准方面，因分类方法不同，各种标准之间存在较大差异。

国内外标准的服务对象也不同。我国目前的服装标准体系主要按纤维原料（棉、毛、丝、麻、化纤）、织物组织结构、加工工艺等分类，相关指标是按目前能够达到的原材料质量和工艺水平而制定的，是一种指导厂家组织生产的生产型标准，是为厂家产品验收和分类分级服务的。

欧美标准则按纺织品的最终用途分类，建立相应的考核指标，并不考虑产品的原料成分和工艺差别。ASTM 纺织产品标准的可操作性很强。

（四）服装产业集群初具规模

在全球产业集群发展的浪潮中，我国也出现了一批以中小企业为主体、以劳动密集型产业为支柱，围绕专业市场、出口优势和龙头企业所形成的传统产业集群。服装业是中国各产业中“集群化”现象最突出的行业之一，产业集群地主要分布在珠三角、长三角、环渤海以及东南沿海地区。目前，全国已形成以产品分类为特征的上规模服装产业群 50 余个，产业集群的总产量约占全国服装总产量的 70%以上。其中有浙江宁波和温州的男装、杭州的女装、义乌的衬衫、嵊州的领带；江苏常熟的羽绒服、湖州织里的童装、金坛的服装出口加工；山东诸城的男装、即墨的针织服装；广东顺德均安的牛仔服、中山的休闲服、潮州的婚纱晚礼服以及福建晋江石狮的休闲服。这些产业集聚地产业链比较完善，已成为当地经济发展的主体。

然而，我国服装产业集群大多属于专业市场依托型集群，即集群内企业主营同一种产品，并通过区域内或邻近地区专业市场进行经营。从产业集群发展的生命周期来看，目前大多数服装产业集群仍处于形成期和成长期。集群的公共基础设施建设还不甚完善，集群内企业多，同质化竞争现象较为严重。服装产业集群急需升级，以有效提升全国服装产业的能级。

中国服装行业的产业集群现象引起了相关机构和专家的关注。中国纺织信息中心副主任伏广伟认为，服装产业集群应进行“区域品牌”建设。史春乐认为可通过提升产业品牌来提高企业知名度、市场占有率、消费者忠诚度以及企业的获利能力，为品牌后续发展打基础。潘惠明对于我国纺织服装业集群的现状及存在问题进行研究，提出了培育集群竞争力、坚持可持续发展等方向。吴芳芳提出产业集群的升级需要技术创新。王元明等则提出建设创意园区以促进产业集群的形成。这些研究成果具有较高的学术与实用价值，对促进我国纺织服装产业集群的发展具有一定的参考价值。

（五）服装清洁生产低碳研究进展

一件衣服从原料生产、成衣制作、运输、穿着直至废弃物处理，都在不断排放 CO_2。据专业机构测算：一条质量约 400 g 的涤纶裤，假设原料在中国台湾生产，成衣在印尼制作，最后运到英国销售；预计使用寿命两年，共需洗衣机用 50℃ 温水洗涤 92 次；每次用烘干后再平均花两分钟熨烫。如此算来，其“一生”耗能约 200 kW 时，相当于排放 47 kg 的 CO_2，是其自重的 117 倍。棉、麻等天然织物虽然非由石油等原料人工合成，耗能和污染相对要少。但是据英国剑桥大学制造研究所研究，一件 250 g/m^2 的纯棉 T 恤在其“一生”中也要排放出 7 kg 的 CO_2，是其自重的 28 倍。

业内人士认为，虽然目前国家尚未出台服装业的碳减排标准，商家对服装有低碳要求的也并不多，但随着低碳理念的推广，低碳服装必将成为服装业关注的热点和新的经济增长点。2009 年，李宁公司与日本企业合作，使用环保的 ECOCIRCLE 面料推出了可循环利用的系列服装；在中国服装重镇广东虎门，低碳服装正逐渐兴起并由此启动了服装转型升级的引擎。目前，已有一些商家要求制衣厂生产环保型的低碳服装。但总体上说，专家认为我国纺织的“低碳产业链”目前尚未形成，纺织服装业要抓住契机，利用低碳减排潮流提升企业的竞争力。

目前国内对于服装行业低碳与清洁生产的介绍主要见诸于新闻报道，鲜见对于该领域的学术报道。但服装行业低碳与清洁生产的研究势必将成为未来服装学科的热门研究领域。

（六）服装时尚化智能化研究进展

服装设计与美学、历史以及民族文化的交融研究，标志着服装学科的研究进入了一个新的领域，而智能服装的问世更是当代信息技术、材料技术与传统服装技艺的完美结合。近两年，国内众多学者在相关领域进行了较为全面深入的探讨。研究内容涉及美学在服装中的体现与运用、民族服饰和文化对于现代服装设计的启发、创意设计以及未来服装的智能化设计等。

1. 服装设计中的美学因子

（1）美学在服装设计中的应用研究取得进展

房东日分析了服装设计中的美学因素。李本松结合穿着时间、场合、身材以及职业、性格、经济条件等具体因素，从美学角度出发分析了女裤的设计思路。吴雁探讨了民族文化与服装设计的关系。吴建超从中西审美价值取向出发比较分析了中西传统服饰的美学内涵。刘洪波着重分析东西方文化的差异以及在当今服装设计领域的表现，揭示了差异背后的精神内涵。胡根红等采用史料分析和逻辑推演的方法，结合原始社会和仰韶文化时期服饰美学思想的发展，系统地探究了中华民族服饰美学思想的起源。这些研究既有助于服装美学思想的薪火传承. 也有利于民族服饰的发扬光大。

（2）众多学者把服装创意设计的目标集中于服装面料的二次设计

陈建辉等介绍了创意思维与服装面料二次设计的关系，并简要分析了如何将创意性理念应用于面料二次设计中。刘丁等从面料二次设计中原材料的选用和创意手法入手，论述了常用思维方法和各种创意思维方法在面料二次设计中的运用。

2. 服装设计中的科技因子

随着信息、材料等技术的迅速发展，服装产品的技术含量越来越高。将 CPU、传感器等电子元件植入其中的智能服装逐渐进入人们的生活。

(1)具有生理指标测量功能的智能服

对于智能服装的研究，国内近两年主要集中在具有人体生理指标测量功能的智能服装上。高旭等采用 DS18B 20 温度传感器进行了人体体温检测智能服装的理论探讨。李鸿强等采用分布式光纤布拉格光栅传感器研制了可测量人体温度的样衣，期望所得数据可作为临床医学上的腋窝温度使用。宋慧超等对基于光纤布拉格光栅智能服装的温度测算方法进行了研究，课题组采用可调谐滤波器对数据进行采集处理后，采用最小二乘法进行曲线拟合，得到较为理想的效果。刘伶俐等采用高性能处理器 ADUC 812 为核心，PVDF 压电薄膜作为传感器采集脉冲信号，设计了可采集心率的智能服装。丁永生等采用了基于基线漂移阈值分级处理的方法来提高智能服装监护系统心电信号的基线漂移问题。西安工程大学徐军等将无线射频技术应用于智能服装的设计之中，实现了人体生理参数的采集与传输。

(2) 具有人体保护保健功能的智能服

南通纺织职业技术学院孙兵将嵌入式系统及自动控制技术应用于服装制作中，赋予服装自动保暖、调温和去湿功能；江南大学与美国密歇根大学联合开发出在棉纤维上涂覆碳纳米管和电解质材料的技术，以改善目前电子纺织品布满电线和传感器后不够柔韧、使用麻烦、不利于大规模生产的弊端。采用该技术研制的智能服装可用于检测人体疾病和生命指征，可作为生物传感器检测环境与食品安全污染物，并有望用于探测伤者出血情况。

二、国内外本学科发展比较

在学科发展与研究领域，我国与世界上先进国家之间还存在着较大的差距。

(一)电子量身定制技术研究

1. 非接触人体测量技术

国内的人体测量研究相对滞后，尽管也有不少院校和科研机构在人体曲面数据的获取以及人体测量装置的设计等方面取得进展，但除个别高校推出过试验样机，尚无商用机型市售，研究理论应用于实践的个案也鲜见报道。国内多数院校仍需依赖国外的测量设备进行后续研究。相比国内，国外不仅理论方面较为成熟，设计制造的测量装置与数据获取软件更有许多已应用于科研与产业中。Clemson 大学服装研究所的 R. P. Pargas 等开发了从 3D 图像中提取尺寸的软件 3DM，该软件可自动确定人体关键点（如肩点、胸高点、腰节点等)，交互测量人体的围度和长度，同时提供切面视图和侧视图。D. Burnsides

等将 CAESAR 工程开发的人体测量软件提到了很高的精度。他们利用在被测人体上设置标记的方法来提高标记点的识别率，并采用神经网络识别方法匹配标记与对应的人体测量标记点，使标记点的提取质量大大提高。

我国尽管已经建立了自己的人体测量数据库，但相比欧美及日本等国家，无论是样本数量还是质量，我们的数据库还很不完备，且近两年数据库方面的进展不大。目前全世界共有 90 多个大规模的人体测量数据库，其中大部分为欧美国家所有，亚洲国家约有 10 个，而日本就占了一半以上。

2. 三维服装虚拟技术

发达国家对三维服装虚拟技术开展了多年研究。美国推出了 CONCEPT 3D 服装设计系统，具有在三维人体动态模型上表现服装穿着效果、布料悬垂立体效果等功能。英国伦敦大学计算机系已经初步实现了人体着装的动态模拟。瑞士日内瓦大学 Mira LAB 实验室、日本东京大学计算机系、美国 Rensselear 工业学院设计研究中心等均已在三维动态下织物的柔软性和悬垂感效果模拟，以及虚拟时装店的研究方面取得进展。英国伦敦大学利用三维人体扫描仪进行全国人体普查、建立虚拟更衣室、最终建立三维动态的服装模型。美国、德国、法国等国的公司已经相继推出虚拟试衣商业软件。而国内目前的试衣系统多是将服装的二维图片贴到虚拟模特身上完成试衣，这只是一种网络服装搭配游戏，缺乏真实感，且无法交互操作显示效果。

3. 电子量身定制技术

当前国外一些研究机构纷纷试水电子量身定制（eMTM）生产，特别是欧洲、北美、日本等地区近几年发展十分迅速，并正在进入商业应用阶段。而 eMTM 关键技术在我国尚处于起步研究发展阶段。

（二）功能、智能服装的研制

1. 阻燃服装

在阻燃服装的理论研究方面，国内外差距较大。美国已经形成以燃烧性能测试、传热性能测试、燃烧假人测试以及产品标准为主体的标准体系，并模拟真实燃烧环境不断进行防护服阻燃性能测试的研究。而国内目前主要是通过对服装材料小样阻燃性能的测试来评价服装的阻燃防护性能。相关科研部门应在加快阻燃防护装备热传递机理研究的同时，同步进行相关测试标准，特别是燃烧假人测试系统及标准的研究。

在阻燃服装的实物研制方面，与国外差距已有所缩小。服装面料除采用芳纶等常用面料外，还可选择具有自主知识产权的芳砜纶。服装结构由以往的单层向多层发展，服装性能从原先单一的阻燃，发展到目前具有阻燃、隔热、防水、透气、抗静电等多种功能。

2. 智能服装

德国、芬兰、比利时、瑞士、英国等欧洲国家在智能服装的研发方面居于领先地位。这一方面是由于欧洲地区对新型纺织品开发的需求较强烈，另一方面也得益于先进的电子、电动机、通信及计算机软件等周边技术产业的支持配合。

国外智能服装的研究方向是：具有医疗监视保健、温度湿度调节、音乐电子装置、LED

发光等功能，穿着舒适美观，洗涤简便容易。北卡罗来纳州立大学纺织品学院致力于研究可以记录血压、脉搏等压力表征变化的衣料；飞利浦和诺基亚联合开发的“My heart”可以检测心脏状态，防止心血管出问题（智能服装——把电脑穿在身上）；以色列巴吉尔集团研制出可以吸收汗液、去除体味的西装；卡尔文·克莱恩推出可以随体温变化而改变颜色的服装，此外还有意大利的智慧衣、美国 Vivo Metrics 研制的 Life Shirt Garment，日本优衣库的燃脂 T 恤和内衣则已经上市。

而国内在这方面的研究，大都仅停留在设计方案、方法的探讨或制作实验样衣，已经投入市场的智能服装非常少见。

（三）服装标准化及检测技术

与发达国家相比较，我国服装标准及检测技术的发展尚不尽如人意，标准化工作明显滞后于产品研发。

国外标准大多着眼于消费者的安全健康，从指导用户购买产品的角度来制定。技术内容比较简明扼要。而我国的标准虽已逐渐从重生产开始向贸易型转变，但整体状况尚未得到根本改观，很多新产品并没有及时出台相关标准加以规范，现有的许多标准也存在漏洞。

目前纺织服装检测机构除国家全额拨款的法检机构外，多数人才匮乏，缺乏研发能力，而且硬件落后，测试结果一般不被国外买家认可。多数检测机构甚至不具备开展生态纺织品检测业务必需的仪器设备条件，即使是业已具备生态项目检测资质的机构，有些也是以分包或合作形式委托其他机构完成。

（四）产业集群需加强公共服务体系建设

综合意大利、美国、日本、法国、德国产业集群的特点可以发现，这些国家的产业集群之所以呈现出高端化的发展趋势，主要是因为资金的支持使得企业可以引进新技术以及先进的管理理念，从而降低产品制造成本，促进技术创新。美国政府大量增加政府研发支出，运用高新技术全面改造传统产业集群；法国、德国发挥中央和地方以及市场三方积极性，增加对产业集群的资金投入；日本政府重视传统产业集群中老企业的技术改造，指导企业技术现代化与管理现代化并重；意大利产业集群提倡先进的批量化式样设计，扩散化的劳动密集型生产方式。

我国的产业集群建设虽有一定的政策支持，但在不少方面尚有欠缺，公共服务体系建设比较薄弱。应当借鉴国外的发展模式，结合自身情况，尽快向高端化发展。相应的服装学科在该领域的研究应进一步深入，以指导我国服装产业集群的健康、快速发展。

（五）清洁生产与低碳研究

经合组织早在 20 世纪 90 年代初就在许多国家采取不同措施鼓励采用清洁生产技术。美国、澳大利亚、荷兰、丹麦等发达国家在清洁生产立法领域已取得明显成就。近年来，发达国家清洁生产政策有两个重要的动向：①着眼点后延，从关注清洁生产技术逐渐转向清洁产品的整个生命周期；②调整扶持重点，从多年前大型企业在获得财政支持和其他支持方面拥有优先权，转变为更重视扶持中小企业进行清洁生产，包括提供财政补贴、项目支持、技术服务和信息等措施。在发达国家，环保服装的低碳理念已引起普遍关注，2010年纽约时装周就选择环保和节约作为主题。设计师们努力寻找绿色新材料来替代对环境有污染的面料，聚酯纤维、聚酯薄膜以及涂有乙烯涂层的牛仔布等逐渐被设计师弃用，取而代之的是以羊毛、棉、麻等天然纤维为原料，采用绿色工艺生产的新颖面料。环保工艺、技术、设施并已渗透到服装制作、营销、推广等环节中。

在我国，由于长期以来业内外普遍认为服装在纺织产业链中属于能耗相对较低、污染相对较少的产业，服装清洁生产技术的研究尚未受到服装学科的足够重视。由于缺乏资金和技术，我国服装行业的清洁生产目前还没有实质性的进展。服装院校和科研机构应当就此进行积极的探讨研究，尽快提出清洁生产的实施方案，指导和促进清洁生产技术在行业的推广。

三、我国本学科发展趋势与对策

（一）战略需求及研究重点

1. 加强服装工程技术研究，用先进技术改造传统产业

（1）数字化服装技术研究

1）模式化生产系统、柔性生产系统、吊挂式传输系统、单元同步系统等已进入现代成衣企业中。如何将众多系统通过计算机网络和数据管理系统进行集成，使相互兼容并充分发挥出各自优势是服装工程技术研究的一个要点。

2）虚拟试衣技术研究需要解决的主要技术瓶颈包括：①布料的形态模拟及碰撞分析研究。布料的弹性、悬垂性、色泽等的模拟仍是技术难题；布料上身后与人体碰撞的模拟效果目前只有薄型面料较好。②服装面料的手感模拟。如果使用者可以在网上“触摸”服装面料，将解决消费者目前网上购物的一大困扰，为网上购衣提供重要参考，也使得虚拟试衣系统将更加完美。

（2）生产现场控制与流程管理研究

1）流水线编排技术。通过收集研究国内外最新的服装工艺和技术装备信息，筛选归纳出成衣流水线编排的成功范例，开发出针对不同企业、不同档次的流水线编排专家系统，为企业提供有益的参考和借鉴。

2）精益生产与服装制造。以及时制造、消灭故障、消除浪费，零缺陷、零库存为核心思想的精益生产，同样适用于服装制造业。结合服装企业特点，将精益生产方式输入到服装制造中将是传统服装制造方式的巨大变革。

（3）低碳经济与清洁生产研究

服装业虽非高能耗、高污染行业，但在清洁生产、降低资源消耗方面依然有较大的发展空间。例如专用设备的节能降噪、生产流水线的合理编排、车间照明的优化配置以及成衣功能型整理的无毒无害化工艺等。服装学科要在政策扶持下加大绿色低碳新技术、新工艺的研发和推广，为服装产业低碳经济的发展提供技术保障。

2. 加强服装舒适性研究,提升产品的服用性能

1)服装舒适性研究未来发展中需要解决的关键问题是,融合各学科知识深入研究舒适性的形成规律与作用机制,建立着装舒适性统一评价系统。建立人体热生理模型,对人体生理、血液流动以及人—服装—环境之间的热湿传递等进行仿真模拟,是未来服装舒适性研究发展的必然趋势。

2)功能防护服研究。利用高性能材料,结合现代服装设计理念,从舒适、安全角度出发,研究开发各类功能防护服包括特种防护服(如阻燃服、通风服、防弹衣)和一般劳保服(如水泥搬运作业服、矿工服、医用防护服)具有重要意义。在功能防护服开发研究的同时,还要研究完善相关产品标准、检测装置与检测方法,以确保防护服的性能指标。

3. 加强服装时尚性研究,提升产品的文化内涵

1)艺术创意设计研究:①探索如何通过各种造型技术和装饰手法,达到创意思维的突破。例如面料的二次设计。②优化服装流行信息,建立流行趋势数据库及实时预测系统,通过信息技术,准确、及时地将流行预测信息提供研发部门,对于提高我国服装品牌的自主研发能力具有重要意义。

2)服饰文化研究:①通过服装文化史论研究,对文物遗产及其中隐含的历史文化信息进行深层次挖掘,发展和弘扬中国服装文化,实现传统与时尚的自然融合;②系统研究中国近现代服饰时尚的演进及其在当代时尚文化中的传承和发展。从对国际服装强势品牌文化和产业特性的分析入手,探讨服装品牌的构成规律;分析巴黎、纽约、伦敦、米兰、东京等时尚之都的主要特点,研究时尚产业的概念和体系,为时尚产业发展提供理论依据和决策咨询。

4. 加强服装产业经济研究,打造中国的服装名牌

1)服装商品企划研究。品牌经营第一步也是最重要的一步就是做好商品企划,然而直到今天中国的服装企业并不是很了解商品企划的内涵和意义,常常与营销、策划、促销相混淆。商品企划在国外属于边缘学科,最高可以进修到博士学位,在中国,商品企划课程也已进入高校。2008 年秋,东华大学服装学院在国内同类高校中率先采用“先进课程、整体引进”的方式,与日本宝冢艺术造型大学合作开设研究生课程《服装商品企划学——品牌策划》。结合中国服装市场的特点和现状,研究商品企划个案,为中国服装企业的品牌化经营提供参考。

2)服装产业集群模式研究。研究表明,我国的服装产业集群尽管已成为区域经济的新增长点。然而依然有很多问题,主要表现在:要素不全面、专业分工不细化,支撑框架不完善、服务体系不完备,相互支持、相互依存的专业化分工协作产业网络尚未形成,尚需进一步探索研究完善。

5. 加强服装标准与检测技术研究,提高产品的综合质量

1)标准制定与完善:①面对技术推陈出新、产品不断更新换代的发展趋势,在深入研究国外先进标准和国内服装及相关产业发展水平的基础上,适时制定新标准、修订已有标准,并且明显缩短现行标准的例行修订周期;②为尽快与国际接轨,适应服装产品国际贸易交流的需要,加快服装标准由生产指导型向消费指导型的转变,为有序推进、无缝衔接,

可先从新标准制订开始。

2）检测技术研究与提高：①加强纺织品服装检测技术研究，培养检测专业人才，提高我国以生态指标检测为标志的纺织品服装检测水平；②加强纺织品服装生态指标检测技术及其装备研究，通过引进、消化、吸收、创新研制具有自主知识产权的新设备，满足国内纺织品服装检测机构的迫切需要。

(二)我国服装学科发展策略及相关对策

在本专题报告(2008—2009)中，课题组基于国内外服装学科和产业的发展现状，向决策机构提出了“增强自主创新意识，促进学科可持续发展；方方面面达成共识，改善学科发展大环境；构建学科联动机制，强化产学研发展模式”等三个方面的学科发展建议和对策。本报告在学科教育方面提出如下建议。

1. 构建“大服装”格局，强化学科与产业的联动机制

学科进步推动行业发展，行业发展促进学科进步。然而市场经济条件下，伴随着经济转型、科研机构转制和教育市场产业化，学科与产业之间原本的和谐关系出现了微妙的变化。出于经济利益考虑，学科方面首先是学术风气比较浮躁，科研往往偏重于理论，而在应用方面缺乏实践探索，创新成果较少，成果产业化更少。其次是人才培养目标偏离产业需要，社会需求目标和人才供给之间的矛盾比较突出，难以适应我国服装学科教育所面临的国际竞争。而企业方面往往急功近利，不愿将宝贵的资金过多用于科技投入，也不愿将过多精力投入应届毕业生的培养上。为了更好地发挥我国纺织服装学科对产业的促进作用，很有必要在规划产业发展的同时，从战略的高度对服装教研进行探索，创造出具有中国特色、领先于世界同行，满足产业发展的服装教研体系。

强化学科与产业联动机制的对策是：①企业支持学校教学工作，为学生提供在校期间实习平台，帮助学生通过实践加深对理论知识的理解；②学校与企业共建研发平台，紧密联系生产实际共同开发项目，既可增强研究的针对性，学校也可以获得一定的项目支持，在学科领域内有所突破；③相关部门研究出台就业导向政策，鼓励服装高校毕业生到生产一线任职，着力扭转毕业生偏好机关事业单位，不愿下基层的现状；④服装高校实行重大决策听证制度，诸如学生培养目标，硕士、博士生研究方向以及重大科研项目等，决策前需听取包括企业在内的相关单位的意见，确保学科为产业提供适用人才与技术。

2. 强调“大服装”概念，注重服装创意与科技的融合

服装是一门涵盖艺术创意和工程技术的学科。然而时下，服装学科的理论和实践几乎被视觉效果设计所左右，服装院校、研究机构普遍侧重于时装设计，而对于基础性、工艺性、制作性的工程技术重视不够。即便是设计也往往偏重于标新立异，忽视了文化内涵。虽然目前国内高校的服装专业普遍冠以“服装设计与工程”之名，其实教学重点在设计，学生在工程技术方面学到的知识较少。

注重服装创意与科技融合的对策是：①强调学科各方向均衡发展，构建完整的服装学科研究体系。2010 年 5 月，东华大学服装学院成立“现代服装教育与技术”实验室，将在创意设计、功能设计和文化设计三个方向进行重点研究。②强调工程技术，转变设计至上

的观念。目前国内服装院校大多以设计办学为主。学生们也总是梦想着有朝一日成为设计大师。但由于忽视技术学习，缺少工程技术的支撑，设计效果常常与初衷大相径庭。③调整服装高等教育的学历层次，强调多层次办学方针。目前服装高校培养的大多是服装设计师，根据产业的实际需要，可适当扩大工程技术类高职层次服装打版师、服装机械师的培养计划。④根据产业实际需要，调整现有专业的课程设置。针对学生的技术"软肋"，适当增加服装装备、工艺等工程技术课程的教学比重。⑤改变国内"服装设计与工程"专业人才培养面过于宽泛的现状，探索开设"服装工程与管理"专业，为服装产业培养服装企业规划设计以及运营管理的专门人才。

3. 开阔"大服装"视野，加强服装界国际文化交流与合作

在全球经济一体化的趋势下，国际化是服装产业及学科发展的必然趋势，加强服装界国际文化交流与合作相当重要，其意义在于：①开阔眼界、扩大视野，站在一个更高的角度来审视自己；②利用国际化资源优势以及西方国家服装业发展的经验，促进我国服装学科与产业的发展；③提高中国服装及相关研究、教育机构的知名度，让更多的国际院校了解我们，增加合作机会。

加强服装界国际文化交流与合作的对策是：①加强与国际服装科研机构和高等院校的联系，定期、不定期地举办各种论坛、讲座，组织相关参观访问活动；②继续推行与国外院校的联合办学机制，为学生提供良好的国际交流平台，提供学习服装新理论、新技术、新时尚的机会；③在调整精简各地现有服装展会和节庆的基础上，集中力量办好具有国际影响的会展、赛事，吸引海内外同行前来切磋交流；④鼓励中国服装设计师参与国际大赛和展会，让中国服装与文化走向世界。这对于提升我国服装设计的能力和在世界的影响具有重要意义。

参考文献

[1] 蒋衡杰. 中国服装协会工作报告[R]. 北京：中国服装协会，2010.

[2] 杨礼康，李岸，曹淼龙，等. 面向服装定制的人体尺寸自动测量装置设计[J]. 机械设计，2009，26(9)：67-70.

[3] 方金. 基于单目立体视觉的三维人体测量方法的研究[D]. 上海：东华大学，2010.

[4] 谢琴. 服装在线人体尺寸测量方法[P]. 2009-10-28.

[5] 李燕，黄凯. 基于 Geomagic 的三维人体建模技术[J]. 纺织学报，2008，29(5)：130-134.

[6] 王栋，高成英，高月芳，等. 服装 CAD 中个性化三维人体建模[J]. 计算机系统应用，2009(8)：196-198.

[7] 盛光有，姜寿山，张欣，等. 基于单目视觉测量的人体建模与显示[J]. 西安工程大学学报，2009，23(4)：93-98.

[8] 刘军，金耀. 基于 VC 6.0 和 OpenGL 的三维试衣系统研究[J]. 计算机应用研究，2008，25(12)：3824-3826.

[9] 周劼功，应富强. 基于 UML 的网上 Click&Dress 系统设计与实现[J]. 网络通讯及安全，2009，5(27)：7645-7647.

[10] 王洪伯．智能三维虚拟试衣模特仿真系统设计[J]．计算机应用研究，2009，26(4)：1405－1408.

[11] 张宁宁，施霞萍．一种 2D-3D 的虚拟服装实时设计方法[J]．中国高新技术企业，2010(10)：24－25.

[12] 吴菁．个性化三维服装设计的 CAD 系统研究[J]．纺织导报，2010(3)：96－97.

[13] 石秀金，孙莉，李继云，等．基于人体部件模板组装的服装量身定制技术研究[J]．计算机应用，2009，28(8)：2120－2123.

[14] 吴基作，陈益松．纺织品热湿传递性测试装置[J]．印染，2010(4)：42－44.

[15] 刘赟，邹钺．基于 LabVEIEW 的热舒适测试系统[J]．现代电子技术，2010(3)：122－125.

[16] 李云红，孙晓刚，张龙．基于红外热像技术的服装舒适性研究[J]．红外，2010，31(3)：30－36.

[17] 杨凯．织物动态热湿舒适性能的评价及预测[J]．东华大学学报：自然科学版，2010，36(2)：136－139.

[18] 邢雷．服装热湿舒适性评价与研究：织物动态热湿舒适性评价与研究[D]．北京：北京服装学院，2008.

[19] 刘玲，陈贵翠，张立峰．短季棉牛仔布的热湿舒适性研究[J]．上海纺织科技，2010，38(3)：49－50.

[20] 杨凯，焦明立，陈益松，等．暖体假人软质模拟皮肤的研究及其应用[J]．纺织学报，2008，29(12)：74－77.

[21] 王秀娟，朱方龙．消防服用阻燃织物热防护性能评价及预测研究[J]．中原工学院学报，2009，20(6)：12－16.

[22] 朱方龙，张渭源．基于人体皮肤热模型的热防护服评价方法研究[J]．中国安全科学学报，2007，17(11).

[23] 朱方龙，王秀娟，张启泽，等．火灾环境下应急救援防护服传热数值模拟[J]．纺织学报，2009，30(4)：106－110.

[24] 余勇．服装压力将入标准质量体系重要突破[J]．中国纤检，2010：40－41.

[25] 蔡绍，周国鹏．用于袜模的新型封装服装压力传感器组[J]．针织工业，2010(1)：60－61.

[26] 陈东生，崔立明．服装压测试系统的开发[J]．纺织学报，2008，29(3)：72－75.

[27] 宋晓霞，冯勋伟．服装与面料压力测量系统的研制[J]．国际纺织导报，2010(3)：43－47.

[28] 张春丽，高晓丁，梁建锋，等．基于 ARM 技术的服装舒适性检测系统的设计[J]．现代电子技术，2010(15)：177－180.

[29] 韩红爽，张梅，刘艳君．弹性针织服装围度方向的压力数学模型[J]．天津工业大学学报，2008，27(4).

[30] 丁雪梅，陈娜，吴雄英．针织调整型束裤拉伸弹性与服装压关系[J]．东华大学学报，2010，36(1)：47－51.

[31] 梁素贞，王建刚，甘应进，等．裤装膝部压力测试研究[J]．中原工学院学报，2010，21(3)：22－25.

[32] 沈雷，王云青．调整型功能服装肩部压力舒适性研究[J]．纺织导报，2010(6)：126－127.

[33] 刘红，陈东生，魏取福．服装压力对人体生理的影响及其客观测试[J]．纺织学报，2010，31(3)：138－142.

[34] Meng X，Zhang W．The Objective Evaluation Model on Wearing Touch and Pressure Sensation based on GRNN[Z]．Wuxi：IEEE Computer Society，2010.

[35] Meng X，Zhang W．Study on Dynamic and Static Contact Pressure Comfort of knitwear on ORIGIN[Z]．Manchester：World Academic Union，2009.

[36] 孟祥令. 弹性织物着装接触压力研究与触压舒适性评价系统的建立[D]. 上海：东华大学，2010.
[37] 史春乐. 我国服装产业集群与品牌提升[J]. 山西高等学校社会科学学报，2008，20(5)：48－49.
[38] 潘慧明. 我国纺织服装业集群研究[D]. 武汉：武汉理工大学，2006.
[39] 吴芳芳. 技术创新与中国服装产业集群升级研究[J]. 经济研究导刊，2007(9)：183－185.
[40] 王元明，张凌燕. 我国纺织服装产业集群形成模式[J]. 国际纺织导报，2008(1)：59－61.
[41] 曾莹. 服装的低碳风潮[J]. 中国纤检，2010：20－21.
[42] 余勇. 低碳语境下的产业突围[J]. 中国纤检，2010：14－15.
[43] 房东日. 服装设计中的美学因素初探[J]. 山西广播电视大学学报，2009(6)：106－107.
[44] 吴建超. 从中西审美价值取向比较看中西传统服饰的美学内涵[J]. 现代企业文化，2009(5)：218－219.
[45] 刘洪波. 天人合一：谈传统文化与服装设计的关系[J]. 天津纺织科技，2009(188)：53－55.
[46] 胡根红，兰宇. 中华民族服饰美学思想诞生研究[J]. 西安工程大学学报，2009，23(5)：43－48.
[47] 陈建辉，李沛. 服装面料的二次创意设计[J]. 东华大学学报，2009，9(1)：76－81.
[48] 刘丁，吴文利，牛爱雯，等. 服装面料二次设计中的创意思维方法[J]. 丝绸，2009(5)：7－11.
[49] 高翔，郝矿荣，吴怡之，等. 智能服装无线传感器网络的性能及能量评估[J]. 通信技术，2008，41(5)：85－93.
[50] 李鸿强，于晓刚，苗长云，等. 光纤布拉格光栅人体测温的关键问题研究[J]. 光学学报，2009，29(1)：208－211.
[51] 宋慧超，苗长云，张诚，等. 一种新型用于智能服装的FBG嵌入式人体温度检测算法[J]. 传感技术学报，2009，22(7)：1045－1049.
[52] 刘伶俐，廖丽芳，邹奉元. 可测心率智能服装初探[J]. 浙江理工大学学报，2009，26(4).
[53] 陈环，丁永生，吴怡之. 面向智能服装健康监护系统的心电信号基线漂移处理[J]. 计算机应用研究，2008，25(6)：1707－1709.
[54] 徐军，郭慧，王婷. 智能服装中无线射频技术的应用[J]. 天津工业大学学报，2010，29(1)：77－79.
[55] 孙兵. 嵌入式系统在智能服装中的应用[J]. 北京服装学院学报，2009，29(1)：34－39.
[56] 黄灿艺. 服装大规模批量定制的核心技术研究现状[J]. 国际纺织导报，2009(5)：64－67.
[57] 吴小军. 数字化服装生产工艺信息技术研究[D]. 上海：东华大学，2006.
[58] 张盛英. 浅谈精益生产在服装加工中的适用性[J]. 山东纺织科技，2008(5)：45－47.
[59] SALLOUMM，GHADDARN，CHALIK. A new transient bioheat model of the human body and its integration to clothing models[J]. International Journal of the r-mal Science，2007，46：171－384.
[60] 张昭华，李俊. 着装舒适性模型机CFD模拟方法[J]. 国际纺织导报，2008(11)：67－72.
[61] 刘芹，陈继祥. 全球化背景下我国纺织服装产业集群发展战略研究[J]. 天津工业大学学报，2005 (5)：94－97.

撰稿人：谢 琴 许 鉴 李 俊 徐新友
聂雅渊 王 敏 彭 磊 邹奇芝
孟祥令

产业用纺织品与纺织复合材料科学发展研究

一、引　言

产业用纺织品是一种经专门设计的、具有工程结构的纺织品。主要用于非纺织行业中的产品、加工过程或公共服务设施，是纺织工业中新兴的产业领域，也是纺织行业中具有潜力和高附加值的技术产品。纺织复合材料是产业用纺织品的重要组成部分，是指纺织品在复合材料领域中的应用。产业用纺织品行业具有资本密集、技术含量高、用工量少、劳动力素质要求高、市场需求空间巨大等特点，是航天、航空、国防、水利、农业、交通、建筑、新能源、环保和医疗卫生等众多产业领域中的重要基础材料，在国民经济建设与国防建设中具有重要的地位，已经成为纺织工业新的经济增长点。为应对金融危机，国家投资 4 万亿元拉动内需，重点用于加快建设保障性安居工程、农村基础设施建设和交通基础设施建设，加快医疗卫生事业发展和地震灾区重建工作，这些领域都加大了对产业用纺织品的需求。随着中国经济持续稳定发展，以满足国内经济发展需要为主的产业用纺织品行业，由于和传统纺织行业过多依赖加工型出口的发展模式不同，产业用纺织品的技术进步符合纺织行业产品的结构调整和发展方向，因此其开发应用的程度也是衡量一个国家纺织工业是否强大的重要标志。发达国家的产业用纺织品比重一般约占纺织产业的 30%，而我国只有 15%，高端产品还需要进口，因此这一产业市场需求空间广阔，发展潜力巨大。

产业用纺织品的生产技术运用了大量的高新技术，是跨行业多学科交叉的新兴技术，发展相关的技术将促进高技术纺织品产业的形成与发展，同时也将带动传统纺织产业的技术提升与技术进步。本文总结了近几年，特别是近两年我国和世界在产业用纺织品(包括纺织复合材料)领域的新理论、新原理、新观点、新方法、新成果、新技术等，分析了我国该领域发展新的战略需求和发展重点方向。

二、我国本学科发展现状

(一)科学技术不断进步

1. 新型及专用纤维促进产品开发

国内在加快产业用纺织品加工技术进步的同时，注重了生产原料的突破。我国非织造布行业首先开发了一批有一定水平的非织造材料专用原料，如三维卷曲中空涤纶、ES 纤维、水刺专用涤纶与粘胶短纤、低熔点丙纶纤维、低熔点涤纶纤维等。开发了一批特种纤维，如导电纤维、抗菌纤维、复合超细纤维、芳砜纶耐高温纤维、芳纶 1313、聚四氟乙烯纤维、聚苯硫醚纤维等。这些纤维为医用卫生非织造材料、耐高温耐腐蚀非织造材料、高档合成革基布的开发提供了保障。

2. 加工技术不断进步

到目前为止,采取产学研结合或企业独立完成形式对一些关键技术问题进行攻关并取得突破,开发了大量非织造新产品,如耐高温及防静电滤料、“三抗”医用非织造布、水刺及气流成网高档非织造擦布、双组分熔喷非织造布、双组分纺粘+水刺非织造布、聚乳酸熔喷非织造布、甲壳质纤维水刺非织造材料、中高档热熔衬、复合针刺土工布等。在纺织复合材料方面,开发出多种三维纺织织造技术、异型预制件的近净体织造技术等,解决了航天、航空等领域复杂形状复合材料制件增强体的织造难题。

3. 技术装备不断进步

产业用纺织品技术装备在消化吸收国外先进技术的基础上有了重大的突破,双模头纺粘、熔喷设备、水刺设备、气流成网设备、浆粕气流成网设备、宽幅 PET 纺粘土工布生产线、SMS 复合生产线、双组分纺粘水刺生产线等技术装备已经完全实现了国产化,且多家设备生产企业能够完全出口纺粘非织造布设备、熔喷非织造布设备、成套针刺设备,已经出口到日本、韩国、俄罗斯、印度、美国以及非洲等国家和地区。同时,三维纺织织物的织造设备不断开发出和不断完善。例如已经研制成功可以织造复杂形状复合材料增强体的三维编织设备、可以织造大厚度、大尺寸、圆锥形套体的三维机织设备等。

4. 消化吸收国外先进技术

在研发模式上,国内一直提倡走“引进—消化—自主研发”的创新模式,即先引进国外的先进技术,在此基础上进行消化吸收,然后进入自主研发过程。在这种创新模式的指引下,国内已经消化吸收了 SMS 复合技术、水刺技术、浆粕气流成网技术、宽幅 PET 纺粘土工布技术、双组分纺粘水刺技术、双组分熔喷技术等先进技术,到目前为止已经实现了这些技术的产业化生产。

5. 产业用纺织品多项成果获奖

青岛即发企业的宽幅聚四氟乙烯膜及复合材料项目对制膜原料和成膜工艺进行了优选;自主研发成功宽幅 PTFE 膜生产装备,可实现高效优质、规模化生产;采用图像检测与工控机信号输出相结合的方式,实现了宽幅 PTFE 膜扩幅生产的自动控制;优化了复合面料的上胶方式和张力控制等关键工艺参数,开发生产的宽幅 PTFE 膜及复合面料,主要性能指标达到了标准要求,产品在防水透湿功能服装、环保、防护等领域均已应用。

天津工业大学承担的高性能碳纤维三维纺织复合材料连接裙的研制项目,先后成功研制了可织造直径为 1400 mm、三维机织圆桶形预制件的三维机织专用设备,创新性地开发了带端筐的整体复合材料裙预制件的三维机织工艺和变厚度的三维机织工艺,成功开发了超大型三维机织预制件树脂基复合材料 RTM 复合固化的工艺技术,成功设计制造了碳纤维树脂基三维纺织复合材料整体裙用 RTM 模具和脱模工装。经实验测试,所研制的两种尺寸碳纤维树脂基三维纺织复合材料整体结构连接裙的力学性能超过了规定的标准;制件表面光洁,无缺陷;制件经过 X-射线检查,制件内部无缩孔和疏松、气孔、裂纹等,实现了研制合同中对复合材料裙要求的各项性能指标并通过了装机考核。同时,该项目所研制的三维机织复合材料制件的制作技术，已经成功推广应用到高性能制件上。该项目研制的三维机织复合材料的性能达到了国际先进水平。

成都海蓉企业承担的高性能降落伞材料的开发应用项目研制的544－1涂层锦丝绸具有强质比大，撕裂强力大，透气量小而均匀，手感柔软，外观质量好，材料利用率高；49201－1防灼锦丝绸织物具有强质比大，撕裂强力大，断裂伸长率均匀，透气量离散性小，手感柔软，外观质量好，材料利用率高；49102－1单向弹性绸织物具有较大的单向弹性功能，在高空高速情况下开伞，具有降低开伞动载，低高低速情况下开伞，具有降低救生伞的下降速度，扩展了救生系统的使用空域，是目前航空救生领域中的一个新型材料。

中国纺织研究院承担的多功能保温弹衣技术研究与开发项目主要在多功能纺织材料整理技术、保温弹衣外形结构设计、集成电路控温技术及多功能整理技术与集成电路控温技术相结合等几方面进行了研究。通过采用阻燃、抗静电、防水、保温等多功能纺织材料整理技术，研制出了具有防水层、保温层及加热层三层的多功能保温弹衣，满足了导弹武器系统对多功能保温弹衣的各项要求。多功能保温弹衣是将阻燃、抗静电、防水、保温多功能纺织材料整理技术与集成电路控温技术相结合的高科技产品。该项技术被成功运用于军工产品的研制生产中，对我国纺织材料多功能整理技术的应用和技术水平提高起到了积极推动作用。

浙江理工大学、西安工程大学等单位承担的高强耐腐蚀PTFE纤维及其滤料开发和产业化项目瞄准聚四氟乙烯(PTFE)纤维及其环保滤料耐高温、耐腐蚀的特性，以及大量依赖进口的局面，进行综合性研发，目的是提高PTFE纤维及其环保滤料的生产工艺和设备水平，推进“蓝天工程”，为我国环境领域综合治污提供新型过滤材料。主要内容包括：针对传统PTFE裂膜纤维均匀性差问题，提出采用PTFE/PVA(聚乙烯醇)共混、利用硼酸与PVA的络合特性制备凝胶纺丝液并纺制高强PTFE短纤维的思路，研制出凝胶法加工高强PTFE短纤维的专利技术；研制出PID程序控制技术进行温度调控的烧结设备用于高强PTFE短纤维，发明了PTFE长丝纤维专用纺丝喷头，形成较为完整的系列化PTFE纤维材料的生产装备和技术；针对传统针刺滤料过滤效率低等问题，发明了将高强PTFE短纤维、长丝纤维、乳液涂层等技术集成的环保滤料多重复合加工技术，开发出具有高效除尘环保滤料专利产品。经质量检验部门检验性能指标超过国内外同类产品水平，该项目成果具有自主知识产权，产品性能指标达到国际先进水平。

常州宏发纵横企业承担的2 MW及以上风电叶片用玻纤多轴向经编增强材料编织技术项目中，多轴向经编增强材料是由平行伸直无弯曲的高强高模玻纤多轴向多层铺设而成，申请受理了多轴向经编增强复合材料的生产工艺和编织工艺两项发明专利，发明了独特的玻纤浸润技术；多经轴单独捆绑技术；0°、90°经编织物高端铺设技术；独特的震荡技术；低克重加密分纱编织技术；大卷装双卷绕控制技术；经、纬纱恒线速、恒张力控制等创新技术，使织物达到经纱无间隙和同幅异厚织物紧密性、均匀性、稳定性一致，产品具有高强度、高模量、低密度、良好的热稳定性和化学稳定性等特点。

杭州电子科技大学、浙江理工大学等单位承担的高效驻极体空气过滤材料制备关键技术研发项目属新材料与加工工艺领域，主要研究内容：①在材料组成上，开发了独特的掺杂助剂，有效改善了熔喷聚丙烯纤维的物理性能和驻极体性能，提高了高温条件下材料过滤性能稳定性。②在驻极方法上，在多弦丝—滚筒电晕充电技术的基础上，开发了双面双极性驻极技术，实现了工艺条件的最优化，极大地提高了驻极效率；通过对绝缘隔离部分的技术改进，增加了系统的耐高压性能，提高了驻极效果。③在熔喷技术上，开发了不同物理性能的梯度双层结构熔喷过滤材料生产技术，通过设计改造双喷丝板生产设备、喷丝板整体冷风控制技术，实现了纤维粗细、抗张强度等性能的可控调节，保证了不同气候条件下的生产稳定性。④采用恒温和热刺激衰减、溶剂浸泡、气溶胶熏蒸等方法系统研究了材料性能在各种应用环境下的稳定性和驻极体电荷存储能力对过滤效率的影响，提出了过滤性能衰减的溶剂溶胀机理，为材料的推广应用及国际标准的制定提供了理论依据。⑤开发了生产过程实时监控技术，保证了产品性能的稳定性。

天津大学等单位承担的镍氢非织造电池隔膜的产业化及应用开发项目研究开发的电池隔膜，可用于镍氢电池及镍氢动力电池。镍氢电池是新一代储能材料之一，具有良好的充放电性能，绿色环保。该项目以耐酸碱性能优良的烯烃类纤维为原料，采用梳理成网、气流成网两种非织造布成网工艺，结合面热轧黏合固网手段开发出薄型高强多孔绝缘非织造电池隔膜基布，并采用丙烯酸接枝和磺化处理技术对基布进行亲水改性处理，研制出吸液率、保液率和离子交换率等综合性能优良的电池隔膜，该镍氢电池隔膜经组装电池及综合测试达到国外同类先进产品水平。该项目所研制的镍氢电池及镍氢动力电池隔膜生产技术及设备具有完全的自主知识产权，性能达到国外同类先进产品水平，性价比高，完全可以替代进口隔膜，填补了国内空白。该项目技术现已实现工业化，并生产了批量的隔膜产品，所生产的隔膜已应用到镍氢电池产品中，并创造了一定的经济效益。

东华大学承担的共混聚醚砜中空纤维人工肾血液透析器项目，从共混聚醚砜中空纤维的纺制、组装、测试到临床应用的一条龙生产、销售体系，实现人工肾血液透析器的全国产业化生产，并协助有关企业获得国家医药管理局颁发的人工肾血液透析器生产许可证。该项目的主要创新点：使用共混聚醚砜为原材料，经纺制中空纤维后再组装成人工脏器。国际上大多以聚砜为原材料，聚醚砜与聚砜相比，具有明显的优越性。选择不同的高聚物进行共混，改变了中空纤维的质量指标，制得功能不同的多种人工脏器。成膜过程首创"双向拉伸"的理论，并在技术上解决"双向拉伸"的难题，并得以应用，保证了人工肾血液透析器的质量稳定性和高效性。首创成膜过程中使用填充剂，不仅具有传统的保形作用，而且还有调节中空纤维膜的固化速度、上油、增韧、改变横向拉伸程度等多种作用，膜性能的稳定性有较大的改善。在成形过程中采用先进的干喷湿纺法，保证了中空纤维的质量，并因提高纺丝速度而提高生产效率。

常熟市飞龙企业承担的 FLZMT900 型特宽幅造纸毛毯针刺联合机项目的主要创新点：特宽幅结构：使用先进的有限元应力分析软件对整台造纸毛毯针刺机在动态情况下进行强度、刚度、局部应力及使用寿命的计算来进行整机的优化设计，造纸毛毯针刺机的有效针刺宽度由原来的 5 m 增大到 11 m（毛毯幅宽 9 m），可充分满足现阶段大造纸的需求。高速针刺技术：针对造纸毛毯厚克重、针刺力大的特点（最大面密度可达2500 g/m^2、最大针刺力可达 1 kg/刺针），对针刺机构中的曲柄、连杆机构进行优化设计，针刺频率也由原来传统的造纸毛毯针刺机的最高 400 r/min 提高到 800 r/min，使造纸毛毯针刺机运行更平稳，极大地提高了生产效率。恒张力控制技术：通过伺服电机、测力传感器、PLC

控制程序确保了造纸毛毯的张力在整个针刺过程中保持恒定，从而保证了毛毯的质量。

宏大研究院有限公司承担的宽幅熔喷非织造布设备及工艺技术项目完成了具有自主知识产权的国内首台套3200 mm幅宽熔喷非织造布生产线，并形成了系列产品；建立了熔喷模头理论推导和数学模型；研制了快装式纺丝组件、气流牵伸系统、空调风骤冷系统、卷绕恒张力控制系统、纺丝接收距离调节装置；实现了生产线现场总线控制、温度和压力连锁保护；建立了分析实验室，为数据检测和分析提供了平台；掌握了熔喷生产工艺技术；获得了一项国家专利。该项目技术填补国内空白，达到国际先进水平。

(二)产量、质量不断提高

1. 产业用纺织品发展现状

产业用纺织品是纺织工业中极具潜力和高附加值的产品，2008年总产量达606.5万t，提前两年完成了国家"十一五"规划中2010年达到600万t的目标。目前，我国的产业用纺织品还是以内销为主，出口量约占加工总量的30%。

金融危机以来，我国纺织工业遭受严重冲击，并于2009年年初跌至谷底。然而在中央"保增长、扩内需、调结构"大政方针和产业调整振兴规划以及一系列强有力紧急措施的指引下，纺织工业从2009年3月份以来呈现出趋稳回升的态势，而作为与家纺、服装一起三分纺织天下的产业用纺织品迎难而上，发展增快，其中以非织造布生产和投资的增长尤为突出。一方面国内基础建设、水利、汽车等行业的发展成为产业用纺织品的重要需求市场，另一方面也可反映出国家的一系列宏观经济政策的拉动效果明显，取得了积极成就。从具体影响因素来看，首先国家的4万亿元投资计划，大部分集中在基础设施领域，如铁路、公路、港口、水利设施等方面，这对产业用纺织品的拉动作用明显。以非织造布为例，规模以上企业的非织造布累计总产量为81.38万t，同比增长了25.86%，较同期纱、化纤、布(包括棉布、棉混纺布等)、服装的产量增速分别高出16.11%、12.55%、24.76%和21.88%；且自2009年3月份以来，在纺织各主要子行业中增长亦一直位居首位。

据国家统计局统计，产业用纺织品中共统计了三大类产品：第一类是绳、索、缆，第二类是纺织带和帘子布，第三类是非织造布。这三大类产业用纺织品制造企业2010年1～5月份亏损面在10%～15%，低于纺织行业的18.2%。三大类产业用纺织品企业2010年1～5月份实现工业总产值达447.3亿元，同比增长30.6%；实现销售产值434.1亿元，同比增长29.0%；产销率达97.1%。三大类产业用纺织品企业2010年1～5月份主营业务收入和利润总额同比分别都增长30%以上。

产业用纺织品行业投资增长明显。以非织造布制造业为例，2009年1～8月，我国非织造布500万元以上固定资产投资项目累计实际完成投资额及新开工项目数持续增长，其中累计实际完成投资额为43.37亿元，同比增加30.38%，较上年同期加快了0.6%，较整个纺织行业高出23.83%；新开工项目数为133个，累计同比增长41.49%，较上年同期明显上升了48.42%，且已升至2009年年初以来的最高值，较纺织行业则高出18.15%。2010年1～5月份非织造布行业固定资产投资表现强劲，实际完成投资38.0亿元，同期增长48.2%，施工项目、新开工项目及竣工项目数都以两位数增长。纺织带和帘子布行业实际完成投资同比增长76.0%，达9.71亿元，新开工项目比去年同期增长214.3%，而竣工项目数却比去年同期减少了55.6%。

高性能复合增强材料是纤维复合增强材料的一种高级形式，通过纺织加工方法将纤维或纱线加工成二维或三维形式的纤维集合体，既可以是织物形式亦可以是非织造布形式，并以此作为增强结构的一类复合材料。与传统的纤维束铺层或缠绕制成的复合材料相比，纺织复合材料的整体性和稳定性高，具有显著的抗应力集中、冲击损伤和裂纹扩展性能。近年来，编织、机织、针织、非织造等工艺中用于高性能纤维的新纺织技术蓬勃发展，树脂传递模塑工艺、树脂膜渗透工艺、真空辅助成型工艺等新兴低成本树脂基复合材料的液体成型技术不断完善。随着纤维加工、纺织科学和复合材料成型技术的不断进步，其应用领域已从航天航空扩展到交通、能源、建筑、体育等国民经济的各个领域，特别是在造船、航空航天、风力发电等行业发展迅速。

农业用纺织品包括保暖材料、灌溉材料、人工草皮基布、土壤遮盖物、防冰雹和防雨织物、遮阳织物以及草、虫的防护物等，可广泛用于园艺、耕种和其他农业活动。

其他重点发展的产业用纺织品还包括个体防刺、防弹、防辐射、耐高温阻燃、防化学品等安全防护用纺织品；各类工业用防静电、耐高温等功能性、差别化擦拭布；具有阻燃、隔音等功能的建筑材料和纤维片材增强建筑材料；各类包装用纺织材料；工业用绳、带、缆等。

2. 我国产业用纺织品的发展环境分析

(1) 国家政策环境的强力支持

国际金融危机严重冲击了中国的纺织业，使纺织企业面临困境。政府对纺织产业面临的形势和困难十分重视，为扩大内需，调整结构，加强科技，保持经济平稳持续较快增长出台了一系列应对政策和保障措施。

2009年国家公布《纺织工业调整和振兴规划》，明确了纺织工业的新定位：纺织工业是我国国民经济传统支柱产业和重要的民生产业，也是国际竞争优势明显的产业；特别设置专项资金，提出了促进产业用纺织品的应用，坚持扶优助弱弃劣，推进高新技术纤维产业化。为产业用纺织品行业的发展提出了重要任务，即加快推进产业用纺织品新产品的开发和产业化，满足水利、交通、建筑、新能源、农业、环保和医疗等新领域的需求。

《纺织工业调整和振兴规划》明确提出支持产业用纺织品在医用纺织品、过滤用纺织品、土工合成材料、特殊装饰用纺织品、高性能复合材料、农业用纺织品等发展的方向。

(2) 产业用纺织品的市场需求与产业结构调整

产业用纺织品行业也受到金融危机不同程度的影响，但由于产业用纺织品行业以满足国内经济发展需要为主，没有过多地依赖外贸出口的发展模式，所以行业增速虽然降低，但整体还保持了较高的增长。2009年，产业用纺织品在甲型H1N1流感传播等特殊机遇下发挥了重要作用，也带动了行业继续发展步伐。国内扩大内需计划、环保事业的发展、生命健康保护意识的增强、新能源事业的发展以及国家振兴规划的实施给产业用纺织品行业的发展带来良好的机遇，国内产业用纺织品企业紧跟国际产业用纺织品发展趋势，结合生命健康、环境保护、新能源、航空航天等主题，依托技术创新的发展理念，研发迎合市场的轻量化、多功能化的高性能和高技术产品。

3. 产业用纺织品目前存在的问题

(1) 企业创新能力不足

我国产业用纺织品行业与发达国家相比差距很大,还存在许多问题:产业用纺织品领域同质化、低成本竞争现象严重;企业规模小,产业链不完整;质量管理不严格,营销网络不健全;行业公共服务平台基础薄弱;科研投入不足,企业技术创新能力差,高性能专用设备研发能力差;专用纤维品种少,可供选择的专用原料不能满足产品性能的要求;产品难脱俗套,基本为常规产品,形成千军万马过独木桥的不利局面,制约企业发展;产业用纺织品行业发展迅速,专业人才缺乏,不能满足企业发展和产品研发的需求;缺乏名牌战略意识。

(2) 产业用纺织品产品标准和应用标准缺乏衔接

目前标准方面存在的主要问题有:产业用纺织品产品标准和应用标准缺乏衔接,修订滞后,分类不统一,强制性标准少,国际接轨程度低,产品质量也缺乏规范的监管,造成原料质量与制成品质量不匹配。此外,缺少专业的科研单位和公共的服务平台,导致目前国内产业用纺织品存在低水平生产、同质化竞争、高端产品大量依赖进口等问题。

目前国内尚没有完善的过滤用纺织品、汽车用纺织品、医用纺织品、土工合成材料、安全防护用纺织品等产业用纺织品国家级权威专业检测机构、生产过程认证机构和产品认证机构,在产品质量控制上存在诸多盲点,亟待制定强制性使用规范和法规。

三、国内外本学科比较

1. 工艺技术不断发展

产业用纺织品的加工工艺包括非织造、机织、针织工艺,其中非织造工艺、经编工艺和相关复合加工技术已经成为产业用纺织品行业发展的技术创新主体。在产业用纺织品中,目前约有35%的产品采用非织造工艺,30%为经编、纬编或编织的针织工艺,其他为高强重磅、宽幅等特殊机织工艺。

(1) 非织造技术

非织造技术近年来发展迅猛,已经成为产业用纺织品领域越来越重要的一部分。传统的非织造技术(针刺、水刺、纺粘、熔喷等)正朝着大规模、高速度、高质量方向发展;两种或几种非织造技术组合开发非织造布的新性能和新应用领域已经成为一种新趋势,例如纺粘和水刺技术结合生产的非织造布手感柔软,适合医用纺织品对舒适性的要求。随着纺织纤维在高性能纺织复合材料领域应用的发展和纳米纤维技术的不断进步,功能性、高附加值的纳米复合材料正在得到越来越深入的应用研究和开发使用。

(2) 经编技术

采用经编工艺织造而成的经编间隔织物可开发成多种产业用纺织品,是经编工艺开发产业用纺织品的重要技术。经编间隔织物具有结构设计可能性大、织物功能性强、绿色环保以及可循环使用等特点,加上良好的抗压弹性、压缩回弹性、隔热导湿作用、舒适性、透气导湿性等性能,经编间隔织物可广泛用于新型建材、土工织物、高尔夫球场和床垫等行业。采用(双)多轴向经编机(门幅达到150英寸以上)生产的风力发电叶片骨架材料等产品是支撑新能源产业发展的关键新材料之一。

(3) 新兴技术

随着过去10年来产业用纺织品市场的强劲增长,纤维、纱线和织物制造商正在继续致力于开发功能性新材料在广阔的技术纺织品市场的小范围应用。新兴的纳米技术以及功能性后整理技术如等离子体技术、微胶囊技术和智能技术将会为纺织工业生产多种具有高附加值的产业用纺织品提供强有力的工具。

用其他纺丝技术生产的纳米纤维也正在全球热研之中,如美国 Hills 的薄板熔喷纳米纤维生产技术、杜邦的闪蒸纺纳米纤维生产技术和 Nonwovens Technology Inc. 的熔喷纳米纤维技术、Biax 的熔喷纳米纤维技术以及 Nanoval 公司使用 Laval 喷嘴生产的纺粘纳米纤维新技术等,都为纳米技术在产业用纺织品领域的应用研发奠定了技术基础。可以预见,不久的将来纳米技术将成为纺织工艺过程不可分割的一部分。

在世界范围内等离子体处理已经得到实验室和工业性试验的验证,证明其是一种可在很广的范围内对纺织品进行功能化整理的环保型通用技术。此外,等离子体处理技术可以代替很多传统整理过程,在涂层/层压织物和复合材料中增强纤维与基体间的黏合作用,提高纱线润湿性能,得到拒水或憎油的织物表面。

纺织品和非织造布的微胶囊整理已经成为织物整理的一种新兴技术。这种技术具有极大的潜能、赋予产业用纺织品不同的功能,包括阻燃、紫外吸收、拒水、抗菌、生物传感器、控温和药物缓释、自我修复等功效。

2. 纤维材料发展成为产业用纺织品的助推器

最近熔融纺丝技术、湿法纺丝技术、干法纺丝技术、双组分纺丝技术和纳米纤维生产技术方面的进步已经为很多产业用纺织品领域新型原材料的开发和使用创造了机遇。当今化学纤维生产商已经可以商业化供应差别化、功能化纤维,例如异形截面纤维、双组分纤维、自卷曲纤维、导电纤维、发热纤维、抗菌、除臭纤维、防紫外线纤维和高性能纤维等。这些特种纤维生产技术的发展,为生产功能性产业用纺织品提供了极大可能性。

美国(包括 NASA、NTC)、欧盟等为满足航空航天、国防军工等领域对高性能纤维及复合材料的需求,相继推出重大研究计划,开发新一代先进纤维及其复合材料,主要包括高性能碳纤维、低成本碳纤维、新型芳纶、超强聚乙烯纤维、PBO 纤维、高性能无机纤维及其复合材料以及蜘蛛纤维、纳米碳管纤维、分子盔甲等超高性能纤维材料。最典型的科技计划有2008年的纳米科技计划(碳纳米管超强纤维研究)、新一代汽车计划(低成本汽车专用碳纤维研究)、士兵战袍研究计划和结构功能一体化高温陶瓷纤维材料研究计划。同时美国还有一大批高性能纤维的专业公司,这些专业公司与 NASA、Airforce、海军、波音、GE 等组成了美国高性能纤维及其复合材料的中坚力量。

由于石油资源日趋匮乏,研究开发新型生物源纤维成为发达国家战略计划。美国、欧盟、日本等相继推出再生材料促进计划,先后建立研发联盟,投入巨资开发纤维素等生物源纤维,研究相应的新型专用加工技术及装备;实现绿色化加工、节能降耗;促进纤维材料加工主体技术向集成化、连续化、自动化方向发展。另外,生物医学纤维在组织工程等领域具有非常重要的地位,其满足各种临床要求的特殊加工技术也是各国研究的热点。

3. 产品市场继续发展

在近年来全球经济危机的不利环境下，全球产业用纺织品正以前所未有的强劲势头迅速发展着；全球产业用纺织品销售额预计在2010年达到1260亿美元。全球产业用纺织品总量预期到2010年将达到2400万t。截至2010年，最大的工业市场增长在亚洲，增长率为45%，欧美市场增长率分别为23%和29%。尽管欧美还是技术纺织品的主要制造者和消费者，亚洲已经成为最大的产业用纺织品市场，尤其是中国和印度最近已经呈现出产业用纺织品的主要制造中心的态势。美国德克萨斯技术大学已经预言印度非织造布和技术纺织品在2005～2050年间会以13.3%的年增长率快速增长。继中国和印度之后，土耳其也正在从传统的低端低成本纺织服装生产国向具有高附加值的高性能产业用纺织品制造国转向，并在近年得到了迅速发展，正在成为全球产业用纺织品的重要中心，向世界出口产业用纺织品原材料和终端产品。此外，俄罗斯也因其技术纺织品消费量的快速增长而成为技术纺织品的主要市场。目前俄罗斯政府计划“升级俄罗斯交通运输系统”，因此产业用纺织品在俄罗斯具有很高需求，尤其是建筑材料和土工纺织品，为该国的产业用纺织品发展创造了机遇。

4. 本学科应用发展趋势

产业用纺织品是跨行业多学科交叉研究、开发和应用的成果，其应用范围已扩大到航天、航空、水利、农业、交通、医疗等众多产业领域，如高性能纤维中的芳纶、碳纤维已大量用于飞机的结构材料，据报道每架波音777需耗用碳纤维5 t；以碳纤维织物为骨架制成的复合材料已用于航天器、火箭、洲际导弹的隔热材料；美国航天局在众多材料中选择了碳纤维织物作为星际探测器的风帆；芳纶和超高分子量聚乙烯纤维用于防弹衣和防弹钢盔的制备；锦纶、涤纶绸用作降落伞和轮胎帘子布；涤纶和玻璃纤维的涂层织物用于大型建筑体育场、展览馆的屋顶材料；抗静电织物用于电子信息工业；阻燃织物用于钢铁工业和消防站等单位的工作防护服；丙纶、涤纶非织造材料用于农业、土工、水利、高速公路以及医疗卫生领域等。市场对产业用纺织品的需求，也极大地丰富了传统纺织品的概念和内涵，使产业用纺织品成为国民经济建设不可缺少的重要材料。

由于医用敷料的刚性需求特征，加之许多国家政府资助计划逐步产生效应，欧美医用敷料市场需求不但没有因为近年来的经济危机大幅萎缩，相反却以超过10%的年增长率而越来越引人注目。

在战争防护和个人防护方面，欧美等发达国家正致力于伪装面料、耐气候材料、帐篷和掩体、防护面料、防弹材料、智能材料以及其他功能性材料的开发，以便应用于军需装备的开发。防护服装制造商也正在意识到提供舒适性工作服的需要。实际上，尽管确保高性能将仍然是防护服装的关键，穿着者的舒适性和服装的美感正在得到越来越多的关注和重视。

汽车用纺织品目前是美国最大的技术纺织品市场，但是正在受到中国市场增长的冲击。纺织新材料的迅速发展有利于全球市场接受含有纺织复合材料成分的机动车辆。随着具有代替座套材料的三维纺织品结构材料的出现，以及设计和制造负荷承载纺织复合材料的可能性的增加，纺织结构复合材料极有可能为下一代智能型、安全型和节能型汽车的诞生作出关键性贡献。

5. 本学科国内差距

企业创新能力依然比较薄弱，外科用植入型纺织品和体外过滤用纺织品等远远不能满足国内市场需求，依赖进口超过 90%。高效精细过滤材料、高性能电池隔膜材料等在国内基本属于空白。产品竞争仍集中在中低档领域。

四、本学科的发展趋势

(一)本学科的发展目标

“十二五”产业用纺织品行业的建议目标为：结合国家实施扩大内需促进经济增长的政策措施，通过完善相关标准规范，完成一批具有自主知识产权的产业用纺织品生产与应用关键技术的产业化推广，促进产业用纺织品在航空航天、水利、交通、建筑、农业、能源、环保和医疗等领域的应用，使产业用纺织品占纤维加工总量的比例进一步优化，产业布局趋于合理，自主创新能力明显提高，自主品牌建设取得一定突破，最终培育形成一批拥有自主知识产权的、知名品牌和较强市场竞争力的产业用纺织品产业链、产业群，有力支撑纺织行业的健康、协调与可持续发展。

(二)产业用纺织品技术需求和重点发展方向

为满足国民经济各领域的需要，解决我国在产业用纺织品行业中产品结构单一、技术含量偏低、一些重要的高技术产业用纺织品仍依赖进口的问题，需要大力推进我国产业用纺织的研发、生产与应用，尤其是产业用纺织品领域关键共性技术的研究开发力度，使我国产业用纺织品纤维到 2020 年消耗比例提升到 25%。重点发展纺织复合材料、非织造材料与技术、膜材料与技术，先进纺织与整理技术，综合运用复合、纳米等高新技术发展差别化、功能化和高性能纤维及各类产业用纺织品，着重应用于农业、医疗、建筑、航空航天、国防、新能源等领域，为国民经济服务。我国产业用纺织品重点发展的关键技术为：

1. 纺织复合材料生产的关键技术与装备开发

纺织复合材料是以高性能纤维纺织制品为增强材料的一类新型的高性能复合材料，是航空航天、国家防御、能源、交通、建筑、机械等领域的重要基础材料，是产业用纺织品行业发展的重要方向之一。先进纺织复合材料以其低密度、高比强、良好韧性、耐高温、抗氧化等优异性能，成为航空航天器结构、发动机、制动装置以及热防护等主要系统的关键材料，并广泛用于风力发电、海洋开发、土木建筑、机械电子、运动休闲等国民经济各个领域。发展先进的纺织复合材料，对促进国民经济的发展，提升国家的综合实力起着重要的作用。当前，许多关键产业化技术和装备尚未突破，亟待深化；在产品规格的系列化、性能品质的稳定化、上下游产业链的一体化、新品种的开发等关键技术方面还需进一步突破和提升。

2. 特殊装饰用纺织品生产的关键技术

完善国内汽车用纺织品产业链，在配套汽车用纺织品加工产业中培育具有自主知识产权的纤维原料、设备、染整剂的供应商;加快开发安全气囊用丝、内饰用黏合剂、隔热绝缘材料、摩擦材料等关键原料;全成型座椅面料、顶篷面料、汽车地毯、汽车用滤布的设计、加工的成套技术;具有阻燃性、纺前着色、保暖性、透气性、抗菌性、防污性、抗老化、除气味、除有毒物质等功能的汽车用纺织品成套加工技术;车用面料组织纹路、图案、款式、流行色等感官工程设计和加工技术;绿色环保车用新材料和可循环利用新材料的设计、加工技术及其回收利用技术。

加强篷盖材料的基质材料研究,加强具有紧密度大、轻质高强自清洁、防水、耐气候、防辐射、防霉防蛀、耐酸耐碱、防电磁被、隐身、化学稳定性好等特征的多功能多用途篷盖和涂层新材料研发,加强永久性膜结构材料开发;重点发展以涤纶织物作基布的高档篷盖布。开发特殊用途的宽幅高强耐伸长轻型输送带和具有极佳的回弹性、柔软性、仿真性、透气性和环保性的超细纤维合成革。

3. 土木建筑用纺织品生产的关键技术

重点支持开发宽幅、高强工艺技术的土工织物、土工格栅、复合土工膜、防水卷材、生态环保用三维土工网,用于垃圾填埋场的高密度聚乙烯(HDPE)光膜、单双面加糙的高密度聚乙烯膜,高强、高模量的塑料格栅和排水类产品以及其他特殊功能性土工合成材料。

支持大型宽幅针刺土工布的生产加工、土工膜的复合与焊接技术、自修复土工织物黏土衬垫(GCL)的研发与应用、薄型热轧土工布的加与应用技术。

加强成网新技术开发,解决长丝纺粘土工织物普遍存在强力较低、分层严重、整体均匀度差、长丝纤度调节较难等问题,提高产品质量的稳定性。重视以聚丙烯和生物基质纤维为原材料的非织造型土工织物的开发与应用,加强土工合成材料专用的高分子原材料的基础研究。

4. 医疗用纺织品产业化与应用关键技术

研究解决医用纺织品领域的关键共性技术,加大医用高性能高技术纤维及其机织、针织和非织造制品的成型技术与装备及其在医疗卫生领域的应用研究力度,推进新型医用纺织品的产业化步伐,加快实现医用纺织品的产品升级与结构调整;建立健全医疗卫生用纺织品的相关标准体系。

加强医用非织造材料加工成形技术、纯棉漂白水刺非织造材料生产技术、双束静电纺丝技术、SMXS、功能微粒复合非织造材料等复合非织造生产关键技术及装备的研究及其医用产品的开发。

加强如钛金属化等医用纺织品后处理与深加工技术,大力推进医用纺织品生物相容性及生物活性处理技术的研究,人造皮肤、肌腱/韧带、人造血管、神经再生导管、疝修补片、人工肾、人工肝、人工肺等高技术仿生类医用纺织品应用与开发。

加快高档医疗防护产品的研发,突破“三抗”(抗微生物、抗血液、抗酒精)手术衣、隔离服等科技攻关项目的产业化难题;提升口罩、防护服用非织造布的功能性与舒适性能;加强医用敷料的功能性及环境友好性能,提高个人卫生产品的防渗漏、吸附臭味等制约产品档次的性能指标。

依据人体生理学和人类工效学设计服装款式,大力加强医疗护理服装如智能服装、护理服装、冷却服装在医疗卫生领域的应用研究。

5. 过滤材料及其加工技术

加强针刺、水刺、纺粘、覆膜等先进工艺和聚酰亚胺纤维(P84)、聚苯硫醚纤维(PPS)、间位芳纶、聚四氟乙烯纤维(PTFE)、芳砜纶、玄武岩纤维等高性能纤维材料在环保过滤用纺织材料应用研究;大力加强高精度低阻力气体与液体过滤材料的研发工作;重点针对钢厂高温沸水中的杂质过滤、火力发电厂水泥厂垃圾焚烧厂和钢厂等的高温烟尘过滤、高腐蚀性化学品过滤、精细药物提成过滤等需求,加快过滤用纺织品的设计和应用,实现高精度反渗透膜、高密度单丝过滤面料、垃圾焚烧专用耐高温滤料、耐化学腐蚀滤料等产品的国产化突破;实现新型方法制备高效率的过滤材料关键技术的突破:闪蒸法、静电纺丝法、驻极双组分熔喷法制备非织造布过滤材料。

膜分离技术是一种高效的分离技术,已成为世界各国水处理领域的核心技术,得到了广泛的应用。然而与发达国家相比,我国的膜分离技术不论在膜材料品种还是膜分离技术方面差距都很大,亟须开发具有自主知识产权的高性能液体分离膜和相应的分离技术。

6. 面向防护用纺织品的生产关键技术

目前主要终端用途包括特种防护(洁净室)、生化防护、耐热阻燃防火、防切割、耐磨损、防弹、防刺伤、防爆、防危险尘埃颗粒、防核辐射、防高压静电、耐恶劣气候、抗寒以及低可见度等。其中个人防护服的功能发展趋势主要包括如下几个方面:防火、防热和抗寒、化学防护、抗机械冲击、生物防护、防辐射以及电防护。

(三)对本学科的政策建议

1. 加强纺织人才队伍、创新文化和创新体系建设

积极推进纺织行业的人才培养、团队建设、条件平台、技术创新联盟建设,促进“产—学—研—用”的实质结合。

产业技术创新是一项复杂的系统工程,需要产学研用之间建立长期、持续和稳定的合作关系。以提升产业技术创新能力为目标,以具有法律约束力的契约为保障,形成的联合开发、优势互补、利益共享、风险共担的技术创新联盟,引导形成“用—产—学—研”紧密结合的长效机制。

2. 全面实施知识产权、核心专利战略和标准战略

加强知识产权保护,推进技术标准工作,是培育和提高产业用纺织品领域自主创新能力的必然要求。健全知识产权制度,实施核心专利与技术标准战略,对鼓励纺织企业自主创新、优化创新环境具有十分重要的意义。

3. 加强行业中介组织在纺织科技发展中的领导和组织协调作用

建议由行业部门或行业中介组织参与项目的组织实施,行业部门或行业中介组织对于项目的整体推进和成果的推广辐射将具有不可替代的作用,在纺织行业内有较高的影响力和号召力。同时,对整个行业的情况比较了解,可以充分听取有关专家和企业的意见,使提出的共性关键技术真正是行业急需的、能够在行业推广的技术。

在项目组织实施方面，可以由行业中介组织牵头，加强与地方科技厅联动，形成强有力的项目领导体系。

参考文献

[1] 朱民儒，张艳．中国产业用纺织品行业的现状和发展机遇[J]．高科技纤维及应用，2009(3)：12-16.

[2] 朱民儒．2010年产业用纺织品发展空间更大[EB/OL]．(2010-02-05). http://www.texnet.com.cn .

[3] 中国产业用纺织品协会．产销两旺，产业用形势积极向好[J]．纺织服装周刊，2010(32)：32-33.

[4] 裴兴春，徐国伟，陈明智．国际非织造布发展趋势及对强国之策的探讨[J]．非织造布，2010，18(2)：3-6.

[5] Ivana, Schwarz, Stana, Kovacevic. Advanced technical textiles[C]//Book of Proceedings of the 4th International Textile, Clothing and Design Conference-Magic World of Textiles. Dubrovnik: Faculty of Textile Technology, 2008:136-141.

[6] Militky Jirí, Klicka Václav. Some tools for nonwovens uniformity description[C]//Book of Proceedings of the 4th International Textile, Clothing and Design Conference-Magic World of Textiles. Dubrovnik: Faculty of Textile Technology, 2008:842-847.

[7] Chi Ting. Measurement of business environment characteristics in the US technical textile industry: An empirical study[J]. Journal of the Textile Institute, 2009, 100(6):545-555.

[8] Husmann Sandra. Durable hydrophilic treatments for nonwovens: Technologies and latest trends [C]//Edana International Nonwovens Symposium 2009. Stockholm: European Disposables And Nonwovens Association, 2009:132-190.

[9] Patanaik Asis, Anandjiwala Rajesh D. Hydroentanglement nonwoven filters for air filtration and its performance evaluation[J]. Journal of Applied Polymer Science, 2010, 117(3):1325-1331.

[10] Bhat Gajanan, Uppal, Rohit, Eash Chris. Ultra fine fiber meltblown webs for next generation filter media[C]//INDA Association of the Nonwoven Fabrics Industry-INDA/TAPPI International Nonwovens Technical Conference 2009. Denve: Association Nonwoven Fabrics Industry, 2009: 1091-1122.

[11] Wadsworth Larry C, Wszelaki Annnette. Development of next generation of biodegradable mulch nonwovens to replace plastic films[C]//INDA Association of the Nonwoven Fabrics Industry-INDA/TAPPI International Nonwovens Technical Conference 2009. Denver: Association Nonwoven Fabrics Industry, 2009: 441-470.

[12] Isaac M Daniel, Jyi-Jiin Luo, Patrick M Schubel. Three-dimensional characterization of textile composites[J]. Composites: Part B, 2008 (39):13-19.

[13] Thilagavathi G, Pradeep E. Development of natural fiber nonwovens for application as car interiors for noise control[J]. Journal of Industrial Textiles, 2010, 39(3):267-278.

撰稿人：李嘉禄　周洪华

纺织机械科学技术发展研究

一、引　言

为落实党中央关于保增长、扩内需、调结构的总体要求，国务院出台了《纺织工业调整和振兴规划》、《装备制造业调整和振兴规划》，工业和信息化部相应出台了《工业和信息化部关于纺织机械工业结构调整的指导意见》，为我国纺织机械制造业的结构调整提出了具体指导意见。2008 年和 2010 年在上海举办的中国国际纺织机械展览会，为国内纺织机械制造商提供了与国际纺织机械制造商同场竞技、交流、观摩和借鉴的机会，有利于促进我国纺织机械制造业的技术提升、产品发展和学科进步。近两年来，我国纺织机械制造业及其技术进步和学科发展取得了较快发展。2010 年 1～11 月，我国纺织机械制造业工业总产值 830.08 亿元，同比增长 46.60%，达到历史同期最高水平；工业销售产值 808.07 亿元，同比增长 44.24%；利润总额 49.42 亿元，同比翻一番，比利润率最高的 2007 年增长了 72.98%；出口总额 15.73 亿美元，同比增长 46.42%。2010 年全年纺织机械实现出口总额 17.57 亿美元，同比增长 45.07%。

二、本学科的发展现状

（一）涌现和形成了一批纺织机械新理论、新原理、新观点、新方法、新成果、新技术

1. 纺织机械工艺生产技术的发展

（1）化纤设备

1）高性能涤纶长丝装备与技术。涤纶超细纤维高速纺丝卷绕成套设备研发成功，使涤纶 FDY、POY 民用长丝的单丝纤度达到了 0.3 dtex，纤维的品质大大提高，有利于高档面料的生产。

2）长丝后加工装备与技术。国产加弹机继精密卷绕、气动生头和在线张力装置推广之后，新研发的导丝盘式牵伸机构，更加保证了加弹质量的稳定，降低了使用维护成本。加弹机模块化设计为个性化服务带来了空间，可根据用户需要配置一定的附加装置，实现花色丝的加工，拓展了机器适用范围。

3）大容量涤纶短纤维成套设备。涤纶短纤维成套设备已从日产 100 t、150 t 继续向大容量的日产 200 t、250 t 方向发展而成为定型产品。

4）高新技术纤维专用装备。近两年来，我国在高新技术纤维如芳纶 1313、高强高模聚乙烯、聚苯硫醚纤维等工艺技术与装备上的研究发展较快。连云港鹰游纺机有限责任公司已于 2010 年形成年产 2500 t 原丝、T300 级碳纤维 1000 t 的产业化生产规模，首次

实现了国产碳纤维的规模化生产，综合技术达到国际先进水平。

(2) 纺纱技术和设备

1) 集聚纺纱技术和装置(设备)。集聚纺装置经多年发展，已经从多种形式和结构的竞相发展而成为细纱机的常规配置和模块结构，异形管、网格圈形式已成绝对主流，三罗拉、四罗拉两种形式并存，2010 年又推出了中空罗拉结构、应用尘笼式集聚原理的集聚纺装置。集聚纺装置在注重细节如品种适应性、消耗品寿命、节能、机物料消耗等方面有所改进和提高。集聚纺装置已逐渐由棉纺向精毛纺和半精毛纺应用领域渗透。

2) 全自动转杯纺纱机。全自动转杯纺纱机比前两年有了进一步的提高，具有自动接头，小车集清洁、接头、落筒功能于一身和电清检测接头等功能，转杯速度已达到 150000 r/min。

3) 摩擦纺纱机。摩擦纺纱机采用多头自由端纺纱工艺，具有操作简单，纺纱系统灵活，自身能耗低，生产效率高，适应植物纤维、合成纤维、再生纤维、特质纤维等多种原料，生产品种多样化和经济效益高等特点，生产速度最大可达 250 m/min。作为一种新型纺纱设备，江苏已进行专门研究并向市场逐步推广应用其产品，对下游纺织产品的市场需进一步开拓。

4) 细纱机自动落纱智能小车。纺纱设备中粗纱机和细纱机随着长车的发展，除了集体落纱系统的成熟完善外，对于细纱长车的落纱，还发展有专门用于细纱机落纱的两种专用装置：一种为全自动落纱机器人，可固定安装于各种新老型号细纱机上，模拟人工拔、插管动作，逐锭拔插管，不损伤纱和锭子，拔插管成功率≥98%，落纱留头率≥94%，装置消耗功率≤400W，行走速度为 8 m/min；另一种为智能落纱车可实现环锭细纱机自动落纱，垂直拔、插管，适应光锭杆、铝套杆落纱，具有较高留头率等，能一机服务于多台细纱机。

5) 粗细络联纺纱系统逐渐成熟。我国新型粗细联纺纱和自动落纱系统由自动落纱粗纱机、粗细联输送系统和尾纱清除机组成，已在展览会上亮相。国产细纱机已可配集体落纱、粗细联、细络联等功能模块。国产细络联合机与两年前相比，在可靠性和稳定性上有了较大提高，预示着国产细络联合机将作为商品推出。由于粗纱机、细纱机自动集体落纱系统和自动络筒机的成熟以及粗细络联输送系统的完善，粗细络联纺纱系统已经逐渐成熟。

(3) 织造准备和织造设备

1) 浆纱机分单元同步控制系统与预湿浆纱工艺技术。采用计算机集中监控系统，使国产高档浆纱机实现了浆液温度在线检测与自控、浆液浓度在线检测、压浆力在线检测与自控、浆液液位自控、上浆率在线检测与自控、烘燥温度在线检测与自控、回潮率在线检测与自控以及伸长率在线检测与自控，浆纱机的车速提高到 100 m/min。国产高档浆纱机的控制技术已经达到国外同类产品的技术水平。国产浆纱机可根据浆纱工艺的要求实现预湿浆纱工艺技术。

2) 无梭织机。无梭织机进一步提高了机速和品种适应性。国产喷气织机对机架和打纬机构等进行优化设计，机速可超过 1000 r/min，已小批量供应市场；剑杆织机的工艺运转速度普遍达到 450～500 r/min，一些机型已达到 600 r/min，并实现了产业化。由于采取加大机器幅宽，配置电子提花机等措施，机器品种适应性有了扩大，如可织造宽幅装饰织物、家纺装饰织物等。一些特殊的无梭织机近年来有了发展，高速毛巾剑杆织机、双层剑杆织机等国内已开发生产，大宽幅的工业用特种剑杆织机国内已形成销售，四喷嘴引纬喷水织机得到了发展。

（4）针织设备

1）圆纬机三功位电子选针提花技术。针织生产工艺上每路实现三功位编织，目前只需要 1 个具有三功位电子选针功能的电子选针器就能实现，这是电子选针提花技术和功能上的巨大突破，与过去需由 2 个具有两功位选针功能的电子选针器组合才能实现每路三功位编织相比，相应增加了机器的编织系统数，增加了产能。

2）经编机双（多）轴向衬纬技术的应用和发展。近两年，经编双（多）轴向衬纬技术在经编机上得到快速应用和提高，多轴向衬纬技术实现了多种角度衬纬和多层数织物织造，具有与传统增强机织物不同的特性，现已广泛应用于各种产业中。目前我国多（轴）向经编机技术水平已达到国际先进水平。短切毡（带非织造布）双轴向经编机采用了独特的复合针，可以减少织针对纬纱的阻力。

3）缝编设备系列和技术有扩展。可生产用于船舶、汽车、人造革和运动、家用装饰、卫生、鞋子和服装里料等方面织物的缝编机已成系列，在机型上有纤网型、短切型、双短切型、全幅衬纬型，现已向无缝线型发展，机幅已成系列并向宽幅 5600 mm 发展。

4）电脑横机单级电子选针技术和嵌花技术的突破与应用。电脑横机多级电子选针技术的应用虽然对选针频率要求可相应降低，但需配有相应的多级电子选针装置并占有机器较大空间位置，2010 年推出的单级电子选针电脑横机，标志着单级电子选针技术及其选针响应频率高的技术问题已得到解决。单级电子选针技术的实现和单级电子选针装置的应用，缩小了其在机器上的占有空间，减轻了机头重量和负载，有利于机器速度的提高。我国电脑横机嵌花编织引线机构已研制成功为与机头分离的独立控制机构，加之专用嵌花导纱器及梭杠扇形排列设计以及换线器控制信号传输技术的研发成功，使我国电脑横机嵌花导纱器多达 48 个，达到了国际先进水平，提高了嵌花等复杂组织的编织效率。

5）袜机细针距的突破。我国自行研制的细针距袜机在 2010 年中国国际纺织机械展览会上的最新亮相，标志着我国袜机制造水平的一个重大突破。细针距袜机一般总针数在 400 针左右，而过去我国制造的中粗针距袜机总针数一般在 300 针以下，袜机细针距对袜机针筒和薄形袜针的制造加工提出了前所未有的要求。细针距袜机的推出，标志着我国不能制造细针距袜机的历史已经结束。

（5）非织造布设备

特宽幅造纸毛毯针刺联合机设计制造技术有了突破。幅宽达 9 m 的造纸毛毯针刺联合机通过先进的有限元应力分析软件对整机强度、刚度、局部应力及使用寿命进行优化设计，突破了特宽幅造纸毛毯针刺联合机的设计制造技术。

（6）印染设备

1）节能前处理泡沫处理技术的发展。前处理泡沫处理技术可使水以泡沫的形式施加到织物表面，因而使织物的带液量大幅下降，从而大大减少了用水量，可节省烘燥所需的热能。我国狭缝式涂敷装置通过泡沫输送管路路径一致的独特设计，使泡沫在幅宽方向的衰减一致，适用于稳定、半稳定、非稳定泡沫，同时还可随加工织物的幅宽而调节泡沫的宽度，确保泡沫均匀一致地施加到织物表面上。

2）数码喷墨印花配套墨水有较大发展。数码喷墨印花作为我国新兴印花技术，正处于快速增长期，除了机速有进一步提高外，还在配套用墨水方面取得了较大进展，墨水通用性进一步加强，售价进一步降低，一批专业生产墨水的厂家具有各类活性、酸性、分散、涂料墨水，品种、规格繁多且通用性较强，为发展我国数码喷墨印花技术和设备创造了有利条件。

3）冷转移印花技术的应用。我国冷转移印花机技术已开始进入实际工业应用阶段。在天然纤维及粘胶纤维织物上的印花效果良好，色彩丰富，图案清晰，手感柔软，日晒牢度及水洗牢度均达标。与传统网印相比，在能耗方面可节省50%，在水耗方面可节省60%；在后续的水洗中，不但用水量大幅减少，且排放的污水COD值也大幅度下降，仅为传统网印工艺污水的30%；印花综合成本，包括计入转移印花纸在内，冷转移印花可比传统网印降低约15%。

4）自动测色、配色和染料配送系统制版技术的发展。我国全套自动测色、配色和染料配送系统采用直通式无管路计量系统，所有动作采用步进电机控制，定位准确而可靠，较好地解决了其他形式母液瓶存在的缺陷。圆网和平网制版已基本实现数字化。喷墨制网、喷蜡制网已普遍应用。激光制网技术、自动调浆技术日渐完善，应用日益广泛。

5）微波烘干、射频烘干技术在印染后整理上得到应用。微波烘干技术应用于微波烘干设备，产热速度快；加热过程不需要热传导，节能效果显著。射频烘干可将电磁能量直接转移到需要干燥的纱料分子中，烘干过程中几乎没有外围的质量损失，输出能量完全被利用，能耗与含水率成正比，运行成本降低。

（7）纺织仪器

快速棉纤维性能测试仪器已于2010年7月通过国家科技成果鉴定，表明国产全自动HVI快速棉纤维性能测试技术已经突破，该测试仪在检测速度上有了进一步提高。

2. 纺织机械节能降耗减排的深入

纺织机械的节能降耗减排已不仅仅是化纤设备和印染设备作为主要任务和努力方向，而且在其他纺织设备中也为此而作出努力。

在纺纱设备中，国产清梳联已向节能及减少用工方向发展。由于并条机的牵伸技术已和梳棉机相结合，大大缩减了生产流程和减少了占地面积，节约了能源。精梳机通过控制精梳落棉和精条中短绒的分布来达到节约原棉的目的。在并条机上采取减轻负荷、提高电机效率等措施达到节能的要求。粗纱机取消吸风电机和吸棉箱以减少用电。细纱机合理设计传动系统，使电机工作在高效区位，具有较好的节能效果。

在化纤设备中，聚酯液相增黏直纺高强丝技术的应用，在聚酯瓶级切片生产中可省去固相增黏这一环节，不但节省了投资，而且也节省了能源，并使产品质量更加稳定；丙纶牵伸变形联合机采用新型的膨化管技术，具有速度高、节能、丝束膨化变形好的特点；民用长丝纺丝设备采用新型"单排外环吹风丝束冷却装置"和"双排外环吹风丝束冷却装置"技术，可减小压缩空气的消耗，节约了能源；长丝后加工设备加弹机采用新结构的导丝盘牵伸装置，省去了罗拉传动系统，机构简化、能耗降低，采用全封闭的联苯上热箱，也降低了能耗。

在印染设备中，用印染超声波水洗技术对超声波显色皂洗机进行改造，在试运行后已成功投产。超声波水洗只需较低的水温、少量的水就可以超过普通水洗的效果，符合节能环保绿色染整的方向和要求；泡沫处理技术在我国已有产品推出，可大幅下降织物的带液量，仅约为 10%～40%，可以节省烘燥热能 50%以上，节省染化料约 10%～40%；高温高压气流染色机在节能节水上较传统溢流或喷射染色机更有利已是不言而喻；圆网印花机磁台经独特设计，不但可节省电能，而且温升降低，磁台变形小，磁力均匀；拉幅定形机高效节能的双风道热风循环系统和独特设计的喷嘴系统能提供良好的定形效果及获得较低的残余缩水率；多功能缩绒柔软整理机可以重复利用皂液或其他化学助剂，并将其回收，还可以减少烘干时间；后整理设备采用微波烘干和射频烘干，加热效率高，节能效果显著。

3. 纺织机械采用新型制造工艺技术加工生产

随着纺织机械产品技术水平和零部件精度的提高，形状和用材的变化，表面和内在质量的提升，使纺织机械制造加工已从传统制造加工工艺技术向先进新型制造加工工艺技术不断发展。如激光加工技术、超声波技术、真空压铸和超塑成形技术、耐蚀耐磨涂覆技术、毛坯精化技术、精准热处理工艺技术、产品装配工艺和技术、先进计算机辅助设计制造技术、加强零部件设计制造试验和理论分析。

4. 纺织机械产品模块化设计的发展

随着纺织机械产品个性化和定制化的需求发展，同时为节约生产成本，缩短交货期，提供性价比高、产品可靠性高、性能优良的纺织设备以适应市场和用户的需要，纺织机械产品模块化结构和模块化设计的应用增多。

细纱机已采用模块化设计，集聚纺装置已经成为细纱机常规配置模块。在高速并条机中研发了数字化运动控制模块。剑杆织机技术水平的主要体现之一是在模块化方面的发展，剑杆织机电子开口、电子送经、电子卷取、电子选色、电子控制引纬、电子剪刀、电子绞边、电子电动机直接驱动以及强大的计算机控制与网络化等根据市场需要，可进行模块化功能的不同组合。针织机械多花色功能的复合，如提花＋调线功能，提花＋调线＋吊线功能，提花＋调线＋添纱功能，也都基于各种单元功能的模块组合。在其他纺织设备中，也都有功能模块和模块化设计的体现和应用。

5. 纺织机械可靠性工程

纺织机械虽然是专用民生装备，但随着纺织工业的发展，对纺织设备的可靠性要求却越来越高。纺织机械可靠性在很大程度上决定着我国纺织机械的国际竞争力。近年来在纺织机械可靠性工程上，从科学性和系统工程上进一步加大了实施和推进力度。2008 年以来，在行业内开展了可靠性工程知识学习和培训，制定纺织设备可靠性评定规范等可靠性文件，尤其对列入国家专项的纺织机械项目产品进行了可靠性早期故障和可靠性摸底测定试验工作和验证等，至 2010 年，纺纱关键设备梳棉机、棉精梳机、单眼并条机、自动落纱粗纱机、棉纺环锭细纱机、自动络筒机和异性纤维分检机 7 种产品以及剑杆织机、喷气织机的可靠性评价文件(试行)已由中国纺织机械器材工业协会组织制定和陆续发布。针织机械有关产品也开展了可靠性评价文件的制订工作。所有这些，为纺织机械行业和纺织机械产品开展可靠性工程摸索了经验，打下了进一步发展的良好基础。

6. 纺织机械新材料的应用

随着纺织机械产品速度的提高并要求材质的轻质化，以及对机器零部件表面耐磨、强度等诸方面要求的增多和提高，纺织机械产品传统材料的应用发生变化，新材料或优质材料的应用在逐渐增多并逐步替代传统材料。如清梳联合机中大量铝合金型材的使用，铝合金型材活动盖板的采用成为高产梳棉机的一大改进措施。其他如碳纤维材料已应用于多梳栉经编机成圈部件和起毛机关键组件等。纺织机械企业不但在应用碳纤维等新型材料方面已逐渐增多，而且纺织机械企业已有进军碳纤维生产和碳纤维材料生产设备领域。

7. 纺织机械产品多学科技术的应用

在纺织机械产品中，气流在各纺织工艺和设备中的应用和作用几乎无所不在，对气流的研究已逐步从定性化走向定量化，采用专用的计算机分析软件，运用流体力学原理进行气流在纺织机械产品中的设计和应用。

采用计算机辅助(仿真)优化技术进行动力学分析与纺织工艺参数优化设计和试验分析日益普遍，如精梳机多轴伺服控制系统三维运动仿真等，通过优化设计和试验分析使运动顺畅，各单独部件的负荷减轻，能耗降低。

嵌入式控制系统在纺织机械产品中已有应用，如全数字自调匀整嵌入式控制系统等等。

(二)本学科在研究、教学、交流等方面的概况和进展

在纺织高等院校中，除了加强纺织机械基础理论、应用研究的研究、教学和实验工作外，为适应先进制造加工技术和产品开发技术的发展和应用，加强了现代集成制造系统、制造系统仿真技术、物流系统、供应链管理等，包括成形技术、表面工程技术(激光加工，涂层，表面硬化，数字化模具设计与制造等)、纺织机械生产过程监测与控制技术(包括智能纺织仪器仪表)、工业设计和工业工程、创新设计(创新理论及其应用)、机械可靠性工程、工业机器人技术、振动、冲击与噪声研究、吸音隔声及隐身技术和节能降耗控制技术的研究。

各纺织高等院校结合自身优势和地域需要，采取产学研用结合等多种形式，进行纺织机械产品及其关键技术研究开发并取得了一定进展和成果，主要有：

1) 化纤设备中的新型差别化纤维生产技术及高新技术装备和空气变形喷嘴的研究开发。

2) 纺纱设备中的高速转杯纺纱机研制、精梳机钳板机构系统动力学研究、多倍加捻技术与四捻机研制、机电式针梳机毛条自调匀整装置、新型苎麻机械和环保机械研制及新一代高速纺纱锭子等。

3) 织造设备中的高速喷气织机数字化工艺及设备的研制开发、新型三维织机和地毯簇绒机研制。

4) 针织设备中的全电脑横机研制、针织电脑提花圆纬机关键技术研究、数字化提花袜机研究、经编机机构的数字化控制和提高织针性能及寿命的关键技术。东华大学承担的国家科技支撑计划“电脑横机移圈针高性能化关键技术研究”任务，不但完成了电脑横

机移圈针的研制可为各种国内外电脑横机配套外，还研究完成了织针材料及热处理强化新技术、移圈针平面槽曲铣削加工装备及工艺、模具高性能化关键技术、移圈针光整技术研究和探索了移圈针性能检测新方法，为我国各类织针生产的关键技术解决提供了借鉴，为提高我国织针生产制造加工技术水平作出了贡献。

5）印染设备中的数字印花技术与装备研究、无纸热转移机的改造研究和毛染整废水循环利用技术的工业化研发与示范。

6）纺织仪器中的全自动喷丝板检测仪和纺织织物数字图像分析及织物疵点检测及控制研究。

7）纺织设备控制系统中无梭织机直接主传动电机调速系统等。

8）产业用纺织品是今后发展的重点和新的经济增长点，有关纺织高等院校加强并开展了这方面的研究工作。东华大学非织造材料与工程学院对非织造干法成网技术与装备，国产与国外梳理成网装备和非织造布性能，交叉铺网和成网设备方面新技术展开了分析研究，对国外设备在宽幅高速高产、改善最终产品纵横向强力比和最终产品纤网均匀性等方面进行了研究并提出了自己的解决方案。

9）新材料研究。2010 年 9 月成立了武汉理工大学—连云港鹰游纺机碳纤维复合材料技术与应用联合研究中心，构建“碳纤维复合材料技术与应用”学科平台，形成碳纤维复合材料制备工艺、碳纤维复合材料零部件设计、制造、检测与应用等若干研究领域，推动相关装备的发展。

以上这些纺织机械产品和关键技术的开发、研究和成果，基本适应了今后的发展需要和方向。

（三）最新科技进展在产业发展中得到的重大应用、取得的重大产业化成果

1. 10 项攻关项目有新进展

近两年来，在“十一五”期间需要进行 10 项（包括新调整和新增的）纺织工业新型成套设备技术攻关和产业化项目均取得了新进展。

（1）日产 200 t 涤纶短纤维成套生产线已成定型产品

现在已经具备制造日产 200 t、250 t 的涤纶短纤维生产线设备的能力。同时，以瓶片为原料的再生涤纶短纤维成套设备得到了发展和提升。瓶片破碎机、清洗机和造粒机，使回收的瓶子根据需要加工成清洁的瓶片或造成各种规格的切片，为瓶片提高质量提供了装备支持。

（2）粘胶长丝连续纺丝机

采用双丝配置，使产量与质量匹配良好；无捻无浆，为后处理和织造提供了更多的方便和更广泛的适用范围；满筒率在 90%以上，高质高效。

（3）高效现代化棉纺生产线的研制

在棉纺生产线中，主要纺纱设备技术水平有了进一步提高，梳棉机实际产量已达 100 kg/h，棉精梳机已达 350～400 钳次/min，并条机精梳条出条速度已达 450 m/min，多电机悬锭粗纱机工艺速度已达 1100～1500 r/min，集体落纱细纱长机拔插管率达到 99.5%，留头率达到 97%，集聚纺纱技术应用发展迅速，年增长量在 100 万锭左右，自动

络筒机市场占有率达30%左右，已实现“粗细络联”，全自动转杯纺纱机纺杯速度可达10万~15万 r/min，纺织企业生产信息化系统已开发成功。

(4) 机电一体化喷气织机和剑杆织机

国产机电一体化喷气织机和剑杆织机机速有了进一步提高，品种适应性也有了进一步扩大。国产喷气织机机械速度已超过了1000 r/min，实际生产速度普遍在550~650 r/min，个别设备达到700 r/min左右。国产剑杆织机车速基本上在500 r/min以上，有的达到了600 r/min以上。双层剑杆织机和特种剑杆织机均有了发展。

(5) 纺粘法和熔喷法非织造布生产线

目前我国能够生产世界上大多数的纺熔成套生产线设备：丙纶、涤纶、双组分、聚乳酸纺粘生产线：最大幅宽3.2 m，生产速度200 m/min。3.2 m幅宽的高效、低能耗丙纶熔喷设备：纤维直径为2~3 μm，布面不匀率小于5%，能耗为3500 (kW·h)/t左右。3.2 m幅宽的SMS纺熔复合生产线，速度250 m/min。1.7 m幅宽的纺粘水刺复合生产线也已研制成功。

(6) 电脑提花圆纬机

每路2个两功位电子选针装置发展成每路只需1个三功位电子选针装置来实现三功位选针功能，电子提花+调线功能已经成熟应用在电脑圆纬机产品中。

(7) 电脑自动横机

单机头3系统或4系统电脑横机和多针距电脑横机最近几年有了快速发展。许多机型机头宽度有了明显减小；前后机头独立的嵌花机型有了定型产品；与传统的多级电子选针截然不同的单级电子选针和特殊的选针挺针片设计的电脑横机已经面世并批量生产。

(8) 高速特里科经编机和高性能拉舍尔经编机

曲轴传动的中动程高速特里科经编机最高编织速度从1800 r/min提高到2200 r/min，编织效率提高了23%。曲轴传动的短动程高速特里科经编机最高编织速度从1800 r/min提高到2200 r/min。新型高速拉舍尔经编机已定型生产。

(9) 印染设备工艺参数在线检测系统

研制成功的淡、浓碱浓度测量控制系统采用感应测量传感器进行高精度、非接触式的连续在线测量，并通过人机界面触摸屏进行操作，使碱液浓度稳定在工艺要求的范围内。双氧水浓度在线测控系统采用高精度测量传感器，可连续在线进行高稳定性控制，主要应用于前处理过程中双氧水浓度的自动监测和控制。pH值在线检测系统已主要用于丝光机、染色机的pH值检测控制及污水处理和环境检测等场合。

(10) 高质量、高效、节能、环保的印染设备

近年来在印染设备高质量、高效、节能、环保方面也有了不小进步，如超声波水洗机作为单元机用于超声波显色皂洗机的改造方面，经试运行后已成功投产。泡沫处理技术与设备在我国已有应用。作为染色设备中的新近发展的气流染色机在我国已积累了一定的制造和使用经验，已经形成了较大的客户群体。圆网和平网印花机在我国已有多家生产制造，在精准、高效、实用上都有一定的提高，有较大的市场占有率。我国数码喷墨印花机正处于快速增长期，生产成本不断降低，生产速度不断提高，配套的墨水品种日渐完备，墨水通用性加强，应用领域不断扩大，正在迅速进入工业化应用阶段。节能效果显著的冷转

移印花机已有一定突破。在针织拉幅定形机、预缩机、柔软整理机、松式烘燥机、磨毛机、起毛机、起绒机、刷绒机、剪毛机、剪绒机和验布机等后整理设备上，在高质、高效、节能和环保方面都有不同程度的进步。

2. 纺织机械标准化体系建设加快

标准化作为科技进步的一种体现并随科技进步而发展。纺织机械标准化在纺织机械科技发展中起到了重要作用并随之发展，纺织机械标准化体系已建成，已形成纺织机械基础类、工艺类、零部件类、纺织机械棉纺、织造(含织造准备)、染整、化纤、针织机械产品类和仪器、仪表及电气类 9 大类标准体系。全国纺织机械与附件标准化技术委员会加强了行业标准化工作的开展和技术归口工作，并成立了 2 个标准化分技术委员会，即纺纱、染整机械分技术委员会和纺织器材分技术委员会。全国工业机械电气系统标准化技术委员会纺织机械电气系统分技术委员会，也由全国纺织机械与附件标准化技术委员会归口管理，非织造布机械分技术委员会已经上报国家标准委等待批复。

纺织机械行业现行国家标准有基础通用类标准 92 项(均采用 ISO)，自主制定产品类标准 1 项；纺织机械现行行业标准有 415 项，有 43 项采用 ISO 国际标准，其余为自主制定。全国纺机标委会还进行了大量的 ISO 国际标准文件处理工作，仅 2009 年就对 63 个国际标准文件提出了处理意见。成立于 1986 年的“全国纺织机械标准及检验技术服务网”，是标委会直属的纺织机械标准化和检验方面的全国性技术服务组织，近年来多次举办基础标准宣贯、技术讲座和企业标准化经验交流活动；出版发行《纺机标准化与检验网讯》(季刊)和数十种纺机、纺器标准和各类标准手册等；收藏所有现行纺织机械国内、国际标准；建有完整的纺织机械国标、行标计算机数据库。

3. 纺织器材发展迅速

纺织器材作为纺织机械的专件、附件和配套件，已对纺织机械产品甚至纺织工业的生产发展和技术进步起到了重要作用。近年来各类纺织器材发展迅速，产品涵盖纺织机械产品各个领域，技术进步明显，比较集中地体现在对各种纤维的适纺性、适应高速、高效、降耗、节能和环保要求等趋势上。为此，纺织器材在采用新材料和优质材料替代传统材料、提高精度、增强表面质量及其处理技术等方面都有所突破并加强了研究，产品的可靠性、一致性和制成率大有提高，纺织器材专用加工设备的引进和研制得到了加强，充分运用各种科学技术手段，在纺织器材的用材、结构和作用机理等方面开展了测试、探讨和研究工作。

三、国内外本学科发展比较分析

国际纺织机械正朝着符合多功能性、高性能和易操作性，高效、低碳、节能、节水、降低原材料消耗、节约成本和省工、可持续技术和更佳质量及可靠性方面发展。主要特点有：纺织机械产品的个性化、柔性化；不断拓展新型纤维材料和产业用纺织品装备；纺织机械、纺织工艺和纺织工程的相互结合日益紧密；现代信息控制技术在纺织工艺全流程装备中广泛应用；纺织机械产品已是多学科技术的复合和结晶。

国产纺织机械的差距：我国纺织机械工业虽然取得了较大成绩，但与国际先进水平相比仍存在较大差距，主要是自主创新能力较弱，传统的棉、毛、麻、丝等纤维加工设备比重较大，差异化、节能降耗等新型、高端纺织机械产品仍主要依靠进口，另外是专用件和配套件生产水平还不高，整机产品稳定性还较差，再有是“两化”融合水平较低，纺织机械设计制造集成化、模块化、自动化、信息化的应用还不普遍，产品自动控制水平较低，信息化和工业化有机融合水平亟待提高，还有是公共服务体系尚不完善，为纺织机械行业提供信息咨询、技术开发、人才培训等方面的服务体系还不能满足行业发展的需要。

四、我国本学科的展望与对策

(一)纺织机械行业科技发展重点

1. 纺织机械产品发展重点

1) 高质量、高性能传统纺织机械的开发。研发全自动转杯纺纱机，喷气涡流纺纱机，提高粗细联、细络联系统控制精度和稳定性问题，发展新型模块化无梭织机、高速毛巾织机、差异化织机和特种织机、多功能电脑横机、多轴向经编机等。

2) 产业用纺织机械成套设备的研发。发展聚乳酸纺粘法非织造布生产线、聚笨硫醚熔喷设备、双组分纺粘水刺裂解法生产线等。

3) 纺织机械节能、降耗技术的开发与应用。开发印染机械新一代多功能、智能化的在线检测与控制系统和车间级、工厂级综合信息管理控制系统，研发高效节能环保的机织物和针织物连续练漂水洗设备。研发化学剂浓度在线检测与配送系统、定形机热能实时监测系统等节能减排技术与设备。研究喷气织机节气技术。

4) 纺织仪器的研发和产业化。研发新纤维、新面料类、测色类、织物风格类及纺织品服用性能类、在线检测及全自动、大容量、高速的测试仪器。

5) 纺织机械专用件、配套件的研发。研发全自动高速卷绕头、高频加热牵伸辊、高精度纺丝计量泵、高速锭子和针织用针等纺织机械关键配套件。

2. 纺织机械零部件制造加工工艺技术提升

加工设备向高精化、柔性化、多功能复合加工发展，提高纺织机械行业的先进装备水平，从而进一步提高精度、生产效率和生产加工的柔性化。对精度要求较高的加工和工序如数控磨削、在线检测等，与数理统计、计算机网络等技术融合为一体。

推动无切削、少切削等精确成形工艺的应用，重点推广精密锻造、冲压、精密铸造、粉末冶金、工程塑料的压塑和注塑等加工技术的应用比例，使材料利用率提高。

对机械零件表面处理、热处理的关键技术难点，进行工艺技术攻关，提高专件、器材使用寿命。

3. 纺织机械产品可靠性工程进一步推进

在现有开展纺织机械产品可靠性工程产品的基础上，总结经验加以推广应用，以承担国家、行业纺织机械项目为抓手，进一步推动纺织机械可靠性工程的开展。

4. 纺织机械现代设计进一步应用与推广

进一步推进现代设计在纺织机械上的应用,采用先进设计软件和手段,将先进自动化、信息化控制技术应用于纺织机械产品。

(二)本学科发展的策略和对策

加大技术进步和技术改造支持力度;鼓励订购和使用国产首台(套)纺织机械技术装备;制订实施纺织机械零部件进口税收优惠政策;加大对纺织机械企业金融支持;加强产业政策引导;加大支持行业服务平台建设;制订可操作的纺织机械技术政策;发挥行业中介组织的作用;开展国际交流与合作。

参考文献

[1] 中央政府门户网站.纺织工业调整和振兴规划[EB/OL]. http://www.gov.cn/zwgk/2009-04-24/content_1294877.htm.

[2] 中央政府门户网站.装备制造业调整和振兴规[EB/OL]. http://www.gov.cn/zwgk/2009-05-12/content_1311787.htm.

[3] 中央政府门户网站.工业和信息化部关于纺织机械工业结构调整的指导意见[EB/OL]. http://www.gov.cn/zwgk/2009-12-11/content_1485116.htm.

[4] 段凤丽,夏怀仁.纺织机械制造工艺与装备的提升与发展[J].纺织机械,2010(3):53-55.

[5] 中国纺织机械器材工业协会,中国纺织工程学会纺机器材专业委员会.第四届纺织机械先进制造技术交流会论文集[R].北京:中国纺织机械器材工业协会,2010.

[6] 关于发布剑杆织机、喷气织机可靠性评价文件(试行)的通知[EB/OL]. http://www.ctma.net/contents/281/2915.html

[7] 中国纺织工业协会.纺织工业"十二五"科技进步纲要[R].北京:中国纺织工业协会,2010.

撰稿人:徐妙祥　黄　猛

ABSTRACTS IN ENGLISH

Comprehensive Report

Advances in Textile Science and Technology

As traditional pillar industry, important people's livelihood industry and industry with international competition advantage, textile industry plays important role in flourishing market, expanding export, absorbing employees, enhancing rural income and promoting urbanization. China's textiles rank the first in the world in production scale and export trade.

1 Advances of Textile Science and Technology in Recent Two Years

1.1 Scientific and Technological Achievements of Textile Industry

1.1.1 Significant Achievements in Fiber Materials

Industrialized production has been realized for high performance fibers and some biomass fibers such as bamboo pulp and flax pulp fibers. The industrialized high performance fibers include carbon fibers, Nomex1313, ultrahigh molecular PE, PES and Basalt fibers. Series varieties are further developed to expand their applications. Majority technologies and products reach advanced international level. Kevlar 1414 and solvent-spun cellulose fibers have been in medium-scale. The synthesis of new type PTT resin has made breakthrough in respect of medium-scale.

1.1.2 Obvious Advances in Textile Preparation and Product Development

The new technologies including automation, continuity, and high speed for cotton spinning have been nationalized and popularized in large scale. All of these contribute to improvement of productivity and product quality.

New technologies promote developments of high rank yarns. The application of compact spinning, air-jet spinning, air-vortex spinning and insert spinning enrich yarn varieties and decrease yarn fineness of natural fibers as well as enhance yarn quality.

The blended/interlaced yarns with multiple fibers and innovation in fabric structure greatly enrich fabric varieties. In dyeing and finishing industry, cold pad-batch pretreatment with reactive dyes and other new technologies such as dyeing, digital printing and pigment printing are self-oriented development. Advanced electronic information technologies including electronic color separation and plate making, automatic size mixing and online inspection are adopted. The application of the above-mentioned new technologies greatly improves quality stability and additional value of fabrics.

1.1.3 Fast Development and Application of Environmentally Friendly Technology

Lots of breakthroughs have been made in new technologies with low energy and water conservation, and these technologies are popularized in industry.

1.1.4 Rapid Development of Industrial Textiles

The properties of industrial textiles have been greatly enhanced due to application of high performance fibers. New cellulose and PLA fibers are successfully prepared by solvent spinning. These biomass fibers are antibacterial and degradable, promoting development and application of medical and healthy materials.

1.1.5 Great Enhancement in Self-oriented Innovation Capability and Manufacture Level of Textile Machine

Batch production have been realized for large-volume spun polyester complete equipments, high efficiency and modern cotton production line with new type blowing-carding unit, automatic winder, and mechanical-electronic integration rapier and air jet loom. Part of products reach international level and replace import products. The number of self-oriented equipments for producing chemical fibers and cotton significantly increase in China. Some nonwoven and knitting equipments are successfully developed and rapidly pushed into market. Both spunbond, meltbond, water-needle punched nonwoven equipments and smart circular weft knitting machine, multi-function computer-controlled flat bed machine, modern warp knitting machine are included. The application of these advanced equipments reduces costs. For dyeing and finishing equipments, many new products with low energy consumption and water conservation are developed.

1.1.6 Popular Application of Information Technology

The level of digital product design and automatic manufacture has made great enhancement. Digital product design technologies such as CAD and CAM are extensively used, leading to effective improve in product innovative capability and response speed to market.

1.2 Achievements of Sci-Tech in Recent Two Years

In recent 2 years, the scientific and technological achievements are plentiful and the subject develops rapidly. Of 300 excellent project achievements, some projects have been bestowed awards of national technological invention and the first-class and second-class awards of the national science and technology advance. These projects to be prized are wide coverage, high content of science and technology, and have excellent economic effectiveness, indicating great advances of textile industry in implementing Scientific Outlook on Development and building innovative country.

2 Distance Between Overseas and Domestic and Development Goal

Textile industry is a resource operational industry. The industry greatly depends on natural fibers of cotton, flax, silk and wool and petrochemical materials producing synthetic fibers. The consumption of energy and water is enormous. The conflict with reusable resources will become more significant with the industry development, and further increase the pressure to balance supply and demand and raise utilization ratio. The environment pollution and unhealthy effect on people more or less exist during fiber and textile production, dyeing and finishing, cloth manufacture and product disposal. With the increase attention to living environment and quality, textile industry is facing great revolution on production technology and products. Modern science and technology provides technological supports for harmonious and sustainable modern textile. The global information tide is influencing develop process of various industries. It is common consensus for insiders that traditional textile industry should be transformed with the graft of information technology. Occurrences of new materials with special performances enrich textile products variety, upgrade product properties, and also provide new resources. The revolutionary changes of production method and development trial have taken place due to the combination of biological technology and traditional textile industry.

3 Advices on Textile Science and Technology

In recent years, China's textile industry realized enormous transformation and upgrading. Content of science and technology and innovative capability are greatly enhanced. Achievements from original innovation, integrated innovation and the second innovation after introducing and digesting are plentiful. Lots of technology developments are industrialized, becoming the most important support to promote industry increase in new time and enhancing productivity. In the new phase of China's economic society, textile industry has further seen the urgency of changing development mode and speeding up industry upgrading.

1) Conscientiously implement key and industrialization projects proposed by the Twelfth-Five Outline of Scientific and Technological Progress of textile industry;

2) Increase sci-tech investment and support technology innovation and advance;

3) Perfect talent policy and optimize talent structure;

4) Increase support for the majority of SMEs.

Written by Zhang Huailiang, Gao Huifang

Reports on Special Topics

Advances in Fibers and Materials Subject

Fibers are one of necessary materials with special shapes during national economic construction and social development. After development for many years, great advances have been made in fiber preparation, fiber types and industry scale in China, which not only satisfy various civilian requirements but also provide guarantee of raw materials for high-tech industry. This paper firstly summarized the current developments of textile fibers and materials subject in China and the latest international developments and tendency during 2008—2010. The above-mentioned developments mainly focused on high-tech and conventional fibers. Secondly, the achievements and disadvantages of China in fibers materials during the Eleventh-Five Year Plan were analyzed and concluded. Considering from textile fibers and materials subject and industrial developments, the authors pointed out that the self-oriented innovative capability should be further strengthened, which is also key point for the transformation of China's textile industry from big to strong. Finally, the amazing advances of fiber industry in development and application of high-tech fibers and industrialization during the period of Eleventh-Five Year Plan were pointed out. The key points in the Twelfth-Five Year Plan should be paid more attention to research on biomass fibers and biochemical raw materials, promoting industry level with biological technology, transforming traditional production process for regenerated fibers, and popularizing environmentally friendly processing, new technology and integrated technology of fibers.

Written by Jin Xin, Xiao Changfa, Hu Jingping

Advances in Spinning Engineering

In this chapter, the current developments and achievements in spinning processing are summarized. For cotton spinning, the "Low-torque" and

"Insert-plying" yarn forming technology were the highlight progress. The former one can be used to produce soft yarns with low twist, expecting the high productivity. The latter one can be used to produce ultra-fine yarns. In addition, the even yarn at high drawing ratio can also be obtained with creative device of additional pressure bar anchored at spinning drawing area developed in recent years. The new development in wool spinning is semi-worsted system. The short wool fibers can be spun into yarns with good evenness and strength at semi-worsted system. For ramie spinning, strentch-breaking technology is applied to significantly reduce yarn unevenness and the other defects. The refinning of flax and hemp fibers also provide possibilities to spin pure or blended yarns with high quality in cotton spinning system.

Written by Pei Zeguang, Zhang Yuanming, Yu Chongwen

Advances in Weaving Technology and Product Design

Recently, great changes have taken place in weaving industry and the product design with the extensive use of the electronic information technology in the weaving industry and increase requirement of people for the environmental protection. In this paper, the industry current status and the latest research of the weaving business were introduced from technology development, product design and textile design CAD of weaving.

In the section of weaving technology, the most advanced automatic winder technology and winder equipments were introduced. Some key techniques such as linear speed, automatic control, winding prevention and accurate shifting control of warping process were analyzed. The environmentally friendly sizing agents and technological progress of slashing were recommended. The automatic drawing in appliances were also introduced which reflected the raising automation level. Most important, through analyzing loom shedding of Dobby and Jacquard, the weft filling of air-jet, water-jet, rapier and projectile shuttle, the comparison was made for the latest equipments and technology at home and abroad.

In the product design part, some new fiber materials were introduced from the aspects of multi-functional chemical fiber, un-cotton biological activity fiber and Micro-Denier fiber. Research and development trend of fabric exploitation, achievements and prizes from 2009 to 2010 were also mentioned in the report.

In the part of textile design CAD technology, yarn simulation technology such as 2D Parametric Design, 3D Parametric Design and real yarn extractive technique was introduced. In the area of textile 3D simulation and fabric dynamic scene simulation, some recent developments, theories and application technologies were mentioned.

Finally, three suggestions from weaving technology, product design and textile design CAD were put forward in order to promote the growth and development of weaving industry.

Written by Zhu Chengyan, Li Yanqing, Tian Wei,
Li Qizheng, Zhang Hongxia, Gao Huifang

Advances in Knitting Technology and Product Development

In view of current flourishing of knitting industry, the latest technological process and product development of circular knitting, transverse knitting and warp knitting were detailed depicted based on the deep research on the knitting technology at home and abroad. The circular knitting machine was further developed with computer technology, efficient production technology, multifunction knitting technology and seamless knitting technology. The circular knitted products were further developed towards lightness, comfort, environmental protection, integrity and seamless underwear. High quality and complex patterns of transverse knitted products were achieved with adoption of efficient knitting technology, intelligent control yarn feeding technology, multi-machine gauge technology, knit and wear technology, CAD and network technology. Therefore, the transverse knitted clothing products gradually converse from technical content to fashion content, from traditional industry to fashion industry. As an important part of knitting, warp knitting has achieved breakthroughs in efficient production technology, servo control technology, piezoelectric jacquard technology, seamless technology, magazine weft-insertion technology, broad width warping technology and CAD technology. The harmonious development of garments, decorative and industrial warp knitting products broad the application of warp knitted products, expand market from depth and breadth, and steadily increase competition of various grades of products.

Written by Jiang Gaoming, Liu Jun

Advances in Textile Chemistry and Dyeing and Finishing Engineering

Dyeing and finishing serves as a key process in textile industry, and it is also the key in the transformation and upgrading of the entire textile industry. In recent years, the developments of dyeing and finishing technology mainly focus on ability improve of independent innovation, elimination of dyeing and finishing productivity with high energy consumption, high water consumption and low-level techniques. Meanwhile, with the introduction of information technology, biotechnology, and automation, developments of functional new products and high value-added products are increased by exploiting and popularizing dyeing and finishing techniques with high efficiency, short procedures, less water consumption or without water consumption.

The development of new dyes is mainly surrounded with dyeing processes of energy conservation and pollution reduction, clean production, such as dyes suitable for low-temperature dyeing, one-bath dyeing of multi-component fibers, and air flow dyeing as well as high fixation ratio dyes and high colorfastness dyes. The new auxiliaries are beneficial to develop products with safety, energy conservation, pollution reduction, economic and convenience, which meet the requirements of regulations and technical standards of textile ecology.

Pre-treatment processes mainly develop clean production processes of high efficiency, low consumption and short procedures including exploitation of environmentally friendly and efficient pre-treatment agents, precise automatic measurement and control instruments, efficient washing equipment and new process of clean production. For example, both hydrogen peroxide bleaching activator and biological enzyme are further developed used in pretreatment process. Among dyeing techniques, research on reactive dyes including short procedures, low-salt or salt-free, low-alkali and neutral dyeing are the most popular. The application of natural dyes has become a hot topic, and the low liquor ratio dyeing techniques such as air flow dyeing have been universalized. Digital techniques have been widely used in textile printing, such as CAD system, laser typesetter, ink jet printing and wax jet printing of flat screen printing and rotary screen printing. New printing techniques such as digital ink jet printing, transfer printing have become the hot research, and have been put into practice. In recent years, the other developing direction for dyeing and finishing industry is to reform automatic level of dyeing and finishing processes with advanced technologies, improving the efficiency and reducing energy consumption. Wastewater treatment is mainly by photocatalytic oxidation and membrane separation. The wastewater reuse technique has been improved greatly, and the reuse rate increased significantly.

Generally speaking, the developing direction abroad mostly accords with that of our country. The level of foreign research, however, is relatively high especially in the development of complete set technology, which is worthy of our learning and reference.

The development of textile chemistry and dyeing and finishing engineering depends on scientific and technological progress and innovation to gradually realize high-efficiency, high-quality and low-carbon processing method. ① Raising the technique level of dyeing and finishing with high technology, vigorously popularizing energy conservation and pollution reduction technologies as well as eco-friendly technology; ② Reinforcing research of new fibers and complete set technology, improving grade and added-value of products; ③ Enhancing development of eco-friendly dyes and auxiliaries, increasing the ecological protection of the dyeing and finishing processes.

Written by Wang Xiangrong

Advances in Fashion Design and Engineering

Current R&D situations of fashion subject at home and abroad are analyzed in this paper. The latest developments in fashion sci-tech of China can be categorized with the following six aspects: ① Relevant research on electronic Made to Measure system; ② Deep research on fashion comfort; ③ Technology upgrade by standardization in fashion industry; ④ Potential improvement for fledging fashion industrial cluster; ⑤ Deep research on clean and low-carbon production; ⑥ Prosperous research on fashionable and intelligence clothing. Aiming at some issues in domestic fashion subject in comparison with foreign counterparts, appropriate strategies for subject development are proposed. ① Strengthen study on technologies and skills in fashion engineering to transform traditional industry through advanced technologies; ② Enhance study on fashion comfort to improve wearing properties of products; ③ Strengthen study on fashion features to elevate culture depth of products; ④ Put more efforts on study of fashion industry economy to build Chinese famous brand.

Meanwhile, it is suggested that the major directions for future fashion development should focus on digital fashion technology, fashion standard and testing technology, production control and procedure management, low-carbon and clean production technology, and comfort, function and fashion. Based on 2008—2009 report, here we put forward some development strategies from fashion subject education including construction of "inclusive clothing" pattern to deepen linkage mechanism between fashion subject and industry, emphasis of "inclusive clothing" concept to merge fashion creation with technology, and vision broad of "inclusive clothing" to strengthen communication and cooperation with international fashion circles. This report provides references for leaders at relevant departments as well as for education, research and industrial institutes of fashion disciplines.

Written by Xie Qin, Xu Jian, Li Jun, Xu Xinyou, Nie Yayuan, Wang Min, Peng Lei, Zou Qizhi, Meng Xiangling

Advances in Industrial Textiles and Textile Composite Materials

Industrial textiles are emerging part of textile industry, which are specially designed with engineering structure. Generally, the industrial textiles are used as products of operation process or public services instead of textile products. One of industrial textiles is textile composites, i. e., the application of textiles in the field of composite materials. A large number of cross-interdisciplinary emerging technologies have been applied in the production of industrial textiles. The development of relevant technologies will not only contribute develop of industrial textile industry but also promote technology upgrading of traditional textile industry. In this paper, new theories, new principles, new ideas, new methods, new results, and new technologies of industrial textile in recent years, especially in the past two years are summarized, and the new strategies of industrial textiles in our country are also analyzed.

In recent years, many scientific and technological progresses made in the field of industrial textiles promote development of this industry. These progresses include application of new and tailored fibers, advances in processing technology and equipment, and constantly digestion and absorption of advanced foreign technology. The annual growing rate of China's industrial textiles is more than 18%. The annual output in 2007 was 544 million tons, which is only 15. 4% of output of textile fibers in 2007. However, the annual output in 2008 reached 6. 065 million tons, up growth of 11. 42% and 600 million tons of the goals of the national "Eleventh Five-Year Plan" in 2010 was completed two years ahead. Because of financial crisis, China's textile industry suffered a severe blow, and hit bottom in early 2009. Under the guidance of central government, however, textile industry began to recover from March 2009. Industrial textiles also overcame many difficulties and achieved fast developments. Among them, production and investment of non-woven fabrics especially occurred large growth. From January to May 2010, the production value of main industrial textiles was 447. 3 hundred million Yuan increased by 30. 6%, sale value was 434. 1 hundred million Yuan increased by 29. 0%, and the ratio of production to sale is 97. 1%。The most important reason for the development of industrial textiles derives from strong support of the national policy environment, market demand for industrial textiles and industrial restructuring in recent years. Currently, the main problems of industrial textiles are lack of business innovation, no suitable connection between product standards and application standards, and distances from foreign advanced technology.

In the near future, the popularized industrialization of key technologies with independent intellectual property rights should be completed through perfection of relevant standards, promoting the applications in the fields of aerospace, water conservancy, transportation, construction, agriculture, energy, environment and medical care. At the same time, the textile talent, innovation culture and innovation system should be strengthened, the strategies of intellectual property rights, patents and standards should be taken into account and the association of industrial textile should play important roles in the development of industrial textile in order to promote the development of industrial textiles industry.

Written by Li Jialu, Zhou Honghua

Advances in Textile Machinery

The need for structural adjustment and industry upgrade of textile industry give impetus to development of textile machinery. In recent two years, progresses have been achieved in textile machinery through efforts on production and research by related companies, universities and research institutes.

For production process technology of textile machinery, breakthrough have been achieved including compact spinning, automatic rotor spinner, friction spinner, automatic doffing intelligent dolly of spinner, combined spinning system of roving, spinning and winding, separated unit synchronization control of slasher and pre-wetting sizing process, shuttleless weaving machine, tri-power electronic needle selection jacquard of circular weft knitting machine, biaxial (multiaxial) weft insertion of warp knitting machine, stitch knitting, single level needle selection and intarsia of computerized flat knitting machine, fine gauge of stocking machine, extra-wide breadth needle punched combined machine of papermaking felt, energy conservative pretreatment with foam, ink of digital inkjet printing, cold transfer printing, automatic color measurement and match and dye deliver, microwave drying and radio frequency drying, rapid detection of cotton fibers. These technologies are gradually matured and popularized. In addition, great advances are also made in energy conservation and pollution reduction, new manufacture process of machinery, modular design, engineer promotion with reliability, application of new materials, standardization system construction.

Ten tasks set at the Eleventh Five-Year Plan achieved expected results and popularized. These achievements include complete production line of polyester spun yarn with daily yield of 200 tons, viscose filament spinner, effective modern cotton spinning, rapier loom and air jet loom with mechanical-electronic integration, production line of spunbond and meltbond nonwoven fabrics, computer controlled jacquard of circular weft machine, Tricot warp knitting machine with high speed, raschel warp knitting machine with high performance, online inspection on the parameters of dyeing and finishing, and dyeing and finishing equipments with high quality, high efficiency, energy conservation and environmental protection.

In comparison with advanced international textile machinery, the disadvantages of China lie in low merge level of "tow-ization" and imperfect public service system. All of these need to be further improved immediately.

In the future, the development should be focused on the following technologies, i. e. , high quality and high performance traditional textile machinery, complete equipment used for industrial textiles, technologies of energy conservation and pollution reduction, R&D of specialized unit, matching unit and instruments of textile machine. Furthermore, the manufacture process of textile machine should be upgraded, the reliability engineer of products should be further promoted, and the modern design should be further applied.

Written by Xu Miaoxiang, Huang Meng